江苏省高等学校重点教材
航空航天领域智能制造丛书

航空航天智能数控加工技术

主　编　李迎光　刘长青　牟文平　周来水

副主编　许　可　刘　旭　郝小忠

科学出版社

北　京

内 容 简 介

本书是江苏省高等学校重点教材(编号:2021-2-222)。

本书依据航空航天制造技术的最新发展,本书分析了航空航天制造领域的特点,聚焦智能数控加工技术,剖析了智能数控加工技术的内涵,梳理了智能数控加工技术相关智能技术背后的数学基础与人工智能关键技术,介绍了加工过程数据采集与分析技术,以航空航天领域的智能数控加工技术为典型应用案例分析了智能技术的应用场景。本书在参考大量资料的基础上,融入了本书作者长期的基础知识积累和科研成果。

本书的主要内容包括:首先介绍航空航天制造的特点,阐述智能数控加工技术的内涵,然后介绍智能数控加工过程中的传感技术、数据处理与分析技术以及数字化、网络化制造等关键技术,最后围绕智能数控加工技术在航空航天制造领域的最新需求和具体应用场景,分析智能数控编程、加工变形控制、切削力预测、加工稳定性预测、刀具磨损预测、大型曲面构件自适应加工等智能数控加工领域的典型应用案例。

本书设有二维码,关联相关数控加工知识的动画视频演示,便于读者理解对应知识点。

本书可作为高等院校机械制造、航空航天制造及相关专业的本科生或研究生教材,也可供对智能数控加工技术感兴趣的研究人员和工程技术人员阅读参考。

图书在版编目(CIP)数据

航空航天智能数控加工技术 / 李迎光等主编. —北京:科学出版社,2024.2

江苏省高等学校重点教材·航空航天领域智能制造丛书
ISBN 978-7-03-078296-0

Ⅰ. ①航… Ⅱ. ①李… Ⅲ. ①航空工程－智能制造系统－数控机床－加工－高等学校－教材②航天器－智能制造系统－数控机床－加工－高等学校－教材 Ⅳ. ①V261②TG659

中国国家版本馆 CIP 数据核字(2024)第 060326 号

责任编辑:邓 静 / 责任校对:王 瑞
责任印制:师艳茹 / 封面设计:马晓敏

科 学 出 版 社 出版
北京东黄城根北街 16 号
邮政编码:100717
http://www.sciencep.com
三河市宏图印务有限公司印刷
科学出版社发行 各地新华书店经销
*

2024 年 2 月第 一 版 开本:787×1092 1/16
2024 年 2 月第一次印刷 印张:17 1/2
字数:500 000
定价:79.00 元
(如有印装质量问题,我社负责调换)

航空航天领域智能制造丛书
编委会

丛 书 序

当今世界百年未有之大变局加速演进，国际环境错综复杂，全球产业链与供应链面临系统重塑。制造业是实体经济的重要基础，我国正在坚定不移地建设制造强国。2020年6月，习近平总书记主持召开中央全面深化改革委员会第十四次会议，会议强调加快推进新一代信息技术和制造业融合发展，要顺应新一轮科技革命和产业变革趋势，以供给侧结构性改革为主线，以智能制造为主攻方向，加快工业互联网创新发展，加快制造业生产方式和企业形态根本性变革，夯实融合发展的基础支撑，健全法律法规，提升制造业数字化、网络化、智能化发展水平。

智能制造是实现我国制造业由大变强的核心技术和主线，发展高质量制造更需要优先推进制造业数字化、网络化、智能化制造。智能制造就是将数字化设计、制造工艺、数字化装备等制造技术、软件、管理技术、智能及信息技术等集成创新与融合发展。智能产品与智能装备具有信息感知、优化决策、执行控制等功能，能更高效、优质、清洁、安全地制造产品、服务用户。数字制造、智能制造、工业互联网变革制造业发展模式，代表制造业的未来。变革制造模式，推动生产资料与生产工具协同，实现网络化制造；变革管理模式，推动异地管理与远程服务融合，实现数字化管理；变革生产方式，推动数字世界与机器世界融合，实现智能化生产。通过发展智能制造，人、机、物全面互联互通，数据驱动，高度智能，从订单管理到设计、生产、销售、原辅材料采购与服务，可实现产品全流程、全生命周期的数字化、智能化、网络化。不仅可以用数字化智能化技术与装备促进传统制造业转型升级，而且可以用数字化智能化技术促进产业基础高级化、产业链现代化。涌现出离散型智能制造、流程型智能制造、网络协同制造、大规模个性化定制、远程运维服务等制造业新模式新业态。更好适应差异化更大的定制化服务、更小的生产批量和不可预知的供应链变更，应对制造复杂系统的不确定性，实现数据驱动从规模化生产到定制化生产，推动更高质量、更高效率、更高价值的制造。

要发展智能制造，就需要加大智能制造相关理论方法、工艺技术与系统装备创新研发，就需要加快培养智能制造领域高水平人才。智能制造工程技术人员主要来自于机械、计算机、仪器仪表、电子信息、自动化等专业领域从业人员，未来需要大量从事智能制造的专门人才。航空航天是关系国家安全和战略发展的高技术产业，是知识密集型、技术密集型、综合性强、多学科集成的产业，也是引领国家技术创新的主战场。与一般机械制造相比，航空航天装备服役环境特殊，产品结构和工艺过程复杂，配套零件种类、数量众多，生产制造过程协同关系繁杂，同时质量控制严格和可靠性要求高，普遍具有多品种变批量特点，这些都为航空航天实现智能制造带来了诸多挑战。为更好实现航空航天领域的数字化智能化发展，推动我国航空航天领域智能制造理论体系建设和人才培养，我们以南京航空航天大学在航空航天制造领域的数字化智能化科研创新成果及特色优势为基础，依托工业和信息化部"十四五"规划航空航天领域智能制造教材建设重点研究基地，从智能制造基本内涵和基本范式出发，面向航空航天领域的重大工程需求，规划编纂了航空航天领域智能制造系列教材，包括智能设计、智能成形、智能加工、智能装配、智能检测、智能系统、应用实践等。这套丛书汇聚了长期活跃在航空航天领域教学科研一线的专家学者，在翔实的研究实践基础上凝练出切实可行的理论方法、典型案例，具有较强的原创性、学术前瞻性与工程实践性。本套丛书主要面向航空航天领域智能制造相关专业的本科生和研究生，亦可作为从事智能制造领域的工程技术人员的参考书目。由衷希望广大读者多提宝贵意见和建议，以便不断完善丛书内容。

　　　航空航天智能制造发展对高水平创新人才提出新需求，衷心希望这套丛书能够更好地赋能教育教学、科研创新和工程实践，更好地赋能高水平人才培养和高水平科技自立自强。让我们携起手来，努力为科技强国、人才强国、制造强国、网络强国建设贡献更多的智慧和力量。

　　　最后，谨向为这套丛书的出版给予关心支持、指导帮助与付出辛勤劳动的各位领导、专家学者表示衷心的感谢。

单忠德

中国工程院院士

2022 年 6 月

前　言

党的二十大报告指出："坚持把发展经济的着力点放在实体经济上，推进新型工业化，加快建设制造强国、质量强国、航天强国、交通强国、网络强国、数字中国。实施产业基础再造工程和重大技术装备攻关工程，支持专精特新企业发展，推动制造业高端化、智能化、绿色化发展。"智能制造为提高零件加工质量提供了新方法、新途径，引领当今制造业的发展方向，在业内获得高度关注。智能制造将复杂多变的信息转化为可以度量的数据，智能机器能够基于上述数据实现分析、推理、判断、构思和决策等能力，有效提升制造水平。

智能制造中，数字化和网络化是基础，数据是关键，人工智能是使能技术。制造过程信息来源繁多，实现智能制造的基础在于信息的可度量，数字化是度量多源信息的有效手段。制造企业包含众多生产要素，实现信息在各个生产要素之间无障碍流通是智能制造的基本要求。通过网络化将制造企业万物互联，为获取各个生产要素信息提供坚实的技术保障。

"熟能生巧"的本质就是从经验中发现事物的规律并提炼出有用知识。随着数据提取、处理、存储技术的发展，制造业积累了大量数据，这些数据中包含众多知识，为了更加有效地实现智能制造，须获取更多有用知识。有了包含知识的数据，还需一个"聪明的大脑"才能很好地学习数据中的知识。人工智能利用计算机来模拟人的某些思维过程，通过学习赋予制造系统自主决策的能力，因此人工智能是智能制造的使能技术。

航空航天装备对性能的极致追求为制造技术带来了极大挑战。目前数控加工技术仍然是航空航天复杂结构件的主流制造技术，而传统数控加工技术在面向航空航天制造领域日益提高的制造精度和效率要求方面遇到了很多瓶颈。智能数控加工技术是数控加工技术与智能技术的结合，是解决航空航天复杂结构件制造难题的有效手段。智能数控加工技术是智能制造技术领域的重要组成部分，涉及智能装备和智能工艺的范畴，能够为智能制造的实施提供重要的技术支持。

为了满足航空航天智能制造领域对人才和技术的迫切需求，作者组织编写了《航空航天智能数控加工技术》教材。本书注重理论性和应用性相结合、基础知识和前沿研究相结合、系统性与深入性相结合。本书的特点是：体现航空航天特色，重视需求牵引；深入分析国内外现状，聚焦研究前沿；梳理技术发展脉络，强化技术基础，综合分析应用场景，重视理论联系实际。本书重视分析技术的演进，有助于培养学生的创新思维和批判性思维。本书的目标是让学生能够充分认识航空航天智能数控加工的特点，掌握相关基本概念，智能数控加工基本技术和方法。

在本书编写过程中参阅了大量国内外资料，在此对这些资料的作者表示感谢。此外，南京航空航天大学航空宇航制造工程系的赵智伟博士、华家玘博士以及李德华、倪炀、郭浩楠、王宁坤、陈耿祥、邓天池、程英豪、陈璐、杨定业、陈姝元、代凯宁、铁磊等博士研究生和硕士研究生做了部分章节的资料收集和整理工作，在此一并表示感谢。

　　本书内容前沿，涉及范围广，作者水平有限，书中难免存在不足和疏漏之处，请广大读者批评指正。

作　者

2023 年 8 月

目　　录

第1章 概 论

本章将从科学、技术与工程的基本概念出发，阐述制造技术在人类认识世界和改造世界过程中的重要作用，进而介绍制造技术的概念及世界主要制造业强国和大国关于制造技术的发展战略；阐述航空航天制造的特点及其关键技术，进而引入智能制造的一般概念和航空航天智能制造的特点；阐述智能数控加工技术的概念与内涵，明确其在智能制造中的地位。

1.1 制造技术概述

制造技术是人类认识世界和改造世界的重要方面，和科学、技术与工程密切相关。制造技术的发展也是人类文明进步的重要体现，尤其是近几十年以来，随着数字化、网络化和智能化技术的发展，制造技术突飞猛进。制造技术对于一个国家的综合实力具有重要影响，世界各个国家也都非常重视制造技术的发展。

党的二十大报告提到，我国"基础研究和原始创新不断加强，一些关键核心技术实现突破，战略性新兴产业发展壮大，载人航天、探月探火、深海深地探测、超级计算机、卫星导航、量子信息、核电技术、新能源技术、大飞机制造、生物医药等取得重大成果，进入创新型国家行列"。这些都离不开先进的制造技术。

1.1.1 科学、技术与工程

1. 科学

科学就是分科而学，指将各种知识通过细化分类(如数学、物理、化学等)研究，形成逐渐完整的知识体系，是人类探索宇宙万物变化规律的知识体系的总称。科学的任务是要有所发现，从而增加人类的知识和精神财富。究其本质而言，科学是一种体系化、结构化的知识，其中自然科学研究物质世界，技术科学是研究物质生产中的技术、工艺性质的科学，社会科学研究人与社会的规律。自然科学的任务是研究和解释自然现象，寻找事物间的关系。自然科学由基础科学和应用科学两个类构成。基础科学也被视为纯科学，主要包括物理学、化学、生物学、天文学等基础学科。把基础理论转化为实际运用的科学称为应用科学，其研究的方向性强，目的性明确，如力学、运动学、电磁学、制造学、材料学等[1]。

科学的基本方法论包括归纳和演绎两种，科学强调实验和不同程度的量化，所以实证在科学研究中具有重要作用。科学为人们认识世界提供了非常重要的方法论，由于科学强调可验证性，相对于其他知识，科学知识具有更强的可靠性。科学的基本态度是质疑，科学的基本精神是批判。科学是在理性的基础上发展而来的。逻辑和实证构成了科学的两大基石。科学具有可解释性，能够为现象提供逻辑的、自恰的原理性解释，进而可以用于预测未来。科学强调客观性，避免主观性因素对科学本身的影响。科学是一个体系，具有整体性。

2. 技术

技术是改造世界的手段、方法和过程，是关于某一领域为某种目的而组成的各种科学理论、研究方法、工具和规则体系。技术在某种程度上一定是来自此前已有技术的新组合，技术的建构不仅来自已有技术的组合，还来自对自然现象的捕捉和利用。现象是技术赖以产生的必不可少的源泉，在对一个或多个现象进行观察、分析的基础上，形成某个原理，以上过程往往通过科学研究实现。

技术的任务是改造世界，能够有所发明，以创造物质财富，丰富人类的精神文化生活。技术的发明有两种模式：一种是源于一个给定的目的或需求，然后发现一个可以实现的原理；另一种是从一个现象或效应开始，然后逐步嵌入一些如何使用它的原理。根据生产行业的不同，技术可分为农业技术、工业技术等。根据生产内容的不同，技术可分为先进制造技术、电子信息技术、生物技术、材料技术等。技术具有目的性、社会性、多元性等特点。技术都是为了某种目的开展的，如追求效率或质量，目的性贯穿于技术活动的全过程。技术的实现需要通过社会协作，并受社会多种条件的制约。技术拥有多种形态，既可表现为有形的工具装备、实体物质等硬件，也可以表现为无形的工艺、方法、规则等软件，还可以表现为实际生产经验、个人专门技能等。

技术成熟度是技术研发过程中非常重要的一个概念，是指技术相对于某个具体系统或项目而言所处的发展状态，反映了技术对项目预期目标的满足程度。技术成熟度评价，是确定装备研制关键技术，并对其成熟程度进行量化评价的一套系统化标准、方法和工具。技术成熟度分为九个等级：①发现和阐述基本原理；②形成技术概念或应用方案阶段；③应用分析与实验室研究，关键功能实验室验证阶段；④实验室原理样机组件或实验板在实验环境中验证；⑤完整的实验室样机组件或实验板在相关环境中验证；⑥模拟环境下的系统演示；⑦真实环境下的系统演示；⑧定型实验；⑨运行与评估[2]。一般情况下，技术成熟度在一到三级重点是原理的可行性研究，需要大量的原始创新工作；四到六级重点是原理样机的研发，需要投入一定的人力和物力；七到九级重点是工程开发和推广应用，是一项系统工程。

3. 工程

工程是指面向目标设计制造产品或者建立特定系统的过程，是在一个目标下所进行的这些活动的总称。工程是有组织的活动，工程的组织者与参与者，通过使用科学理论和技术成果，完成既定任务，实现预定目标。工程活动要选择和集成技术。工程是直接的生产力，工程活动是人类社会存在和发展的物质基础。按照学科划分，将自然科学的理论应用到具体工农业生产部门中形成的各学科的总称，可分为机械工程、航空工程、化学工程、土木建筑工程、生物工程等。对于需较多的人力、物力来进行的较大而复杂的工作，也可称作工程，如大飞机工程、神舟飞船工程等。

工程具有目标性，没有确定的目标就不能称作工程。工程一般具有复杂性，对过于简单的产品或者过程，一般不能称作工程。工程要有所创造，工程知识的主要形式是工程原理、设计和施工方案等，工程活动的基本方式是计划、预算、执行、管理、评估等。

工程是一个包含多种要素的、协同的动态系统，系统化是现代工程的本质特征之一。工程系统是为了实现集成创新和建构等功能，由人、物料、设施、能源、信息、技术、资金等要素组成的，并受到自然、经济、社会等因素广泛而深刻的影响。由于工程系统的复杂性，需要考虑的因素和优化的目标多，所以权衡优化是现代工程系统管理的难点之一。系统思维是工程活动中非常重要的思维方式。

任何工程都是具有一定程度的风险性的，而工程又都对可靠性提出了极高的要求，所以工程思维必须面对可能出现的可错性与安全性、可靠性的矛盾，在工程设计中如何将矛盾统一起来，就成为推动工程思维方式发展的一个内部动因。为了提高工程活动的可靠性，设计工程师和生产工程师往往要加强对工程容错性问题的研究。

4. 科学、技术和工程三者之间的联系

科学是技术进步的基础，技术是科学进步的体现，一项技术是关于某一领域有效的科学理论和研究方法的体系，工程是科学和技术的某种应用。

科学的重点是认识和发现自然规律，而技术的重点是征服和改造自然。一般情况下，技术是对规律的运用，而技术的背后是科学的支持。科学发现为技术发明提供理论基础，技术发明是科学发现的动力，技术为科学的发展提供研究手段，特别是科学实验的装备。科学理论可以成为技术和工程发展的指引力量，例如，受激辐射理论对激光技术发展所发挥的引领作用与生物学基因定律对基因工程所发挥的引领作用就是两个典型事例。科学的进步越来越依赖最新技术装备的支持，如宇宙的探索依赖射电望远镜，引力波的发现离不开激光干涉仪引力波观测台，高能粒子的发现基于大型加速器和探测器。同时，一些技术的发明也会促进人们发现其背后的科学规律。以材料化学方面的各种测试仪器为例，电子跃迁、原子能级等科学发现为各种仪器设备(如红外光谱仪、扫描电镜等)的发明提供了理论基础，而这些仪器反过来也能为科学发现提供分析测试手段，从而促进科学的发展。当代科学和技术发展的一大趋势是融合。科学和技术之间的界限越来越模糊，呈现出科学技术化和技术科学化的特征[3]。尽管科学与技术具有相互促进、相互融合的特点，但这并不足以打破科学引领技术的主流趋势和总体规律。

工程思维与科学思维也有很大区别，工程思维是价值定向的思维，而科学思维是真理定向的思维。工程思维是与具体的"个别对象"联系在一起的"殊相"思维，而科学思维是超越具体对象的"共相"思维。

相比于第二次世界大战以前的小科学时代，我们已经进入了一个大科学时代。美国科学家普赖斯于 1962 年发表了题为《小科学、大科学》的著名演讲。就其研究特点来看，大科学主要表现为：研究目标宏大、多学科交叉、参与人数众多、投资强度大、需要昂贵且复杂的实验设备等。"高技术"的提法也源于美国，它是一个历史的、动态的、发展的概念。国际上对高技术比较权威的定义是：高技术是建立在现代自然科学理论和最新的工艺技术基础上，处于当代科学技术前沿，能够为当代社会带来巨大经济、社会和环境效益的知识密集、技术密集的技术[3]。

科学、技术和工程密切联系，相互依赖，相互推动。工程通过对科学和技术成果的应用，使自然界的物质和能源的特性能够通过各种结构、机器、产品、系统和过程，产出高效、可靠且对人类有用的资料或产品[4]。也就是说，工程是将自然科学的理论和技术应用到具体生产部门中形成的各学科的总称。科学和技术同为工程的基本要素，但技术对工程的作用更直接，更具有决定性，而科学对于工程的作用一般是间接和基础性的。作为一种人类活动，技术先于工程；技术是工程的先导，没有技术的储备和支撑，就没有新工程；系统的技术往往是工程的后果，没有工程的牵引，就没有系统性的技术开发与应用。

5. 科学、技术和工程中的创新

全球首次提出创新概念及其重要性的是经济学家约瑟夫·熊彼特,他被誉为"创新经济学之父"。1912 年,熊彼特在他的经典作品《经济发展理论》中,提出了创新理论。根据他的说法,创新是企业为了扩大生产,重新组合生产要素的行为,如创新生产方法和组织,或引入新的生产要素。熊彼特把创新总结归纳为 5 种类型:创新产品、创新过程、创新市场、创新供应链、创新组织。哈佛商学院教授克莱顿·克里斯坦森在《创新者的窘境》一书中,将创新分为两类:可持续创新和颠覆式创新。

创新是多方面的,包括理论创新、制度创新、商业创新、科技创新、文化创新、艺术创新等。原创性的科学研究或知识创新是提出新观点(包括新概念、新思想、新发现、新理论、新方法和新假设)的科学活动,涵盖开辟新的研究领域、以新的视角来重新认识世界。

科学、技术和工程都需要创新,而三者对创新本身的要求和对创新者的要求又各有不同。科学领域的创新属于基础创新,包括实验发现和理论发现,本质都是规律。科学创新能够为技术创新和工程创新提供创新要素,包括新的现象和新的规律性认识。技术创新是人类对各种已知现象和知识的组合;实现技术创新依赖于对新的现象和新的知识的发现,以带来更多的组合类型。基于已有现象和知识提出新的技术概念是技术创新的一种重要形式,而其前提是要有新的组合,不能只是新的名称。把技术进行组合最终推向实现是技术创新成功最重要的标志。工程创新更多是关于成熟技术如何组合的创新,同时技术以外也包含大量非技术的因素,本质上是如何创造性地将众多要素,如技术、商业、市场、政策、文化、社会,做出别人没有的组合。工程创新需要沟通、协作、想象力,开创新的思路和途径来满足需求。工程创新需要科学创新和技术创新提供更多可供选择的要素。科学、技术和工程创新都对知识结构尤其是交叉学科的知识有很高的要求,知识是创新的基础要素。科学创新、技术创新和工程创新对想象力、批判思维也都有很高的要求。科学创新需要有好奇心,工程创新尤其对系统思维有很高的要求。

创新的水平可从三个方面衡量:创新质量、创新增量、创新变量。创新质量:在科学领域,高质量的创新一般有新的实验或理论发现,对现有的公理化体系产生了变革;在工程和技术领域,高质量的创新主要关注是否对现有解决方案的隐含假设进行了批判,往往需要深入基础层面,看是否解决了大工程核心技术中的关键问题。创新质量越高,辐射范围越广,可能带来的潜在增量也就越大。创新增量:对于工程创新,需要通过市场反馈来量化增量;对于技术创新,需要定义标准化的测量手段来量化技术指标;对于科学(基础)创新,主要关注是否能够引发技术变革来体现增量。创新变量:工程创新的变量在于是否能够领先现有技术,从而推动新概念技术的产生;技术创新的变量在于是否能够利用该技术产生新的实验和理论发现,从而奠定新的基础理论;科学(基础)创新的变量在于是否能够引发科学范式的变革。

1.1.2　制造技术的概念

制造是把原材料变成产品的过程。广义理解,制造等于生产,它包括产品设计、材料选择、生产加工、质量保证、管理和营销等一系列有内在联系的运作和活动。狭义理解,制造是生产过程从原材料到成品直接起作用的那部分工作内容,包括毛坯制造、零件加工、产品装配、检验、包装等具体操作(物质流)。在产品生产中,使原材料转化为产品的过程所施行的各种手段的总和，称为制造技术。手段包括运用一定的知识、技能，操纵可以利用的物质、工具，采取有效的方法等。与大小制造概念相对应，对于制造技术也有广义和狭义理解之分。广义理解制造技术涉及生产活动各个方面和生产全过程，制造技术被认为是一个从产品概念到最终产品的集成活动，是一个功能体系和信息处理系统。

　　制造技术的发展是由社会、政治、经济等多方面因素决定的，但纵观其发展历程，影响制造技术发展的主要因素是技术推动与市场牵引。科学技术的每次革命必然引起制造技术的不断发展，也推动了制造业的发展；随着人类社会的不断进步，人类的需求不断发生变化，因而从另一方面推动了制造业的不断发展，促进了制造技术的不断进步。同时制造过程和制造技术作为科学技术的物化基础，又反过来极大地促进了科技进步和社会发展。

　　制造的英文 Manufacture，最早出现在英语里面是 1567 年，是从拉丁文 "manu factus" 演变而来的，意思是 "made by hand"，即用手制作。18 世纪以前，制造主要是工匠通过家庭作坊的形式开展，更大程度上是一种艺术。18 世纪以后，以蒸汽机的发明为标志的第一次工业革命揭开了工业经济时代的序幕，开创了以机器为主导地位的制造业新纪元，开始了工厂式生产。以电力的发明和广泛应用为标志的第二次工业革命使人类进入了电气时代，生产效率得到很大提升。随着信息技术的发展，人类进入了第三次工业革命，开启了信息时代。在制造领域，计算机辅助设计与制造、计算机集成制造等数字化技术得到了很大的发展和应用，制造过程的自动化程度越来越高，也引发了生产模式和管理方式的革命。随着大数据技术和人工智能技术的发展，人类进入了智能时代，智能制造技术如火如荼，引起了制造领域的重大变革。在制造技术的进步和市场需求不断变化的驱动下，制造业的生产规模沿着小批量、少品种大批量、多品种变批量、大规模定制的方向发展。

1.1.3　世界制造技术发展战略

1. 德国制造业战略

　　德国制造业是世界上最具竞争力的制造业之一，这在很大程度上源于德国专注于创新工业科技产品的科研和开发，以及对复杂工业过程的管理。德国拥有强大的设备和车间制造工业，在嵌入式系统和自动化工程方面也有很强的竞争力，这些因素共同奠定了德国在制造工程工业上的领军地位。

　　德国为了提高其国家工业竞争力，在新一轮工业革命中占领先机，德国政府提出 "工业 4.0" 战略，并在 2013 年的汉诺威工业博览会上正式发布[5]。"工业 4.0" 战略即是以智能制造为主导的第四次工业革命，或革命性的生产方法。该战略旨在通过充分利用信息通信技术和网络空间虚拟系统——信息物理系统(Cyber-Physical Systems，CPS)相结合的手段，将制造业向智能化转型。"工业 4.0" 研究项目在德国国家工程院、弗劳恩霍夫协会、西门子公司等德国学术界和产业界的建议和推动下形成，并上升为国家级战略。"工业 4.0" 被认为是德国旨在支持工业领域新一代革命性技术的研发与创新，打造基于信息物理系统的制造智能化新模式，巩固全球制造业龙头地位和抢占第四次工业革命国际竞争先机的战略导向。"工业 4.0" 强调利用信息技术和制造技术的融合，来改变当前的工业生产与服务模式，既能使生产和交付更加灵活，又有助于提高能源利用效率、优化人才结构。

　　智能制造是 "工业 4.0" 的核心，以万物互联为基础是 "工业 4.0" 的本质。"工业 4.0"

项目主要分为三大主题，即智能工厂、智能生产和智能物流。智能工厂重点研究智能化生产系统及过程，以及网络化分布式生产设施的实现；智能生产主要涉及信息技术在工业生产过程中的应用；智能物流主要通过互联网、物联网、物流网，整合物流资源，充分发挥现有物流资源供应方的效率。

2019 年，德国联邦经济和能源部在柏林发布《国家工业战略 2030：对于德国和欧洲产业政策的战略指导方针》（*National Industrial Strategy 2030: Strategic Guidelines for a German and European Industrial Policy*）的计划草案（简称《德国工业战略 2030》）。该草案从产业政策角度首次提出了一项连贯的德国和欧洲的产业战略[6]，这是德国为了应对来自美国、中国的竞争压力而通过制定新的产业政策，打造龙头企业，加大力度保护德国及其欧洲联盟（简称"欧盟"）关键产业，提高其竞争力的重要举措，是"工业 4.0"战略的进一步深化和具体化，旨在推动德国在数字化、智能化时代实现工业全方位升级。

德国是传统的工业国，其坚定不移地推动以工业为基础的经济模式，重视制造技术的创新发展。然而，在以数字化和智能化为特征的新一轮科技和产业革命中，德国工业却出现创新乏力，面临较大的竞争压力，《德国工业战略 2030》字里行间深深地透露出对其未来经济发展的危机感。《德国工业战略 2030》指出，"2030 年国家工业战略"的目标是与工业界的利益相关者一道，在所有相关领域的国家、欧洲和全球层面确保和恢复经济和技术能力、竞争力和产业领导。以上目标表明，维护和确保德国在工业、技术和经济方面的世界领先地位是《德国工业战略 2030》的根本性目标。

德国采取多项措施以实现《德国工业战略 2030》的目标，例如，大力支持突破性创新活动，牢牢掌握工业主权和技术主导力；支持一些关键领域大企业的合并，尤其强调打造龙头企业成为本国及欧洲旗舰的重要性；建立国家参与机制，国家可持有战略重要性企业的股份，参与关键领域发展；对具有突破性影响的创新领域实行限时补贴；涉及国家经济利益的重要领域，限制和阻止非欧盟国家企业收购德国企业；保持闭环的工业增值链，扩大竞争优势。

2. 美国制造业战略

2008 年金融危机之后，美国政府意识到实体经济在国家经济中的重要性，出台了《重振美国制造业框架》，以期实现"再工业化"国家战略；2011 年，正式启动"先进制造伙伴计划"，旨在加快抢占 21 世纪先进制造业制高点。2012 年，美国国家科学技术委员会发布《先进制造业国家战略计划》，该计划用于指导联邦政府支持先进制造研究开发的各项计划和行动。该战略规划明确了先进制造对美国确保经济优势和国家安全的重要基础作用，分析了美国先进制造的现有模式、未来走势以及所面临的机遇与挑战，提出了 5 个战略目标[7]：①通过实施联邦机构对前沿产品的早期采办等相关举措，促进联邦职能和设施的有效使用，加速对先进制造技术研发的投资，促进中小制造企业的投资；②提高教育和培训系统的针对性，扩大有技能劳动者的规模；③促进公共机构与私人组织合作，增强政府、工业界、学术界之间的合作，加速先进制造技术的投资与应用；④以投资组合的视角来进行分析和调整，实现联邦政府各机构对先进制造投资的优化；⑤增加先进制造研发的公共和私人投资总量。

2012 年，通用电气（GE）公司发布白皮书《工业互联网：打破智慧与机器的边界》，标志着"工业互联网"概念的正式提出。在白皮书中，工业互联网被称为 Industrial Internet。GE 公司最早提出"工业互联网"的概念，试图借助美国在信息技术方面的优势，通过与制造业的深度融合，在技术标准、产业标准方面占据主动，从而在全球竞争中占据主导地位。美国政府虽未将工业互联网发展上升为国家战略，但也助力推动整个制造服务体系智能化，使工业经济各种资源要素能够高效共享。同时，工业互联网平台成为全球竞争焦点，呈现井喷式发展态势。工业互联网的实质就是通过互联网平台把设备、生产线、工厂、供应商、产品和客户紧密地连接融合起来。工业互联网的关键要素包括智能机器、高级分析和互联。工业互联网是开放、全球化的网络，将人、数据和机器连接起来，属于泛互联网的目录分类。工业互联网依靠机器以及设备间的互联互通和分析软件，改变了以前以单体智能设备为主的模式，是全球工业系统与高级计算、分析、传感技术及互联网的高度融合。

奥巴马政府从 2012 年开始着手打造一个遍布全美国的制造业创新网络，最初提出的设想是建成一个由 15 家制造业创新研究所组成的网络，后来又提出将目标扩大到 45 家。该网络强调官产学研合作，强调资源和设施共享，由美国联邦政府和私营部门等共同提供资金支持。

美国国家制造业创新研究院是联邦政府实施的"制造业美国"计划的核心，自 2012 年首次提出，经历了发展、调整和重启三个阶段。在发展阶段（2012～2017 年），美国迅速在全国范围内建立了美国数字制造与设计、柔性混合电子制造中心和先进复合材料制造创新中心等 14 家创新研究院。此后，由于环境变化和自身建设遭遇的种种问题，创新研究院建设进入调整期（2017～2020 年），美国重新调整战略思路，在此期间美国没有新增任何一家创新研究院。直至 2020 年，创新研究院建设取得新进展，以能源部网络安全创新研究院和国防部生物工业制造和设计生态系统创新研究院成立为标志，创新研究院建设进入重启阶段（2020 年至今）。

2018 年，美国国家科学技术委员会发布《先进制造业美国领导力战略》（*Strategy for American Leadership in Advanced Manufacturing*），作为对《先进制造业国家战略计划》的更新，提出通过三大战略方向的发展确保美国在全工业领域先进制造的领先地位，以维护国家安全和经济繁荣的愿景。该战略包括美国制造竞争力分析、战略愿景、战略方向、具体战略目标、优先领域、任务分工等内容，为未来四年的发展纲领，将为美国联邦计划和活动提供长期指导，以促进包括先进制造研发在内的美国制造业竞争力的提升。

3. 中国制造业战略

2005 年 12 月 26 日，国务院印发的《国家中长期科学和技术发展规划纲要（2006—2020）》，提出将制造业列为国家科技发展的重点领域，将先进制造技术（包括极端制造技术、智能服务机器人、重大产品和重大设施寿命预测技术）列为前沿技术；将极端环境条件下制造的科学基础研究列为面向国家重大战略需求的基础研究，并确定了十六个重大专项，这些专项（包括大型飞机、载人航天与探月工程、高档数控机床与基础制造装备）都涉及制造技术和制造装备。

2015 年，国务院发布《中国制造 2025》，这是我国部署全面推进实施制造强国的战略文件，是中国实施制造强国战略第一个十年的行动纲领[8]。《中国制造 2025》为中国制造业设计了顶层规划和路线图，通过努力实现中国制造向中国创造、中国速度向中国质量、中国产品向中国品牌三大转变，推动中国实现工业化，进而迈入制造强国行列。

《中国制造 2025》以体现信息技术与制造技术深度融合的数字化、网络化及智能化制造为主线；制定了五条方针，即创新驱动、质量为先、绿色发展、结构优化和人才为本；重点建设五大工程：制造业创新中心（工业技术研究基地）建设工程、智能制造工程、工业强基工程、绿色制造工程、高端装备创新工程；制定了九项战略任务：提高国家制造业创新能力、推进信息化与工业化深度融合、强化工业基础能力、加强质量品牌建设、全面推行绿色制造、大力推动重点领域突破发展、深入推进制造业结构调整、积极发展服务型制造和生产性服务业、提高制造业国际化发展水平；重点面向十大重点领域：新一代信息技术产业、高档数控机床和机器人、航空航天装备、海洋工程装备及高技术船舶、先进轨道交通装备、节能与新能源汽车、电力装备、农机装备、新材料、生物医药及高性能医疗器械。

《中国制造 2025》指出，要编制智能制造发展规划，明确发展目标、重点任务和重大布局。加快制定智能制造技术标准，建立完善智能制造和两化融合管理标准体系。强化应用牵引，建立智能制造产业联盟，协同推动智能装备和产品研发、系统集成创新与产业化。组织研发具有深度感知、智慧决策、自动执行功能的高档数控机床、工业机器人、增材制造装备等智能制造装备以及智能化生产线，突破新型传感器、智能测量仪表、工业控制系统、伺服电机及驱动器和减速器等智能核心装置，推进工程化和产业化。《中国制造 2025》还要求推进制造过程智能化。在重点领域试点建设智能工厂/数字化车间，加快人机智能交互、工业机器人、智能物流管理、增材制造等技术和装备在生产过程中的应用，促进制造工艺的仿真优化、数字化控制、状态信息实时监测和自适应控制。

《中国制造 2025》综合考虑未来国际发展趋势和我国工业发展的现实基础条件，根据走中国特色新型工业化道路和加快转变经济发展方式的总体要求，提出了制造强国的若干发展目标，加快实现我国由工业大国向工业强国的转变。

4. 其他欧亚国家/组织的制造业战略计划

在新的世界制造业形势下，除德国、美国和中国之外，英国、法国、韩国、日本及欧盟等制造业大国或者强国/组织也都纷纷出台了各自面向未来的制造业战略计划。

英国政府 2013 年 10 月形成 *The Future of Manufacturing: a New Era of Opportunity and Challenge for the UK*（《制造业的未来：英国面临的机遇与挑战》）报告，即《英国工业 2050战略》，探索重振制造业，提升国际竞争力。报告认为制造业并不是传统意义上"制造之后进行销售"，而是"服务加再制造（以生产为中心的价值链）"。

2013 年 9 月，法国提出"新工业法国"战略，明确提出通过数字技术改造实现工业生产的转型升级，以工业生产工具的现代化帮助企业转变经营模式、组织模式、研发模式和商业模式，从而带动经济增长模式的变革，建立更具竞争力的法国工业。

2014 年 6 月，韩国正式推出了被誉为韩国版"工业 4.0"的《制造业创新 3.0 战略》。2015年 3 月，韩国政府又公布了经过补充和完善后的《制造业创新 3.0 战略实施方案》。针对当前韩国制造业在工程工艺、设计、软件服务、关键材料和零部件研发、人员储备等领域的薄弱环节，大力投入，以取得重要突破。

2016 年 1 月，日本政府发布《第五期科学技术基本计划(2016—2020)》，首次提出"社会 5.0"，具体到工业领域即为"互联工业"战略。与其他国家的企业聚焦于内部的互联互通不同，日本产业界重点关注企业之间的连接，试图构建能让所有企业都受益的互联工业体系。

2021 年 1 月，欧盟委员会发布《工业 5.0-迈向可持续，以人为本和弹性的欧洲产业》，提出欧洲工业发展的未来愿景，与 2020 年 9 月发布的《工业 5.0 的使能技术》形成呼应联动。"工业 5.0"补充并扩展了"工业 4.0"的标志性功能，它强调了将工业置于未来欧洲社会中的决定因素的一些方面；这些因素不仅仅是经济或技术性质的，而具有环境和社会层面。欧盟的"工业 5.0"和日本的"社会 5.0"的概念是相关的，因为这两个概念都指的是社会和经济向新范式的转变。

1.2 航空航天制造技术

航空航天制造技术是一个国家制造技术水平的重要标志，也是一个国家综合国力的综合体现。航空航天装备高度复杂，由多学科、多领域的技术所集成，是技术高度密集的复杂工程系统。航空航天装备制造具有极强的探索性和定制性。航空航天装备产品升级和更新换代速度迅速加快，总体性能指标大幅提升。我国在航空航天领域实施了载人航天、月球探测、新一代运载火箭、大型运输机、大型客机、新一代战机等重大工程，对航空航天制造技术的发展提出了迫切需求。

1.2.1 航空航天制造的特点

与一般机械制造相比，航空航天制造是高技术密集型领域。航空航天装备的服役环境特殊，具有高性能、轻量化、大型化等特点，生产模式以多品种小批量为主，同时航空航天制造常常受政治经济等因素影响。以上特点为航空航天制造带来很多挑战。

1. 高性能

航空航天装备追求极致的综合性能，对制造技术提出了更高的要求。航空航天装备极其复杂，气动外形要求严格、设计更改频繁、产品构型众多、零件材料和形状各异、内部结构复杂、空间紧凑、各类系统布置密集。新一代战机追求超机动性、超音速巡航、超隐身、超视距作战、超长寿命等性能；民用飞机的发展趋势是高的气动效率、减重、节能减排等性能；中国运载火箭的重点发展方向是研制重型运载火箭、重复使用运载器等。

为满足新一代战斗机的高性能要求，现代战斗机普遍采用大边条翼身融合等复杂气动设计，富含复杂曲面，加工难度较高。飞机的高性能要求其零件结构具有良好的强度，对零件的尺寸精度要求较高，一般壁厚精度在±0.1mm以内，关键部位达到±0.05mm。隐身技术则要求减少飞机表面凸起，并保证机身的光滑过渡，对飞机制造和装配精度提出了较高的要求。飞机在飞行过程中需要承受极大的交变载荷，为了避免零部件疲劳失效，需要零件保持良好的表面质量，关键部位一般需要在 $Ra1.6\mu m$ 以内，同时为了避免应力集中，需要严格控制零件的加工变形，新一代战机的大型结构件加工变形量要求提高了一个数量级。超音速机动、超音速巡航、推力矢量对航空发动机的可靠性和推力提出了更高的要求，这使得先进高性能发动机必须采用新材料，且结构越来越复杂，加工精度要求越来越高。航空发动机为了适应更高的燃烧温度，常常需要采用高温合金材料，而高温合金材料极难加工。

重型运载火箭箭体结构的直径可能达到 10m 级，结构承载需求可能达到 4000t 级、分离质量达到百吨级。运载质量的提升对关键部件的制造提出了更高的要求。以储箱为例，重型火箭大直径储箱箱底厚度、壁板厚度和筋条高度将大幅增加，箱底成形、壁板成形等制造问题更加凸显。大直径筒段径向刚度较小，水平状态下变形较大，筒段之间的错位可能导致无法采用传统的水平焊接方案。储箱连接环整体制造技术可提高尺寸精度和产品性能，是超大直径运载火箭制造的关键技术之一。重复使用运载器对火箭制造提出了更多的需求和更高的要求，如气动控制机构、着陆缓冲机构、可复用连接解锁推冲机构、热防护结构等。

2. 轻量化

"为减轻每一克重量而奋斗,一克重量比金贵",这是一句来自飞机设计领域的至理名言。因此,减轻飞机的重量,提高飞机的航程,减少运营和维护成本,具有非常显著的经济效益;同时可以降低碳排放,有利于维护生态环境。

在飞机设计过程中必须考虑重量因素对发动机推力、气动外形以及适航性等诸多方面造成的影响。对于军用飞机而言,在保证设计指标要求的前提下进行合理减重,意味着飞机具有更好的飞行能力,可以承担更多的任务载荷和更远的作战半径;对于民用飞机而言,合理的减重意味着更多的载客量以及更远的航程,这不仅提高了民航的运载能力,并且可以获得更高的绿色经济效益。

为了在保证强度的情况下减轻重量,主要有两种途径:一是设计轻质结构;二是选择轻质材料。在轻质结构方面,为了提高零部件结构强度、减少连接件,航空航天装备广泛采用大型整体结构件,而大型整体结构件的加工工艺更加复杂,材料去除量达到 90%以上,加工易变形。在飞机轻量化设计中选用性能更好的新型合金材料、新型复合材料等先进材料是减重的有效途径之一,材料对于飞机的影响可以用"一代材料,一代飞机"来形容。而在轻质材料中,如飞机中常用的钛合金材料,加工时切削温度高、切削力大、冷硬化严重且刀具易磨损,加工难度大,属于难切削材料。复合材料在军用飞机和民用飞机中的应用越来越广泛,而其制造难度非常大,如复合材料的固化,在大型复合材料的固化过程中,由于温度的均匀性难以保证,往往带来不一致的固化质量。复合材料的机械加工也具有很大挑战,其加工难点在于材料脆性大;纤维复合强度较高,均匀性较差;如果使用的刀具不锋利或者切削进给量较大,那么纤维密集处不易切断。

3. 大型化

更大的运载能力一直是航空航天制造追求的性能指标,因此飞行器普遍具有大型化的特点。产品大型化使得航空航天制造业具有零件数量多、零件尺寸大、分工协作要求高的特点。

在航空领域,美国波音公司 787 飞机约由 400 万个零件组成,分别来自全球 130 多个地点的制造商,最终在西雅图等地的波音工厂装配完毕。采用尺寸大的整体化零件可以大大减少飞机零件数量,缩短装配时间。过去 F-14 的生产工时中 65%用于整机装配,35%用于零件加工。装配工序中手工劳动量大,占用型架多。后来 F-15 中增加了整体结构件的比例,生产工时分配比例变为 60%用于零件加工,40%用于整机装配。采用大型整体化零件可以提高飞机的制造质量[9],整体结构件的使用减少了零件铆接装配变形,提高了装配协调性,减少了装配连接件数量,减轻了飞机重量。F-22 采用整体框结构,采用五轴机床切削加工到最小的腹板和安装边厚度(有些部位小于 1.5mm),以减少质量,如 F-22 的一个整体框,毛坯质量为2227kg,经机械加工后,零件质量为 122kg[10]。整体结构件的使用还使得机体结构效率大幅提高,整体结构机翼与铆接结构机翼相比,结构效率和抗疲劳能力都明显提高,例如,F-15铝-钛合金整体结构的机翼与 P-51 铝合金铆接结构的机翼相比,抗疲劳能力提高了 4～6 倍,机身寿命和可靠性得到大幅度提高。

在航天领域,空间基础设施建设呈现出大型化和重型化的趋势,如空间站需要分阶段在空间组装建设,大容量卫星需要大型卫星平台支持,重型运载火箭需要大部段结构制造,为适应一星多用、深空探测和长寿命运行的发展要求,运载火箭所携带的有效载荷和燃料越来越多，越来越重。以长征 5 号火箭为例，其燃料储箱直径长达 3.35m，而为了减重，壁厚较薄，径厚比达到 2500，其筒段和箱底都是典型的难加工零件。由于航空航天零件数量众多，往往需要多家制造企业协作完成，例如，A380 客机的供应商达 1 万多家，研制过程数据管理困难，协同设计制造就尤为重要。

4. 多品种小批量

航空航天装备的性能和性质特殊，完成特定任务和功能无需较大批量，与其他装备制造业相比，不具有较强的规模效益，但是单件产品的价值极高，具有量少而附加值高的特点。航空航天装备呈现多型号并举、研制与批产并重的局面。航空航天装备既需要实现面向用户需求的多品种个性化定制，也需要基于平台化、模块化、产品化等手段保证批产任务的完成，存在着广泛的"多品种小批量"的生产需求。

在"多品种小批量"的生产模式下难以实现像大批量制造行业固定的生产方式，对生产线的建立提出了更高的要求。由于不同的零件均需制定相应的工艺方案、制造工装夹具、编制数控程序，对制造技术提出了很大的挑战。为了保证航空航天产品的生产周期，需要更先进的制造技术实现工艺方案的自动生成、装夹自动设计和自动数控编程等。

5. 政治经济因素

作为航空航天产业发展的物质基础，执行国家航空航天任务的载体和保障国家制空制天权的重要领域，航空航天装备制造具有重大的战略意义。航空航天制造业是国家和政府实现经济稳增长目标的重要一环，且对未来具有深远的有利影响。英美等国家在 20 世纪末投入巨资支持航空航天领域的发展，既为当时的经济注入了活力，也为自身的科技发展奠定了基础。航空航天产业整合了制造业多个领域的尖端技术，是带动我国经济实力快速增长、提升我国国防实力的一大关键。

航空航天产品关系到国家主权、国防安全以及国民经济实力，因此其研制周期要求也相当苛刻。以波音公司为例，旗下机型的研制周期大多在 3～6 年，相较于其复杂程度而言是非常短的。军用飞机由于其独有的战略意义，制造周期要求更短，从一代机 2 年左右，到二代机 1 年左右，再到三代机半年左右的零件制造周期，如此短的制造周期就要求零件制造方在制造装备和制造方法上不断变革，以适应如此苛刻的制造周期要求。

1.2.2 航空航天制造关键技术

航空航天制造技术涉及机械、材料、电子和化工等有关学科，主要包括金属成形、数控机械加工、精密与超精密加工、特种加工、热处理与表面处理、焊接与铆接、微电子制造与电子装联、含能材料制备、复合材料成形与加工、部段和整机装配、工业工程等专业技术。为了显著提高航空航天产品制造的可靠性、缩短研制周期、降低制造成本，支撑形成型号产品高效、稳定和高质量的研制与批生产能力，航空航天制造工艺近年着重研究发展了关键零部件精密与超精密加工、轻量化金属材料极限成形、高强度和高性能轻合金集成制造、复杂金属构件增材制造、难焊金属固相和高能束焊接、激光表面微细处理、高效精密电火花加工等特种加工、复杂复合材料构件制备与成形、严酷环境耐磨和耐蚀表面镀膜、光学元件各类膜层制备、大型构件自动涂装、空间环境热控和隐身涂层制备、电子元器件微组装、精密组件装配和大型部段自动对接装配、新型检测与实验等重要关键技术。

1. 金属构件制造技术

目前航空航天装备的主承力构件仍然以金属构件为主，所以金属构件的制造对保证航空航天装备的性能和生产周期非常关键。金属构件的制造技术主要包括机械加工（切削加工、磨削加工等）、特种加工（电火花加工、电化学加工、激光加工、电子束加工、离子束加工、等离子弧加工、超声加工、化学加工等）、钣金成形和增材制造等技术。

切削加工是制造技术中最基本的加工方法，被广泛应用于零件的生产制造中。随着现代加工技术的进步，切削加工技术正朝着高速、高效、精密、智能、绿色的方向发展。以高速数控机床为主要手段的高速数控加工技术，为航空航天复杂零件提供了高效率、高质量切削加工解决方案。数控加工是指在数控机床上进行零件加工的一种工艺方法，是用数字信息控制零件和刀具移动的机械加工方法，是实现高效、自动化加工的有效途径，能够极大地提高航空航天复杂零件的加工效率和质量。目前，数控加工技术已经成为飞行器结构最主要的加工方法之一，以飞机制造为例，85%以上的零件通过数控加工完成。由于数控加工效率提升极大，零件的加工时间相对较短，而飞行器大型结构件由于尺寸大、结构复杂，且多属于单件小批量生产，其程序编制过程工作量大，是飞行器大型结构件加工中的一个瓶颈，所以如何提高数控编程效率是飞行器大型结构件数控加工中的一个关键问题。在航空航天复杂零件的数控加工中，零件的质量主要靠机床装备和加工工艺保证，其中加工工艺更是核心。如何进行加工工艺知识建模，从而有效积累加工工艺，提高数控加工工艺的准备效率和质量是关键。

特种加工也称"非传统加工"或"现代加工方法"，泛指用电能、热能、光能、电化学能、化学能、声能及特殊机械能等能量达到去除或增加材料的加工方法，可以实现材料去除、变形、改变性能或镀覆等。特种加工过程中工具和工件间不产生显著的弹、塑性变形，加工残余应力与冷作硬化小，也逐渐成为很多难加工零件的制造解决方案。

钣金成形是对薄板、型材和管材等金属毛料施以外力，使毛料在设备和模具作用下产生变形内力，毛料产生相应的塑性变形，从而获得一定形状、尺寸和性能的零件成形方法。钣金成形属于飞机零件的等材制造方法。钣金成形是针对金属薄板（通常在6mm以下）的一种综合冷加工工艺，包括剪、冲切复合、折、铆接、拼接、成形等，其显著的特点就是同一零件厚度一致。从形状结构上，钣金零件可分为板材零件、型材零件和管材零件三大类，其中针对板材零件的主要成形技术有拉形、喷丸强化/成形、旋压成形、橡皮成形、超塑成形/扩散连接等；型材零件的主要成形技术有滚弯成形、拉弯成形和压弯成形等；管材零件的主要成形技术有弯管成形、扩口成形和缩口成形等。

增材制造即3D打印，是基于离散-堆积原理，融合了计算机辅助设计、材料加工与成形技术，以数字模型为基础，通过软件与数控设备将材料按照零件三维外形逐层堆积，从而制造出实体物品的制造技术。目前，根据采用的热源不同，金属增材制造技术主要包括三类：激光增材、电子束增材和电弧增材；根据原料不同可分为铺粉（粉床）、吹粉（同轴、旁轴）和送丝三大类。其中电弧增材制造技术是一种以电弧为热源，采用逐层熔覆原理，将熔化的丝材逐层沉积，并根据三维数字模型由线—面—体逐渐成形出金属零件的先进增材制造技术。与激光、电子束增材制造相比，电弧增材制造的材料利用率和沉积效率高；无须密闭真空腔，设备制造成本低，在大规格结构件制造中具有广阔的应用前景。

2. 复合材料构件制造技术

结构轻量化、高强度和高可靠性等性能需求已成为航空航天发展的主流趋势和追求的终极目标。鉴于复合材料具有高比强度、高比刚度、抗疲劳、耐腐蚀等优异的综合性能，可有效减轻结构重量，节省生产成本，提高装备竞争力，其已成为航空航天高端装备的优选材料，并得到了大量应用。民用飞机的复合材料结构使用部位也从最初的非承力构件发展到复杂曲面主承力构件，并逐渐向大厚度和变厚度复合材料零件方向发展，飞机正从金属时代跨越到复合材料时代。

复合材料的制造分为纤维铺放、固化和加工三个主要步骤。纤维铺放技术是一种树脂基复合材料制造技术，其工作原理是将连续的纤维丝束或纤维带通过预浸胶或树脂之后，按照设定好的路径铺放到芯模上，最后在一定温度下固化，制成所需形状的制品。复合材料的纤维铺放技术主要包括自动窄带铺放成形技术和自动铺丝束成形技术。复合材料制件的固化是指赋形后的预制件在热、力等物理场作用下，其复合材料的树脂基体发生化学反应或物理变化，形成刚性可承载的复合材料制件的过程。由于复合材料的强度高、切削性能差，当前针对复合材料的加工以较少材料去除量的机械加工形式为主，主要包括锯切、钻孔、仿形铣和磨削等。由于复合材料的各向异性，复合材料切削易产生严重的加工损伤问题。

新一代航空航天飞行器追求极限性能对减重需求迫切。复合材料具有轻质、高强度和可设计等优异性能，因此复合材料在飞行器上的用量和应用部位已经成为衡量飞行器结构先进性的重要标志之一。目前，航空航天等领域的承力构件主要采用热压罐进行加热、加压固化。虽然热压罐具有压力均匀、形状适应性好的优点，但气体长程传热的加热方式从原理上存在控温难、加热慢、能耗高等问题，已在一定程度上限制了复合材料在飞行器上的进一步应用。对此，近年来微波加热固化、自阻电热固化、感应加热固化等非热压罐固化技术被大量研究，并在实现复合材料制件高质、高效固化方面呈现出突出潜力。复合材料微波加热固化技术具有升温速率快、温度滞后小、成形质量好、高效和节能等优点，具有广阔的应用前景。

3. 连接与装配技术

连接与装配是形成航空航天装备最终产品的关键环节，而航空航天装备零部件数量巨大，装备结构形状与零部件配合关系复杂，其对尺寸精度、表面质量以及装配精度的要求很高，连接与装配极具挑战性。连接是用螺钉、螺栓和铆钉等紧固件将两种分离型材或零件连接成一个复杂零件或部件的过程。装配是将零件按规定的技术要求组装起来，并经过调试、检验使之成为合格产品的过程。按照规定的技术要求，将若干个零件接合成部件的过程称为部件装配，将若干个零件和部件接合成产品的过程称为总装配。由于产品的结构、生产条件和生产批量不同，采用的装配方法也不一样，可分为完全互换法、选配法、调整法和修配法。

在飞机装配过程中，首先需要将各单个零件按照一定的顺序组合，形成组件，然后将各组件逐步装配成复杂的部件，最后将各部件对接，形成飞机整机。装配时，每个参加装配的元件相对于另外的装配元件应具有严格确定的位置。为了满足这个要求，每个参加装配的元件要求准确地定位，以保证整个装配体的尺寸和外形的准确度要求。飞机装配中，由于工件刚度低，为防止变形，保证定位准确度的要求，常采用多定位面的"超六点定位"。定位完成以后将零部件进行固定夹紧，并进行连接，应用较多的连接方法是铆接、胶接、电焊和螺栓连接。飞机机体上连接方法的选用主要取决于各部件的结构及构件所用的材料。随着航空材料和飞机结构的发展，一些新的连接方法如电子束焊、扩散连接等也已有所应用。

4. 检测技术

航空航天制造中的检测技术是利用各种物理化学效应，选择合适的方法和装置，将制造中的相关信息通过检查与测量的方法赋予定性或定量结果的过程。检测技术是将自动化、电子、计算机、控制工程、信息处理、机械等多种学科、多种技术融合为一体并综合运用的复合技术，主要形式包括无损检测(如超声波探伤)、物理测试(如零件加工变形检测)、力学测试(如硬度测试)和化学分析(如元素分析)。

数字化检测是通过数字化的测量设备对产品外形、尺寸、位置进行测量，将测量数据与设计要求或者设计数模进行比较，得到各检测要素的位置和形状偏差，最终获得产品质量评价的一项技术。数字化检测技术是测量装备、测量方法、计量技术、公差理论、数字几何处理方法等多方面的综合。高精高效制造新技术的涌现总是伴随数字化检测新技术的发展和突破。一方面，数字化检测可以作为产品制造完成后制造质量检验的手段；另一方面，数字化检测越来越多地融入产品的制造流程之中，实时将产品制造状态的数字化检测结果反馈给制造执行系统，从而为当前制造过程的自适应调整或者下一制造过程的决策提供依据。

5. 协同制造技术

航空航天产品是典型的复杂产品，其客户需求复杂、系统组成复杂、设计技术复杂、制造过程复杂、项目管理复杂，对协同制造要求高。协同制造以充分利用网络信息技术为特征，将串行工作变为并行工程，实现供应链内及跨供应链间的企业产品设计、制造和管理，并通过改变业务经营模式实现资源充分利用的合作生产模式。协同制造是敏捷制造、协同商务、智能制造、云制造的核心内容。协同制造打破时间、空间的约束，通过互联网使整个供应链上的企业和合作伙伴共享客户、设计、生产经营信息，可最大限度地缩短新品上市的时间，缩短生产周期，快速响应客户需求，提高设计、生产的柔性。通过面向工艺的设计、面向生产的设计、面向成本的设计、供应商参与设计，协同制造可大大提高产品的设计水平、可制造性以及成本的可控性，有利于降低生产经营成本，提高质量，提高客户满意度。

现代商用飞机的制造已经进入全球供应链时代，大型商用飞机的研发和制造过程形成了分工协作、严密复杂的四级社会分工体系。第一级飞机整机制造商，其通常从事飞机的设计、总装、部分机体的制造以及实验试飞业务；第二级发动机制造商、机体制造商和机载设备制造商，其直接为飞机主制造商提供各种机载设备、部分主要部件和系统件以及相关服务；第三级零部件供应商，其为各类厂商提供零部件、设备和相关服务；第四级原材料及标准件供应商，为各类厂商提供飞机制造所需的原材料和标准件等。

1.3　航空航天智能制造技术的内涵

1.3.1　智能制造的一般概念

智能制造是智能技术与制造技术的融合。智能制造是一个广义的制造技术和制造范式的概念，其目标是充分利用先进的信息技术优化产品制造过程。智能制造在数字化制造与网络化制造技术发展的基础上，吸收新兴的物联网(Internet of Things，IoT)、信息物理系统(CPS)、云计算和大数据等网络技术与信息技术，与先进制造方法相结合，开创了制造新范式，所有这些技术所包含的一个共同本质是数据[11]。智能制造是基于新一代信息技术，贯穿设计、生产、管理、服务等制造活动各个环节，具有信息深度自感知、智慧优化自决策以及精准控制自执行三个功能的先进制造过程、系统与模式的总称。同时智能制造还具有以智能化工厂为载体、以关键制造环节智能化为核心、以端到端数据流为基础、以网络互联为支撑等特征。

大数据和人工智能技术是下一次工业革命的引擎，基于大量的数据积累和智能决策，可以将制造技术提高到一个全新的水平。通过制造数据可以捕捉和分析产品生命周期各阶段的信息，如材料特性、工艺温度、机床振动水平等。如何获取数据、获取哪些类型的数据以及从数据分析中期望得到什么是数据驱动的智能制造研究需要解决的重要问题。为此，需要广泛地纳入各类传感器件构成信息监测系统，以捕获制造系统生成的制造数据。对采集到的数据进行进一步分析处理，进而为状态预测、模式识别和优化决策提供依据，以提高制造系统的性能。

智能制造技术的应用构成一个复杂交错的制造系统，系统从微观到宏观拥有不同的层级，自下而上可分为五层，包括智能设备层、智能车间层、智能企业层、智能供应链层和智能生态层。其中智能设备层级是智能制造发展的基础，机器设备智能化是智能制造推进的前提和物质基础，能够为其他层级提供信息支持；智能车间层级是智能设备和智能工艺的共同作用点，在此层级实现面向工厂和车间的智能生产管理与生产过程智能控制。各个层级都离不开数据的交融与共享，基于大数据的智能制造也是未来的重点。

1.3.2 航空航天智能制造的特点

航空航天器的高性能需求对零部件的加工精度提出了更高的要求，例如，新一代飞机结构件的最大允许变形量减小了一个数量级，对现有制造技术及制造装备提出了严峻挑战。复杂构件制造过程的复杂性更高，建立制造过程的机理模型更加复杂，零部件质量控制的难度更高。随着传感技术及信息技术的发展，基于监测数据的闭环控制成为提高复杂零部件制造质量的一种有效手段。数据驱动的建模方法能够为智能制造奠定基础。制造数据中隐含了大量的制造知识和规律，数据驱动方法通过利用制造过程中积累的数据，从大量制造数据中自主学习出数据驱动模型，能在一定误差范围内等效于复杂的机理模型。高性能制造大数据在航空航天等领域起着越来越重要的作用，数据采集、数据处理、数据分析和数据应用等大数据分析技术是实现制造精度和效率提升的有效途径，能提升加工过程中制造系统的自我状态感知、自主推理与决策能力。

航空航天制造以多品种、小批量甚至单件生产为主，同类零件的数据量较少，且标签数据更少。虽然航空航天制造企业存在大量的数据，但是数据的结构化程度低，价值密度较低，难以为预测模型或者决策模型的建立提供有效支撑。航空航天零件的制造过程复杂，存在关键物理量采集困难的问题，仍然需要新型的传感器或者采集手段获取关键物理量。

由于航空航天装备对零部件的可靠性要求更高，所以在制造过程中对零部件的制造精度要求也更高。由于目前数据驱动模型本质上大都是统计模型，在一定概率上存在预测或者控制偏差较大的情况，如何保证数据驱动模型在预测和控制方面的精确性与稳定性至关重要。

1.3.3　智能数控加工技术的概念与内涵

数控技术是采用数字控制的方法对某一工作过程实现自动控制的技术，是一项典型的数字化技术。数控技术也称计算机数控技术，是采用计算机实现数字程序控制的技术，可以通过计算机软件方便地实现数据的存储、处理、运算、逻辑判断等各种复杂功能[12]。数控加工技术是将数控技术运用在零件加工领域，根据零件的结构特点及工艺要求，采用编程软件自动生成数控加工轨迹，控制数控机床，使之按照规划的路径运动。数控加工技术涉及计算机辅助设计(Computer Aided Design，CAD)、计算机辅助工艺规划(Computer Aided Process Planning，CAPP)、计算机辅助制造(Computer Aided Manufacturing，CAM)、计算机数字控制(Computerized Numerical Control，CNC)、计算机辅助检测(Computer Aided Inspection，CAI)、自适应加工等技术。

一般情况下，利用数控编程软件，根据零件的理论模型便可生成数控程序，数控机床按照规划的加工轨迹运动，理想情况下可以得到合格的加工零件[13]。而实际情况下，在面向航空航天类的零件时，一方面，由于零件结构复杂，尺寸大，零件的数控加工程序生成就比较复杂，往往难以自动生成满足要求的加工程序，效率低且规范性差，无法满足实际加工质量与效率需求；另一方面，由于航空航天零件富含薄壁结构，且常使用难加工材料，在实际加工过程中由于力、热及其耦合作用，加工过程中往往出现颤振、变形、刀具磨损等问题，严重影响零件的表面质量和尺寸精度。综上所述，航空航天领域由于其零件的材料、结构以及加工质量与一般的机械产品有很大的差别，尤其是近年来航空航天装备性能的不断提升，传统的数控加工技术已难以适应复杂零件高质量、高效率的加工要求[14]。航空航天装备对性能的极致追求给制造技术带来了极大挑战。

智能数控加工(Intelligent Numerical Control Machining)是利用先进的传感器感知技术、大数据技术和人工智能技术实现零件数控加工过程智能化的制造方法[15]。智能数控加工技术是数控加工技术和智能技术的深度融合。数控加工技术的本质是利用数字化技术对几何、工艺和装备等信息进行表征，通过综合计算控制加工装备，实现对零件的加工，达到高效控形、控性的目的。智能技术是通过智能算法对数据进行分析，找出数据内部的规律，进而辅助或代替人工做出预测或决策。数控加工技术与智能技术的融合能够解决制造过程中存在的不确定性问题以及大规模求解问题，提高加工过程的稳定性和决策效率，从而保证加工质量，提高加工效率。

智能数控加工是智能制造的重要组成部分，重点关注在零件数控加工前的工艺准备及加工过程中的智能预测与控制，目前研究主要涉及智能数控编程、加工变形自适应控制、刀具磨损精确预测、切削力精确预测和加工颤振精确预测、刀轨自适应调整等关键技术。对于智能数控加工而言，工艺是基础，数据是关键，算法是灵魂。

智能数控加工技术关注零件的工艺准备和加工过程，其成功应用的关键是对加工工艺的深度理解。智能数控加工直接决定零件的加工质量和加工效率，同时也能为智能制造系统的其他层级提供数据支持和技术保障。智能数控加工技术是提高零件加工效率、控制形位精度和保证零件表面质量的重要技术手段，已成功应用于航空航天大型薄壁结构件的数控加工中，如飞机大型整体框/梁/壁板、发动机扭转盘等航空航天重要零部件。目前，智能数控加工技术已成为航空航天复杂结构件研制与生产的必要技术。

1.4　本 章 小 结

本章围绕制造技术的概念、航空航天制造技术、航空航天智能制造技术的内涵等方面展开介绍。本章首先介绍了科学、技术与工程的概念及其之间的关系，以表明制造技术在科学、技术与工程中的定位。本章分析了制造技术的发展以及目前世界多个制造业强国和大国在制造技术领域的发展战略，阐述了制造技术在当今世界政治、经济和军事方面的重要作用。围绕航空航天制造的特点，本章介绍了航空航天制造的关键技术，以表明零件的数控加工技术在航空航天制造中的定位。本章分析了智能制造的一般概念，介绍了航空航天智能制造的特点，阐述了智能数控加工技术的概念与内涵。

1.5　课 后 习 题

1-1　科学、技术与工程之间有什么联系？

1-2　世界制造技术的发展趋势是什么？

1-3　航空航天制造有哪些难点？

1-4　智能制造的本质是什么，通过智能制造能解决哪些问题？

1-5　智能制造的关键技术有哪些？

参 考 文 献

[1]　张聚恩, 万志强, 高静. 空天工程通识[M]. 北京: 北京航空航天大学出版社, 2020.

[2]　尚丽, 刘双, 沈群, 等. 典型二氧化碳利用技术的低碳成效综合评估[J]. 化工进展, 2022, 41 (3): 1199-1208.

[3]　刘亚东. 透过"卡脖子"表象, 你看到了问题的实质吗?[J]. 中国经济评论, 2021 (9): 55-60.

[4]　殷瑞钰, 李伯聪, 汪应洛, 等. 工程哲学[M]. 4 版. 北京: 高等教育出版社, 2022.

[5]　李玉梅, 兰文飞. 中国制造 2025: 建设制造强国的行动纲领: 工业和信息化部党组书记、部长苗圩答本报记者问[N]. 学习时报, 2015-08-31 (1).

[6]　黄燕芬. 德国工业战略 2030: 背景、内容及争议[J]. 人民论坛·学术前沿, 2019 (20): 76-91.

[7]　王巍, 刘雅轩, 李爽. 美国《国家先进制造战略规划》[J]. 中国集成电路, 2012, 21 (8): 26-30.

[8]　顾名坤, 何巍, 唐科, 等. 中国液体运载火箭结构系统发展规划研究[J]. 宇航总体技术, 2021, 5 (2): 55-67.

[9]　房连强. 磁粉柔性夹持系统的夹持力研究[D]. 南京: 南京航空航天大学, 2020.

[10]　帅朝林, 刘大炜, 牟文平, 等. 飞机结构件先进制造技术: 从数字化到智能化[M]. 北京: 机械工业出版社, 2019.

[11]　周济, 李培根. 智能制造导论[M]. 北京: 高等教育出版社, 2021.

[12]　周济, 周艳红. 数控加工技术[M]. 北京: 国防工业出版社, 2002.

[13]　刘雄伟, 等. 数控加工理论与编程技术[M]. 北京: 机械工业出版社, 1994.

[14]　张定华, 罗明, 吴宝海, 等. 航空复杂薄壁零件智能加工技术[M]. 武汉: 华中科技大学出版社, 2020.

[15]　李培根, 高亮. 智能制造概论[M]. 北京: 清华大学出版社, 2021.

第2章 智能数控加工技术基础

大数据技术和人工智能技术已成为新一次工业革命的重要引擎。智能数控加工技术是数控加工技术与大数据技术、人工智能技术的深度融合。本章围绕人工智能技术的数学基础、人工智能关键技术、智能数控加工感知技术、数据处理与分析技术以及数字化制造技术基础和网络化制造技术基础展开，为智能数控加工技术的深入理解奠定基础。

2.1 人工智能技术的数学基础

人工智能(Artificial Intelligence，AI)的核心问题包括构建能够跟人类似甚至卓越的推理、规划、学习、交流、感知、使用工具和操控机械等能力。目前主流的人工智能技术主要依赖于概率论、数理统计、线性代数、泛函分析、图论等数学基础，所以本章就人工智能技术常见的基本概念进行了整理，以便后续章节的学习。

2.1.1 概率论基本概念和重要公式

概率论是用于表示不确定性的数学框架，它为不确定性的量化提供了方法和公理。

1)概率

进行 n 次实验，如果一个事件 A 出现了 n_a 次，则在 n 次实验中事件 A 的频率记作 $f_n(A) = \dfrac{n_A}{n}$。随着实验重复次数 n 逐渐增大，频率逐渐稳定在某一数值 p 附近，则数值 p 称为事件 A 发生的概率。

2)条件概率

一般地，条件概率是指在某随机事件 A 发生的条件下，另一随机事件 B 发生的概率，记为 $P(B|A) = \dfrac{P(AB)}{P(A)}$。若事件 A 的发生不影响事件 B 的发生或事件 B 的发生不影响事件 A 的发生概率，则称事件 A 和事件 B 相互独立，此时 $P(AB) = P(A)P(B)$。

3)全概率公式

求解复杂事件的概率通常很困难，而通过全概率公式可将复杂事件的求解问题转化为不同情况下发生简单事件的概率求和问题。

设 Ω 为实验 E 的样本空间，$B_1, B_2, B_3, \cdots, B_n$ 为 E 的一组事件。如果 $B_i \bigcap B_j = \varnothing (i \neq j), B_1 \bigcup B_2 \bigcup \cdots \bigcup B_n = \Omega$，则称 $B_1, B_2, B_3, \cdots, B_n$ 为样本空间的一个完备事件组。

$B_1, B_2, B_3, \cdots, B_n$ 为样本空间 Ω 的一个完备事件组，若 $P(B_i) > 0 (i = 1, 2, \cdots, n)$，$A$ 为任一事件，则 A 事件发生的概率可以按全概率公式计算：

$$P(A) = \sum_{i=1}^{n} P(B_i) P(A \mid B_i) \tag{2-1}$$

4）贝叶斯公式

在某个事件发生的情况下，其他事件发生的概率会发生变化，贝叶斯公式用于计算两个事件间的条件概率。$B_1, B_2, B_3, \cdots, B_n$ 为样本空间 Ω 的一个完备事件组，$P(B_i) > 0 (i = 1, 2, \cdots, n)$，$A$ 为满足 $P(A) > 0$ 的任意事件，则

$$P(B_i \mid A) = \frac{P(B_i) P(A \mid B_i)}{\sum_{j=1}^{n} P(B_j) P(A \mid B_j)} \tag{2-2}$$

5）概率密度函数

为了使用数学方法对随机事件建模，将随机实验的结果数量化，引入随机变量，随机变量是随机实验各种结果的单值实值函数。在随机实验 E 中，Ω 是相应的样本空间，如果对 Ω 中的每一个样本点 ω，有唯一实数 $X(\omega)$ 与它对应，那么就把这个定义域为 Ω 的单值实值函数 $X = X(\omega)$ 称为（一维）随机变量。设 X 是一个随机变量，对于任意实数 x，式（2-3）为随机变量 X 的分布函数：

$$F(x) = P(X \leqslant x), \quad -\infty < x < +\infty \tag{2-3}$$

其实际意义如下：对于任意的两个实数 $-\infty < a < b < +\infty$，$P(a < X \leqslant b) = F(b) - F(a)$。只要知道随机变量 X 的分布函数，就可以知道 X 落在任一区间内的概率，其可以完整描述一个随机变量的统计规律性。

设 E 是随机实验，Ω 是相应的样本空间，X 是 Ω 上的随机变量，若 X 的值域（记为 Ω_x）为有限集或可列集，则称 X 为（一维）离散型随机变量。

设 E 是随机实验，Ω 是相应的样本空间，X 是 Ω 上的随机变量，$F(X)$ 是 X 的分布函数，若存在非负函数 $f(x)$ 使得：

$$F(x) = \int_{-\infty}^{x} f(t) \mathrm{d}t \tag{2-4}$$

则 X 为连续型随机变量，$f(x)$ 为 X 的概率密度函数。

6）概率质量函数

对于离散型随机变量，可以通过概率质量函数描述随机变量在各特定值上的概率。假设 X 是一个定义在可数样本空间 S 上的离散型随机变量，$S \subseteq \mathbb{R}$，则其概率质量函数 $f_X(x)$ 为

$$f_X(x) = \begin{cases} P(X = x), & x \in S \\ 0, & \text{其他} \end{cases} \tag{2-5}$$

概率质量函数和概率密度函数的不同之处在于：概率质量函数是对离散随机变量定义的，本身代表该值的概率；概率密度函数是对连续随机变量定义的，本身不是概率，只有对连续随机变量的概率密度函数在某区间内进行积分后才是概率。

7）边缘分布

设有随机实验 E，其样本空间为 Ω。若对 Ω 中的每一个样本点 ω 都有一组有序实数列 $(X_1(\omega), X_2(\omega), \cdots, X_n(\omega))$ 与其对应，则称 $(X_1, X_2, \cdots, X_n)$ 为 n 维随机变量或 n 维随机向量，

称 $(X_1, X_2, \cdots, X_n)$ 的取值范围为它的值域，记为 $\Omega_{(X_1, X_2, \cdots, X_n)}$。

设 $(X_1, X_2, \cdots, X_n)$ 为 n 维随机变量，对任意的 $(x_1, x_2, \cdots, x_n) \in \mathbb{R}^n$，称：

$$F(x_1, x_2, \cdots, x_n) = P(X_1 \leqslant x_1, X_2 \leqslant x_2, \cdots, X_n \leqslant x_n) \tag{2-6}$$

为随机变量 $(X_1, X_2, \cdots, X_n)$ 的（联合）分布函数。

如果已知二维随机变量 (X, Y) 的联合分布，那么能够得到其中一个随机变量的分布，其分布称为边缘分布。

设二维随机变量 (X, Y) 的联合分布函数为 $F(x, y)$，称 $F_X(x) = P(X \leqslant x) = P(X \leqslant x, Y \leqslant +\infty) = F(x, +\infty)(-\infty < x < +\infty)$ 为随机变量 X 的边缘分布函数；称 $F_Y(y) = P(Y \leqslant y) = P(X \leqslant +\infty, Y \leqslant y) = F(+\infty, y)(-\infty < y < +\infty)$ 为随机变量 Y 的边缘分布函数。

8）条件概率分布

当给定一个随机变量研究另一个随机变量的取值规律时，可以使用条件概率分布。

设二维离散型随机变量 (X, Y) 的联合分布律为 $P(X = x_i, Y = y_j) = p_{ij}, i, j = 1, 2, \cdots$，当 $y_j \in \Omega_Y$ 时，在给定条件 $\{Y = y_j\}$ 下随机变量 X 的条件分布律为

$$P(X = x_i \mid Y = y_j) = \frac{p_{ij}}{p_{\cdot j}}, \quad i = 1, 2, \cdots \tag{2-7}$$

设 $f(x, y)$ 为二维连续型随机变量 (X, Y) 的联合密度函数，当 $y \in \Omega_Y$ 时，在给定 $\{Y = y\}$ 条件下随机变量 X 的条件密度函数为

$$f_{X|Y}(x \mid y) = \frac{f(x, y)}{f_Y(y)}, \quad -\infty < x < +\infty, f_Y(y) > 0 \tag{2-8}$$

9）数学期望

实际问题中，人们通常更加关注随机变量的某些特征，如期望、方差、标准差、协方差等。

设 X 是离散型的随机变量，其分布律为 $P(X = x_i) = p_i$，$i = 1, 2, \cdots$。如果级数 $\sum_{i=1}^{\infty} x_i p_i$ 绝对收敛，则称：

$$E(X) = \sum_{i=1}^{\infty} x_i p_i \tag{2-9}$$

为离散型随机变量 X 的数学期望，也称作期望或均值。

设 X 是连续型随机变量，其密度函数为 $f(x)$，如果广义积分 $\int_{-\infty}^{+\infty} x f(x) \mathrm{d}x$ 绝对收敛，则称：

$$E(X) = \int_{-\infty}^{+\infty} x f(x) \mathrm{d}x \tag{2-10}$$

为连续型随机变量 X 的数学期望，也称作期望或均值。

10）方差与标准差

设 X 是一个随机变量，如果 $E\{[X - E(X)]^2\}$ 存在，则称：

$$D(X) \triangleq E\{[X - E(X)]^2\} \tag{2-11}$$

为随机变量 X 的方差，称方差 $D(X)$ 的算术平方根为随机变量 X 的标准差。

$$\sigma_X \triangleq \sqrt{D(X)} \tag{2-12}$$

11）协方差

设 (X,Y) 是二维随机变量，如果 $E\{[X-E(X)][Y-E(Y)]\}$ 存在，则称 $\mathrm{cov}(X,Y) \triangleq E\{[X-E(X)][Y-E(Y)]\}$ 为随机变量 X 和 Y 的协方差。协方差还可以通过以下公式计算：

$$\mathrm{cov}(X,Y) = E(XY) - E(X)E(Y) \tag{2-13}$$

2.1.2　常用概率分布

1. 均匀分布

均匀分布（Uniform Distribution）是一种在给定区间内的所有数值都具有相等概率的概率分布。它通常用于描述在一定范围内的随机事件，其中每个数值都有相同的概率被选中。均匀分布可以是离散的或连续的，具体取决于所考虑的数值是离散的或连续的。

1）离散型均匀分布

若随机变量 X 有 n 个不同的取值，分别为 $1,2,\cdots,n$，且随机变量具有以下的概率质量函数：

$$f(x) = \begin{cases} \dfrac{1}{n}, & x=1,2,\cdots,n \\ 0, & \text{其他} \end{cases} \tag{2-14}$$

则称随机变量服从离散型均匀分布。

2）连续型均匀分布

设随机变量 X 有概率密度函数：

$$f(x) = \begin{cases} \dfrac{1}{b-a}, & a \leqslant x \leqslant b \\ 0, & \text{其他} \end{cases} \tag{2-15}$$

则称 X 服从区间 $[a,b]$ 上的均匀分布，并常记为 $X \sim U(a,b)$。其中 a、b 都是常数，$-\infty < a < b < \infty$。由此可见连续型均匀分布的结果落在某个区间的可能性仅和区间长度有关，与该区间所处的位置无关。

均匀分布 $U(a,b)$ 的分布函数为

$$F(x) = \begin{cases} 0, & x \leqslant a \\ \dfrac{x-a}{b-a}, & a < x < b \\ 1, & x \geqslant b \end{cases} \tag{2-16}$$

2. 伯努利分布与二项分布

伯努利实验（Bernoulli Trial）是只有两种可能结果（如"成功"或"失败"）的单次随机实验，单次伯努利实验的结果符合伯努利分布。

1）伯努利分布

伯努利分布（Bernoulli Distribution）是一种离散分布，为了纪念瑞士科学家雅各布·伯努

利而命名。因它的随机变量只取值 0 或者 1，所以又称为"0-1 分布"或"两点分布"。如抛硬币的正面或反面，天气是下雨或没下雨，患者康复或未康复，此类满足"只有两种可能，实验结果相互独立且对立"的随机变量通常称为伯努利随机变量。

如果随机变量 X 只取 0 和 1 两个值，并且相应的概率为

$$P(X=k)=p^k \cdot (1-p)^{1-k}, \quad k=0,1,0 \leqslant p \leqslant 1 \tag{2-17}$$

则称随机变量 X 服从参数为 p 的伯努利分布，X 的概率质量函数可写为

$$f(x)=p^x(1-p)^{1-x}=\begin{cases} p, & x=1 \\ 1-p, & x=0 \end{cases} \tag{2-18}$$

2）二项分布

二项分布（Binomial Distribution）是 n 次独立伯努利实验中成功次数的离散概率分布，每次实验的成功概率为 p，因此又称为"n 重伯努利分布"。实际上，当 $n=1$ 时，二项分布就是伯努利分布。

若随机变量 X 服从参数为 n 和 p 的二项分布，将记作 $X \sim B(n,p)$，n 次实验中刚好 k 次成功的概率由概率质量函数给出：

$$f(k,n,p)=C_n^k \cdot p^k \cdot (1-p)^{n-k}, \quad k=0,1,2,\cdots,n \tag{2-19}$$

其中，$C_n^k = \dfrac{n!}{k!(n-k)!}$ 是二项式系数（二项分布名称的由来）。

3. 泊松分布

泊松分布（Poisson Distribution）适合于描述单位时间内随机事件发生次数的概率分布。若 X 服从参数为 λ 的泊松分布，记为 $X \sim \pi(\lambda)$，则泊松分布的概率质量函数为

$$P(X=k)=\frac{\mathrm{e}^{-\lambda}\lambda^k}{k!}, \quad k=0,1,2,\cdots \tag{2-20}$$

其中，参数 $\lambda > 0$，泊松分布的参数 λ 是随机事件发生次数的数学期望值。

4. 高斯分布与高斯混合模型

1）高斯分布

高斯分布（Gaussian Distribution）也称为正态分布（Normal Distribution），是描述连续型随机变量的重要概率分布，应用广泛。

现实生活中，许多随机现象对应的随机变量都近似服从高斯分布，如全校学生的身高、体重或期末考试成绩，高斯分布也被广泛应用于统计推断中。

若随机变量的概率密度函数为

$$f(x)=\frac{1}{\sqrt{2\pi}\sigma}\exp\left(-\frac{(x-u)^2}{2\sigma^2}\right), \quad -\infty < x < +\infty \tag{2-21}$$

其中，u 和 σ^2（$\sigma > 0$）都是常数，则称随机变量 X 服从参数为 u 和 σ^2 的正态分布，记为 $X \sim N(u,\sigma^2)$。

对于一个 D 维的向量 x，若其各元素服从均值为向量 $\boldsymbol{\mu}$，协方差矩阵为 $\boldsymbol{\Sigma}$ 的多元高斯分布，记为 $X \sim N(\boldsymbol{\mu},\boldsymbol{\Sigma})$，则概率密度函数为

$$p(x \mid \boldsymbol{\mu}, \boldsymbol{\Sigma}) = \frac{1}{(2\pi)^{\frac{D}{2}} |\boldsymbol{\Sigma}|^{\frac{1}{2}}} \exp\left[-\frac{1}{2}(x - \boldsymbol{\mu})^{\mathrm{T}} \boldsymbol{\Sigma}^{-1}(x - \boldsymbol{\mu})\right] \tag{2-22}$$

其中，$\boldsymbol{\mu}$ 为 D 维均值向量；$\boldsymbol{\Sigma}$ 为 $D \times D$ 的协方差矩阵；$|\boldsymbol{\Sigma}|$ 表示 $\boldsymbol{\Sigma}$ 的行列式。

2) 高斯混合模型

混合模型表征观测数据在总体中的概率分布，是由 K 个子分布组成的混合分布。混合模型可不通过观测数据的子分布信息计算观测数据在总体分布中的概率。高斯混合模型（Gaussian Mixture Model，GMM）是一种概率模型，假设生成数据点的分布是由多个高斯分布混合而成的，该方法使用高斯分布作为参数模型。

高斯混合分布（Gaussian Mixture Distribution）考虑 K 个高斯分布的线性叠加，其概率密度函数为

$$p(x) = \sum_{k=1}^{K} \pi_k p(x \mid \mu_k, \Sigma_k) \tag{2-23}$$

其中，$p(x \mid \mu_k, \Sigma_k)$ 表示参数为 μ_k、Σ_k 的高斯分布的概率密度。

5. t 分布

设 $X \sim N(0, 1)$，$Y \sim \chi^2(n)$，且 X 与 Y 独立，则称 $t = \dfrac{X}{\sqrt{Y/n}}$ 服从自由度为 n 的 t 分布，记为 $t \sim t(n)$。在概率论和统计学中，学生 t 分布（Student's t-Distribution）用于根据小样本来估计呈正态分布且方差未知的总体的均值。如果总体方差已知（例如，在样本数量足够多时），则应该用正态分布来估计总体的均值。t 分布的概率密度函数如下：

$$f(x) = \frac{\mathrm{Gam}\left(\dfrac{n+1}{2}\right)}{\sqrt{n\pi}\,\mathrm{Gam}\left(\dfrac{n}{2}\right)} \left(1 + \frac{x^2}{n}\right)^{-\frac{n+1}{2}}, \quad -\infty < x < +\infty \tag{2-24}$$

其中，Gam( ) 为伽马函数；n 为自由度。

t 分布曲线的形态与 n 的大小有关。与标准正态分布曲线相比，自由度越小，t 分布曲线越平坦，曲线中间越低，曲线双侧尾部翘得越高；自由度越大，t 分布曲线越接近标准正态分布曲线，当自由度趋近于无穷时，t 分布曲线为标准正态分布曲线。

2.1.3　参数估计

参数估计是用于确定总体参数值的统计推断过程，包括点估计和区间估计两种方法。点估计是在抽样推断中不考虑抽样误差，直接以抽样指标代替全体指标的一种推断方法。因为个别样本的抽样指标不等于全体指标，所以用抽样指标直接代替全体指标不可避免地会有误差。区间估计是抽样推断中根据抽样指标和抽样误差去估计全体指标可能范围的一种推断方法。在由抽样指标推断全体指标时，用一定概率保证误差不超出某一给定范围。

1. 点估计和区间估计

1) 点估计

当进行统计推断时，我们通常想要从有限的样本数据中推断出总体参数的值。点估计是一种常见的统计估计方法，它旨在使用样本数据来计算出一个单一数值作为对未知参数的估

计。这个估计量通常使用样本统计量来计算，如样本均值、样本方差或样本比例等。

点估计的过程可以简单描述为以下几个步骤。

(1)选择一个适当的统计模型：首先，需要选择一个适当的统计模型，以描述样本数据的分布。这个选择通常基于对问题背景和数据特征的理解。

(2)定义参数：确定需要估计的总体参数。总体参数是关于总体特征的未知量，如总体均值、总体方差等。

(3)选择估计方法：根据问题的要求和所选的统计模型，选择适当的估计方法。最常用的方法之一是最大似然估计，它基于样本数据的观察概率来估计参数值。

(4)计算估计量：使用选定的估计方法，对样本数据进行计算，得出一个数值作为对总体参数的估计量，这个数值通常称为点估计。

需要注意的是，点估计提供了一个估计值，但并没有提供有关估计的准确性或可信度的信息。为了解决这个问题，可以使用区间估计或假设检验等方法，对估计结果进行进一步的统计推断。在学术研究中，点估计是非常重要的，它允许研究人员利用有限的样本数据来推断总体参数的值。通过选择适当的估计方法和模型，研究人员可以获得关于总体参数的估计，并在统计推断中提供有用的信息。点估计方法的选择和计算过程通常需要基于统计理论和数学推导，以确保估计结果的合理性和准确性。

2) 区间估计

区间估计是在点估计的基础上给出总体参数的一个区间范围，该区间通常由样本统计量加减估计误差得到。

设 $(X_1, X_2, \cdots, X_n)$ 是取自总体 X 的一个样本，总体 $X \sim f(x;\theta), \theta \in \Theta$ 未知，对于 $\forall 0 < \alpha < 1$，若统计量 $\underline{\theta} = \underline{\theta}(X_1, X_2, \cdots, X_n) < \overline{\theta}(X_1, X_2, \cdots, X_n) = \overline{\theta}$，使得

$$P(\underline{\theta} \leq \theta \leq \overline{\theta}) = 1 - \alpha, \quad \theta \in \Theta \tag{2-25}$$

则称 $[\underline{\theta}, \overline{\theta}]$ 为 θ 的双侧 $1-\alpha$ 置信区间，$\underline{\theta}$、$\overline{\theta}$ 分别称为 θ 的双侧 $1-\alpha$ 置信区间的置信下限和置信上限，$1-\alpha$ 为置信水平，一旦样本有观测值 $(x_1, x_2, \cdots, x_n)$，则称相应的 $[\underline{\theta}(x_1, x_2, \cdots, x_n), \overline{\theta}(x_1, x_2, \cdots, x_n)]$ 为置信区间的观测值。

置信上限的定义如下：若有统计量 $\overline{\theta} = \overline{\theta}(X_1, X_2, \cdots, X_n)$，使得

$$P_\theta(\theta \leq \overline{\theta}) = 1 - \alpha, \quad \theta \in \Theta \tag{2-26}$$

则称 $(-\infty, \overline{\theta}(X_1, X_2, \cdots, X_n)]$ 为 θ 的单侧 $1-\alpha$ 置信区间，$\overline{\theta}(X_1, X_2, \cdots, X_n)$ 为 θ 的单侧 $1-\alpha$ 置信区间的置信上限。

置信下限的定义如下：若有统计量 $\underline{\theta} = \underline{\theta}(X_1, X_2, \cdots, X_n)$，使得

$$P_\theta(\theta \geq \underline{\theta}) = 1 - \alpha, \quad \theta \in \Theta \tag{2-27}$$

则称 $[\underline{\theta}(X_1, X_2, \cdots, X_n), +\infty)$ 为 θ 的单侧 $1-\alpha$ 置信区间，$\underline{\theta}(X_1, X_2, \cdots, X_n)$ 为 θ 的单侧 $1-\alpha$ 置信区间的置信下限。

2. 最大似然估计和最大后验估计

在参数估计中，我们希望通过样本数据来估计总体参数的未知值，从而得到关于总体的信息。其中，最大似然估计(Maximum Likelihood Estimation，MLE)和最大后验(Maximum a

Posteriori，MAP) 估计都是常用的参数估计方法，用于确定未知参数的值。它们在统计推断中起着重要的作用。

1）最大似然估计

最大似然估计的思想是，假设总体服从某种分布，这类分布的参数未知，假设此参数为未知的定值，需要找到一个参数的估计值使事件发生的概率最大，这个估计值就是最大似然估计值。

设总体 X 有分布律 $P(X = x;\theta)$ 或密度函数 $f(x;\theta)$（其中 θ 为一个未知参数或几个未知参数组成的向量 $\theta = (\theta_1, \theta_2, \cdots, \theta_k)$），已知 $\theta \in \Theta$，Θ 是参数空间 $(x_1, x_2, \cdots, x_n)$，为取自总体 X 的一个样本 $(X_1, X_2, \cdots, X_n)$ 的观测值，将样本的联合分布律或联合密度函数看成 θ 的函数，用 $L(\theta)$ 表示，又称为 θ 的似然函数，则似然函数为

$$L(\theta) = \prod_{i=1}^{n} P(X_i = x_i;\theta), \quad \text{或} L(\theta) = \prod_{i=1}^{n} f(x_i;\theta) \tag{2-28}$$

称满足关系式 $L(\hat{\theta}) = \max_{\theta \in \Theta} L(\theta)$ 的解 $\hat{\theta}$ 为 θ 的最大似然估计量，当 $L(\theta)$ 是可微函数时，通过求导进行最大似然估计。最大似然估计的优点是当样本数目趋于无穷大时，参数的最大似然估计会收敛到参数的真实值。

2）最大后验估计

贝叶斯统计学派认为：任何一个未知量都可以认为是一个随机变量，应该用一个概率分布去描述未知状况，并且该概率分布是在抽样前就有的关于未知量的先验信息描述，这个概率称为先验概率，或先验（Prior）。根据贝叶斯公式：

$$P(\theta \mid X) = \frac{P(\theta)P(X \mid \theta)}{P(X)} \tag{2-29}$$

这就是参数 θ 关于已有数据集合 X 的后验概率，使 $P(\theta \mid X)$ 最大时的 θ 即为总体分布参数的最大后验估计值，即

$$\theta^* = \text{argmax}_\theta P(\theta)P(X \mid \theta) = \text{argmax}_\theta \log_2 P(X \mid \theta) + \log_2 P(\theta) \tag{2-30}$$

最大后验估计的优势是使用先验的附加信息，有助于减小点估计的方差，但其代价是可能增加计算结果的偏差。

2.1.4　假设检验

统计推断的基本问题可以分为两大类：一类是估计问题；另一类是假设检验问题。在总体的分布函数完全未知或只知其形式、但不知其参数的情况下，为了推断总体的某些未知特性，提出某些关于总体的假设，要根据样本对所提出的假设做出是接受还是拒绝的决策。假设检验是做出这一决策的过程[1]。

1. 常见概念

原假设/零假设：实验者欲收集证据予以反对的假设，称为原假设，通常记为 H_0。

备择假设：实验者想收集证据予以支持的假设，通常记为 H_1，是在原假设被拒绝后可供选择的假设。

检验统计量：对原假设和备择假设做出决策的某个样本统计量，常用的检验统计量有 t 检验法和 Z 检验法。

显著性水平：当原假设为真时，错误拒绝原假设的临界概率，即犯第Ⅰ类错误的最大概率，用 α 表示，通常取 0.005、0.01、0.05、0.1 等值。

置信度：置信区间包含总体参数的确信程度，即 $1-\alpha$。

置信区间：由样本统计量所构造的总体参数的估计区间。

拒绝域：由给定的小概率 α（$0<\alpha<1$）作为显著性水平所确定的拒绝原假设 H_0 的区间。

p 值：由检验统计量的样本观测值得出的原假设可被拒绝的最小显著性水平。

假设检验的两类错误如下。

第Ⅰ类错误(弃真错误)：原假设为真时错误地拒绝了原假设，犯第Ⅰ类错误的最大概率记为 α。

第Ⅱ类错误(取伪错误)：原假设为假时错误地接受了原假设，犯第Ⅱ类错误的最大概率记为 β。

2. 假设检验的步骤

(1)根据实际问题的要求，提出原假设及备择假设；

(2)给定显著性水平以及样本容量；

(3)确定检验统计量以及拒绝域的形式；

(4)按 p 求出拒绝域；

(5)取样，根据样本观测值做出决策，是接受 H_0 还是拒绝 H_0。

3. Z 检验

设总体 $X \sim N(\mu, \sigma^2)$，其中 μ 未知，σ^2 已知，来求检验问题 $H_0: \mu=\mu_0, H_1: \mu \neq \mu_0$ 的拒绝域(显著性水平为 α)。

计算公式如下：

$$Z = \frac{\overline{x}-\mu_0}{S_{\overline{x}}} = \frac{\overline{x}-\mu_0}{\sigma/\sqrt{n}} \tag{2-31}$$

其中，$\overline{x}$ 为样本均值；μ_0 为待检验的总体均值；$S_{\overline{x}}$ 为样本均值分布的标准差；σ 为总体的标准差；n 为样本容量。

当观测值 $|Z| = \left|\dfrac{\overline{x}-\mu_0}{\sigma/\sqrt{n}}\right|$ 过分大时就拒绝 H_0，拒绝域的形式为 $|Z| = \left|\dfrac{\overline{x}-\mu_0}{\sigma/\sqrt{n}}\right| \geqslant Z_{\alpha/2}$，上述利用 Z 统计量得出的检验法称为 Z 检验法。

Z 检验用来判断样本均值是否与总体均值具有显著性差异。Z 检验通过正态分布的理论推断差异发生的概率，从而比较两个均值的差异是否显著，利用统计量 Z 确定拒绝域。Z 检验适用于总体呈正态分布、总体方差已知、样本容量较大($\geqslant 30$)的情况。

4. t 检验

设总体 $X \sim N(\mu, \sigma^2)$，其中 μ, σ^2 未知，来求检验问题 $H_0: \mu=\mu_0, H_1: \mu \neq \mu_0$ 的拒绝域(显著性水平为 α)。

t 统计量的计算公式为

$$t = \frac{\overline{x}-\mu_0}{S_{\overline{x}}} = \frac{\overline{x}-\mu_0}{S/\sqrt{n}} \tag{2-32}$$

其中，$\overline{x}$ 为样本均值；μ_0 为待检验的总体均值；$S_{\overline{x}}$ 为样本均值分布的标准差；S 为总体的标准差；n 为样本容量。

当观测值 $|t| = \left| \dfrac{\bar{x} - \mu_0}{S / \sqrt{n}} \right|$ 过分大时就拒绝 H_0，拒绝域的形式为 $|t| = \left| \dfrac{\bar{x} - \mu_0}{S / \sqrt{n}} \right| \geqslant t_{\alpha/2}(n-1)$，上述利用 t 统计量得出的检验法称为 t 检验法。

t 检验与 Z 检验类似，用来判断样本均值是否与总体均值具有显著性差异。不过 t 检验是基于 t 分布的，利用 t 统计量来确定拒绝域，适用于总体呈正态分布、总体方差未知、样本数据数量较少（<30）的情况。

不过，随着样本容量的增大（样本数量≥30），t 分布逐渐接近于正态分布。此时，t 检验也就近似于 Z 检验。

2.1.5 距离度量

在数据挖掘中，计算样本之间的相似度是一个重要任务，用于比较和度量不同样本之间的相似性或相关性，可以辅助聚类、分类、推荐等任务。衡量样本间的相似度通常的做法是借助距离度量函数来计算样本间的距离，对于距离度量函数 $\mathrm{dist}(.,.)$，需满足下述基本性质。

非负性：$\mathrm{dist}(\boldsymbol{x}_i, \boldsymbol{x}_j) \geqslant 0$。

同一性：$\mathrm{dist}(\boldsymbol{x}_i, \boldsymbol{x}_j) = 0$ 当且仅当 $\boldsymbol{x}_i = \boldsymbol{x}_j$。

对称性：$\mathrm{dist}(\boldsymbol{x}_i, \boldsymbol{x}_j) = \mathrm{dist}(\boldsymbol{x}_j, \boldsymbol{x}_i)$。

传递性：$\mathrm{dist}(\boldsymbol{x}_i, \boldsymbol{x}_j) \leqslant \mathrm{dist}(\boldsymbol{x}_i, \boldsymbol{x}_k) + \mathrm{dist}(\boldsymbol{x}_k, \boldsymbol{x}_j)$。

在介绍距离度量的具体方式前，首先说明一下后面用到的符号的含义：

$$\boldsymbol{x}_i = (x_{i1}, x_{i2}, \cdots, x_{in}), \quad \boldsymbol{x}_j = (x_{j1}, x_{j2}, \cdots, x_{jn}) \tag{2-33}$$

其中，$\boldsymbol{x}_i$、$\boldsymbol{x}_j$ 都是 n 维空间上的向量；$\mathrm{dist}(\boldsymbol{x}_i, \boldsymbol{x}_j)$ 表示 $\boldsymbol{x}_i$、$\boldsymbol{x}_j$ 之间的距离。

1）欧氏距离

欧氏距离（欧几里得距离）是一种常见的距离度量方式，可解释为连接两点之间直线的长度，欧氏距离基于笛卡儿坐标计算得到：

$$\mathrm{dist}(\boldsymbol{x}_i, \boldsymbol{x}_j) = \sqrt{\sum_{k=1}^{n} (x_{ik} - x_{jk})^2} \tag{2-34}$$

由于欧氏距离不是尺度不变的，所以计算出的距离可能会因为要素的单位出现偏差，通常需要在此距离度量之前对数据进行归一化。

2）标准化欧氏距离

标准化欧氏距离是针对欧氏距离的缺点而进行的一种改进。标准欧氏距离将各个分量都"标准化"到均值、方差相等。

假设样本集 X 的均值为 m，标准差为 s，X 的"标准化变量"表示为

$$X^* = \frac{X - m}{s} \tag{2-35}$$

标准化欧氏距离公式为

$$\mathrm{dist}(\boldsymbol{x}_i, \boldsymbol{x}_j) = \sqrt{\sum_{k=1}^{n} \left(\frac{x_{ik} - x_{jk}}{s_k} \right)^2} \tag{2-36}$$

3）曼哈顿距离

曼哈顿距离通常称为"出租车距离"或"城市街区距离"。通俗来讲，想象你在曼哈顿要从一个十字路口开车到另外一个十字路口，驾驶距离是两点间的直线距离吗？显然不是，除非你能穿越大楼。而实际驾驶距离就是这个"曼哈顿距离"，此即曼哈顿距离名称的来源。

曼哈顿距离公式如下：

$$\text{dist}(\boldsymbol{x}_i, \boldsymbol{x}_j) = \sum_{k=1}^{n} |x_{ik} - x_{jk}| \tag{2-37}$$

4）切比雪夫距离

切比雪夫距离定义为两个向量在任意坐标维度上的最大差值。其公式如下：

$$\text{dist}(\boldsymbol{x}_i, \boldsymbol{x}_j) = \max_k \left(|x_{ik} - x_{jk}| \right) \tag{2-38}$$

2.1.6　数据分布度量

数据分布度量是指衡量某种分布间的差异或相似度。对于两个不同分布的概率密度函数 P 和 Q，分布度量的形式表示为距离 $D(Q \| P)$，数据分布的度量方法一般需要满足下述性质。

反身性：$D(Q \| P) \geqslant 0$；$D(Q \| P) = 0 \leftrightarrow Q = P$。

对称性：$D(Q \| P) = D(P \| Q)$。

三角不等式：$D(Q \| P) \leqslant D(Q \| N) + D(N \| P)$。

1. 基于信息熵的数据分布度量方法

信息量可定义为，获取信息后可消除的不确定度的大小，信息量的大小和事件发生的概率成反比。熵是随机变量不确定性的度量，也是信息量大小的度量。信息熵描述的是整个系统内部样本之间的距离，或者称为系统内样本分布的集中程度、分散程度、混乱程度。系统内样本分布越分散，信息熵就越大；分布越有序，信息熵就越小，公式为

$$H(X) = -\sum_x p(x)\log_2 p(x) \tag{2-39}$$

熵定义中 log 的底数可以取其他值，取 2 时单位为比特，取 e 时单位为奈特。熵是随机变量 X 的概率分布的泛函，它不依赖于 X 的取值，而仅依赖于 X 的概率分布。

1）相对熵

相对熵又称为 KL（Kullback-Leibler）散度或信息散度，为两个概率分布间差异的非对称性度量。在信息理论中，相对熵等价于两个概率分布的信息熵的差值。给定两个概率质量函数 $p(x)$ 和 $q(x)$，它们的相对熵 $D(p(x) \| q(x))$ 定义为

$$D(p(x) \| q(x)) = \sum_x p(x)\log_2 \frac{p(x)}{q(x)} \tag{2-40}$$

相对熵可以度量概率分布之间的相似程度，具备下列性质。

性质 1：$D(p(x) \| q(x)) \geqslant 0$，当且仅当 $p(x) = q(x)$ 时，等号成立。

性质 2：若存在 x，$p(x) > 0$ 且 $q(x) = 0$，则 $D(p(x) \| q(x)) = \infty$。

性质 3：$p(x)$ 和 $q(x)$ 相差越大，$D(p(x) \| q(x))$ 越大。

2）互信息

互信息（Mutual Information）是衡量随机变量之间相互依赖程度的度量。服从联合概率

分布 $p(x, y)$ 的一对随机变量 (X, Y)，其边缘概率分布为 $p(x)$ 和 $p(y)$，则两个随机变量之间的互信息 $I(X; Y)$ 定义为

$$I(X; Y) = D\big(p(x, y) \| p(x)p(y)\big) = \sum_x \sum_y p(x, y) \log_2 \frac{p(x, y)}{p(x)p(y)} \tag{2-41}$$

从相对熵的视角来看，互信息度量了联合概率分布 $p(x, y)$ 与边缘概率分布乘积 $p(x)p(y)$ 的相似程度，当且仅当 $p(x, y) = p(x)p(y)$ 时，$I(X; Y) = 0$。

$$I(X; Y) = H(Y) - H(Y | X) \tag{2-42}$$

其中，$H(Y)$ 为随机变量 Y 的熵；$H(Y | X)$ 为给定随机变量 X 后随机变量 Y 的熵。从信息量的视角，互信息度量了在给定随机变量 X 后，随机变量 Y 所包含信息量的缩减量；从不确定度的视角，互信息度量了随机变量 Y 不确定度的缩减量。

3）交叉熵

对相对熵进行展开：

$$D\big(p(x) \| q(x)\big) = \sum_x p(x) \log_2 p(x) - \sum_x p(x) \log_2 q(x) \tag{2-43}$$

观察可得，式(2-43)中第一项可以写为真实分布的信息熵：

$$D\big(p(x) \| q(x)\big) = -H(X) + \left(-\sum_x p(x) \log_2 q(x)\right) \tag{2-44}$$

由于第一项真实分布的信息熵为恒定值，所以在机器学习中只需要优化最后一项，即交叉熵：

$$H(p, q) = -\sum_x p(x) \log_2 q(x) \tag{2-45}$$

$$相对熵（KL\ 散度）= 交叉熵 - 信息熵$$

4）JS 散度

JS 散度（Jensen-Shannon Divergence, JSD）解决了相对熵（KL 散度）的非对称问题，其形式为两个 KL 散度之和：

$$D_{JS}\big(p(x) \| q(x)\big) = \frac{1}{2} D_{KL}\left(p(x) \| \frac{p(x) + q(x)}{2}\right) + \frac{1}{2} D_{KL}\left(q(x) \| \frac{p(x) + q(x)}{2}\right) \tag{2-46}$$

2. MMD 函数

最大均值差异（Maximum Mean Discrepancy, MMD）为迁移学习、领域适应等机器学习领域使用非常广泛的一种损失函数，主要用来度量两个分布不同但相关的随机变量的分布距离：

$$\mathrm{MMD}\big[\mathcal{F}, p, q\big] := \sup_{f \in \mathcal{F}} \big(E_p\big[f(x)\big] - E_q\big[f(y)\big]\big) \tag{2-47}$$

其中，:= 表示新定义的对象。式(2-47)的目的是通过将两个随机变量映射到高维空间，计算它们在该映射后的期望差异，即最大均值差异。

3. Wasserstein 距离

Wasserstein 距离又称 Earth-Mover 距离，或是 Optimal Transport（OT）。把概率分布想象成一堆石子，如何移动一堆石子，做最少的功，把它堆成另外一个目标形状，这就是 OT。假定我们要把概率分布 $p(x)$ 转变成 $q(x)$，设距离函数为 $d(x, y)$，那么 Wasserstein 距离定义为

$$W[p, q] = \inf_{\gamma \in \Pi[p, q]} \iint \gamma(x, y) d(x, y) \mathrm{d}x \mathrm{d}y \tag{2-48}$$

$\gamma \in \Pi[p,q]$ 为 p、q 的联合分布，求两个分布 $p(x)$ 和 $q(x)$ 的 Wasserstein 距离本质上是一个优化问题：

$$\inf_{\gamma \in \Pi[p,q]} \iint \gamma(x,y)d(x,y)\mathrm{d}x\mathrm{d}y \tag{2-49}$$

$$\text{s.t.} \begin{cases} \int \gamma(x,y)\mathrm{d}y = p(x) \\ \int \gamma(x,y)\mathrm{d}x = q(y) \\ \gamma(x,y) \geqslant 0 \end{cases} \tag{2-50}$$

2.1.7 关联分析、相关分析与方差分析

1. 关联分析

关联分析是一种发现数据中不同项之间联系的方法，关联分析方法涉及三个主要概念：频繁项集、支持度和置信度。频繁项集表示在数据集中频繁出现的项集（可以是一个，也可以是多个）。当事件 A 中包含 k 个元素时称事件 A 为 k 项集，当事件 A 满足最小支持度阈值的事件时称为频繁 k 项集。关联规则 $A\text{->}B$ 的支持度 support=$P(AB)$，指事件 A 和事件 B 同时发生的概率（相当于联合概率）。置信度 confidence=$P(B|A)$=$P(AB)/P(A)$，指在发生事件 A 的基础上发生事件 B 的概率（相当于条件概率）。以数控加工中的一个典型过程为例，随着刀具磨损量的增加，刀具与工件间的摩擦力增大，影响切削力，导致主轴电流、功率等增大。可以对刀具磨损量、切削力、主轴电流及功率等数据进行关联分析，进而基于监测信号预测刀具磨损量。经典的关联分析方法有 Apriori 算法和 FP-Growth 算法。

1) Apriori 算法

Apriori 算法是挖掘产生布尔关联规则所需频繁项集的基本算法，该算法根据有关频繁项集特性的先验知识而命名。Apriori 算法通过迭代找到最大的频繁 k 项集，首先找到符合支持度标准的频繁集，然后筛选出最大个数的频繁集。Apriori 算法的工作流程如下：首先搜索出候选 1 项集及对应的支持度，经剪枝去掉低于支持度阈值的 1 项集得到频繁 1 项集。然后对筛选出的频繁 1 项集进行连接，得到频繁 2 项集，去掉低于支持度阈值的候选 2 项集。以此方法进行迭代，直到无法找到频繁 $k+1$ 项集，所得到的频繁 k 项集的集合即为算法的输出结果。

在找到了所有的频繁项集之后，便根据频繁项集生成关联规则，首先对于每个频繁项集 L，生成其所有的非空子集，并计算每个非空子集 x 的置信度 confidence(x)，如果 confidence$(x) \geqslant$ min_confidence，那么"$x\text{->}(L-x)$"成立。其中：

$$\text{confidence}(A\text{->}B) = P(B|A) = \frac{\text{support\_count}(A \bigcup B)}{\text{support\_count}(A)} \tag{2-51}$$

其中，support_count 是指数据集中某个事件或项集的支持计数。支持计数是指在数据集中出现某个事件或项集的次数。

2) FP-Growth 算法

FP-Growth（Frequent Pattern Growth）算法是一种用于数据挖掘和关联规则挖掘的频繁模式挖掘算法。它的主要特点是能够高效地发现频繁项集，尤其在大规模数据集上表现出色。

FP-Growth 算法的主要流程如下。

(1)构建 FP 树。

遍历数据集，统计每个单个项的频数，然后根据频数排序生成频繁项列表。

再次遍历数据集，根据频繁项列表过滤事务中的项，去掉不频繁的项。

根据过滤后的事务数据集构建 FP 树，FP 树的根节点表示空集，每个节点包含一个项和对应的计数。

(2)构建条件模式基。

对于每个频繁项，构建其条件模式基。条件模式基是指在给定频繁项的条件下，所包含的事务数据集。

(3)递归挖掘条件 FP 树。

对于每个频繁项，递归地构建条件 FP 树。

在条件 FP 树上继续挖掘频繁项，递归进行，直到不能再构建更多的条件 FP 树。

(4)组合频繁项集。

根据递归挖掘得到的频繁项，组合它们以生成更大的频繁项集。

(5)重复步骤 3 和步骤 4，直到不再能够生成新的频繁项集。

(6)找到所有频繁项集。

通过组合不同层次的频繁项集，得到所有频繁项集。

(7)生成关联规则。

对于找到的频繁项集，可以生成关联规则，用于描述项之间的关系，如支持度和置信度等。

总之，FP-Growth 算法通过构建 FP 树和递归挖掘条件 FP 树的方式，高效地发现频繁项集。它避免了生成候选项集的过程，因此在处理大规模数据集时通常比传统方法更快速。同时，它可以用于各种数据挖掘任务，如市场篮分析、推荐系统等。

2. 相关分析

在概率论和统计学中，相关关系用于表征随机变量之间线性关系的强度，根据数据特点衡量数据相关性的系数称为相关系数。通常使用相关系数来计量这些随机变量协同变化的程度，当随机变量间呈现同一方向的变化趋势时称为正相关，反之称为负相关。常见的相关分析方法有图表分析、协方差、相关系数和熵权法。

1)图表分析

数据分析过程中仅观察数据难以发现数据的变化趋势及联系，将数据进行可视化，能够更好地挖掘数据的趋势和联系。数据可视化处理是一种比较直观的相关性分析方法，其中绘制图表是一种基础的方法，折线图能够较好地表征观察数据的趋势及数据间的联系，该方法能够直观地表征数据之间相关关系的形式、方向及密切程度。

折线图为二维坐标系中的数据点经线段连接而形成的图形，该方法能够清晰地表征数据的增减方向、速率、规律、峰值等特征。折线图还能够清晰地表征连续数据随时间的变化趋势，常用于分析数据的变化趋势，或分析多组数据随时间变化的相互作用及影响。

相关图是一种直观反映相关关系的工具，常以坐标系的横坐标表征变量 X，纵坐标表征变量 Y，坐标点为相应变量。变量间的相关关系主要包括正强相关、正弱相关、负强相关、负弱相关、曲线相关和不相关等，根据图形中点的聚集程度可判断两个变量间的相关关系。

2) 协方差

协方差（Covariance）用于衡量两个变量间的总体误差，当变量 X、Y 具有相同的变化趋势时，其协方差为正数，变量间具有正相关关系；反之变量 X、Y 具有相反的变化趋势时，协方差为负数，变量间具有负相关关系；当变量 X、Y 相互独立时，协方差为零，不具有相关关系。

协方差的计算公式如下：

$$\text{cov}(X,Y) = \frac{\sum_{i=1}^{n}(X_i - \bar{X})(Y_i - \bar{Y})}{n-1} \tag{2-52}$$

其中，X 和 Y 为两个变量；n 为两个变量的样本数量；$\bar{X}$、$\bar{Y}$ 分别为变量 X、Y 的期望值。

虽能够通过协方差数值的正负或是否为零来判断变量之间的相关类型，但其不能衡量两个变量之间相关性的强弱。

3) 相关系数

相关系数（Correlation Coefficient）用于衡量两个变量之间相关性的强弱，不同变量 X、Y 的相关系数的取值范围是 $[-1,1]$，相关系数的取值越趋近于 0，X、Y 的相关性越弱，反之相关性越强；相关系数为 1 时 X 与 Y 是完全正线性相关的，当相关系数为 -1 时 X 与 Y 是完全负线性相关的，当相关系数为 0 时 X 与 Y 是独立的，不具有相关关系。

常用的相关系数是皮尔逊相关系数，变量 X 与变量 Y 的皮尔逊相关系数的计算公式如下：

$$r_{XY} = \frac{\text{cov}(X,Y)}{S_X S_Y} \tag{2-53}$$

其中，$\text{cov}(X,Y)$ 代表变量 X 与变量 Y 之间的协方差；S_X 代表变量 X 的标准差；S_Y 代表变量 Y 的标准差。变量 X 与变量 Y 之间的协方差计算公式同式（2-52）所示。

变量 X 的标准差计算公式如下：

$$S_X = \sqrt{\frac{\sum(x_i - \bar{x})^2}{n-1}} \tag{2-54}$$

变量 Y 的标准差计算公式如下：

$$S_Y = \sqrt{\frac{\sum(y_i - \bar{y})^2}{n-1}} \tag{2-55}$$

此外，Spearman 秩相关系数、Kendall 秩相关系数也是较为常用的相关系数。

4) 熵权法

信息用于度量系统的有序程度，熵为系统无序程度的衡量指标，去除信息冗余后的平均信息量为"信息熵"。可通过熵值判断某个指标的离散程度，其信息熵越小，该指标的离散程度越大（定义范围内的取值概率越均衡），则该指标对综合评价的影响就越大。因此，可利用信息熵计算各个指标的权重，为多指标综合评价提供依据。

熵权法中计算熵值的公式为

$$H_j = -\sum_{i=1}^{m} f_i \times \ln f_i \tag{2-56}$$

熵权法可用于评价问题中确定各项指标的权重，剔除指标体系中对评价结果贡献不大的指标。熵权法的具体步骤如下。

(1) 从数据中选取 n 个样本，并从样本中选取 m 个指标， x_{ij} 为第 i 个样本的第 j 个指标的值 $(i=1,2,\cdots,n;\ j=1,2,\cdots,m)$ 。

(2) 由于各项指标的计量单位并不统一，计算综合指标前需对其进行归一化处理：

$$x'_{ij} = \frac{x_{ij} - \min(x_{1j}, x_{2j}, \cdots, x_{nj})}{\max(x_{1j}, x_{2j}, \cdots, x_{nj}) - \min(x_{1j}, x_{2j}, \cdots, x_{nj})} \tag{2-57}$$

归一化后的数据仍记为 x_{ij} 。

(3) 计算第 j 项指标下第 i 个样本占该指标的比重：

$$p_{ij} = \frac{x_{ij}}{\sum_{i=1}^{n} x_{ij}}, \quad i=1,2,\cdots,n;\ j=1,2,\cdots,m \tag{2-58}$$

(4) 计算第 j 项指标的熵值：

$$e_j = -\frac{1}{\ln(n)} \sum_{i=1}^{n} p_{ij} \ln(p_{ij}) \tag{2-59}$$

(5) 计算信息冗余度：

$$d_j = 1 - e_j \tag{2-60}$$

(6) 计算各项指标的权值：

$$w_j = \frac{d_j}{\sum_{j=1}^{m} d_j}, \quad j=1,2,\cdots,m \tag{2-61}$$

至此，就得到了各个指标的权值，可以去除一些不重要的指标。

(7) 计算各样本的综合得分：

$$s_i = \sum_{j=1}^{m} w_j \cdot p_{ij} \tag{2-62}$$

熵权法是客观确定权重的方法，比层次分析法等主观法的精确性更高，该方法计算的权重可进行修订，因此具有适应性高的特点。但该方法的应用范围有限，仅适于计算权重。

3. 方差分析

方差分析 (Analysis of Variance，ANOVA) 是一种常见的统计方法，用于检验两个或两个以上样本均值之间的显著性差异。它通常用于探索连续性因变量与分类型自变量之间的关系。当自变量具有三个或更多水平 (类别) 时，方差分析被用来检验不同类别之间的均值是否存在显著性差异。可以将 t 检验看作方差分析的特殊情况，当只有两个类别时，t 检验更为适用。方差分析基于 F 分布，通过比较组间方差和组内方差的差异来评估均值差异的显著性。这一方法可以用于多组均值比较，而 t 检验则通常用于两组均值比较。

2.1.8　数据采样方法

很多机器学习的算法都需要求期望值，一些复杂的分布没有办法直接通过积分来求得期望值，那么就可通过采样的方法，对样本求均值就可以得到近似的期望值，所采集的样本越多，近似的期望值越接近真实的期望值。

1. 蒙特卡洛采样

蒙特卡洛算法通过构造随机数采样计算某些难以直接计算的问题,最早用于计算复杂函数的定积分。首先通过一个简单的例子进行说明。考虑计算单位半圆的面积,是如下的定积分:

$$\int_{-1}^{1}\sqrt{1-x^2}\,\mathrm{d}x \tag{2-63}$$

蒙特卡洛算法的实现非常简单,首先生成大量的矩形区域 $-1\leqslant x\leqslant 1$, $0\leqslant y\leqslant 1$ 内均匀分布的随机点 (x,y),然后计算在半圆内的随机点的比例,如图 2-1 所示。判定点是否在半圆之内非常简单,即是否满足如下不等式条件:

$$x^2+y^2\leqslant 1 \tag{2-64}$$

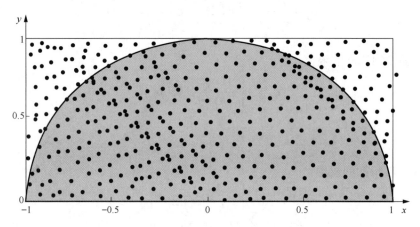

图 2-1　用蒙特卡洛算法计算单位半圆的面积

由于均匀分布随机变量落在区域内任何一点的可能性相等,因此有

$$\frac{S\_\mathrm{c}}{S\_\mathrm{r}}=\frac{\mathrm{Num}\_\mathrm{c}}{\mathrm{Num}\_\mathrm{all}} \tag{2-65}$$

其中,S_c 表示半圆的面积;S_r 表示矩形的面积;Num_c 表示落在半圆内的随机点数;$\mathrm{Num}\_\mathrm{all}$ 表示随机点的总数。

根据等式 (2-65) 即可计算出单位半圆的面积。采用这种思路,借助随机数可以计算出很多难以直接计算的值。

2. 拒绝采样

实际条件下,高斯分布、t 分布等标准的分布较为罕见。拒绝采样 (Rejection Sampling) 是一种常用的概率统计方法,用于从一个难以直接采样的分布中生成样本。该方法的基本思想是通过利用一个较易采样的建议分布 (Proposal Distribution) 来生成样本,并根据一定的接受准则接受或拒绝这些样本。

如图 2-2 所示,假设我们要对图中的下侧曲线 $p(z)$ 的分布进行采样,很明显该分布不是一个标准的分布。拒绝采样的过程如下:首先

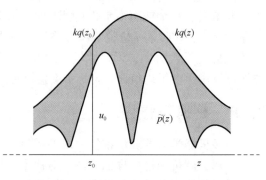

图 2-2　拒绝采样法($\tilde{p}$ 为 p 的近似)

引入一个标准的分布，常采用正态分布 $q(z)$，然后将 $q(z)$ 乘上一个常数 k，保证 $kq(z) \geqslant p(z)$。进而就可以先对正态分布 $q(z)$ 采样，得到 z_0，然后就在 z_0 上进行下一步操作，即在范围 $[0, kq(z_0)]$ 内进行随机采样，得到 u_0，如果 $u_0 > p(z)$，则拒绝这个样本，否则就接受这个样本。然后就按照这样的规则一直采样，拒绝一部分样本（即为丢弃，不使用这些样本），接受一部分样本（即为保留）。因此采样过程可简述为，采样上方曲线 $kq(z)$ 的下方数据，并拒绝灰色区域内的数据，最终保留的数据为曲线 $p(z)$ 下方的白色区域。因此，最终的样本服从曲线 $p(z)$ 所示的分布规律。

这里可以看出，还可以通过拒绝采样的方法把一个分布变成另外一个分布。

3. 重要性采样

重要性采样也是一种常用的采样方法。现在假设有一些样本来自分布 $p(z)$，然后要求在该分布下函数 $f(z)$ 的期望值为

$$E[f] \cong \sum_{l=1}^{N} p(z^l) f(z^l) \tag{2-66}$$

可以发现上面的拒绝采样其实拒绝了很多样本，那么这个重要性采样则把所有的样本都考虑进来，不过，对每个样本加了对应的重要性权重。

$$
\begin{aligned}
E[f] &= \int f(z) p(z) \mathrm{d}z \\
&= \int f(z) \frac{p(z)}{q(z)} q(z) \mathrm{d}z \\
&= \frac{1}{N} \sum_{l=1}^{N} \frac{p(z^l)}{q(z^l)} f(z^l)
\end{aligned} \tag{2-67}
$$

其中，$r^l = \dfrac{p(z^l)}{q(z^l)}$ 就是重要性权重。

2.1.9　空间

数学中的空间指特定元素（数、点、函数、集合等）构成的具有一定数学结构的集合[2]。常见的数学空间主要包括拓扑空间、线性空间、度量空间、度量线性空间、赋范线性空间、Banach 空间、内积空间、Hilbert 空间，这些空间之间的关系如图 2-3 所示。

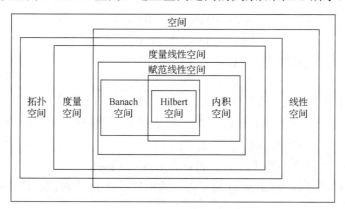

图 2-3　常见数学空间之间的关系

这些数学空间之间存在丰富的包含和转化关系，构成了数学分析和函数空间理论的基础。线性空间又称向量空间，是最基本的抽象数学结构，其中加法和数量乘法可以定义在这个向量空间上，其元素可以进行线性组合。拓扑空间是能够定义连续性、连通性、收敛性等性质的最一般化的数学空间。度量空间和流形等都是拓扑空间的例子。度量空间在数学中是指一个集合，并且该集合中的任意元素之间的距离是可定义的。赋范线性空间将线性空间与范数结构相结合，使其成为度量空间的一个特例。Banach 空间则对赋范线性空间做了完备性要求，从而引入了完备性概念。内积空间是线性空间中具有内积结构的特殊情况，内积结构允许度量向量之间的夹角和长度。Hilbert 空间则是内积空间的完备版本，其中的柯西序列都有极限。这些关系允许将线性空间赋予范数、内积和完备性结构，为解决数学问题和物理问题提供了丰富的数学工具。度量空间可以通过定义开集来转化为拓扑空间，赋范线性空间可以通过引入内积结构来转化为内积空间，内积空间可以通过确保完备性转化为 Hilbert 空间。这些数学关系在各个数学领域的研究中都扮演着关键角色，用于描述空间的几何、拓扑和代数性质。

1）拓扑空间

定义：设 X 是一非空集，如果 τ 是 X 的子集构成的集族，满足以下条件：$\varnothing, X \in \tau$；τ 中的任意个集的并集仍属于 τ；τ 中的有限个集的交集仍属于 τ，则称 τ 是 X 上的拓扑，称二元组合 (X, τ) 为拓扑空间，称 τ 中的集为开集。

2）线性空间

定义：设 X 是一非空集，K 是标量域。

（1）在 X 上定义了加法运算，即对任意 $\boldsymbol{x}, \boldsymbol{y} \in X$，对应 X 中一个元，记为 $\boldsymbol{x} + \boldsymbol{y}$，称为 $\boldsymbol{x}$ 与 $\boldsymbol{y}$ 的和，满足：

$$\boldsymbol{x} + \boldsymbol{y} = \boldsymbol{y} + \boldsymbol{x}；$$
$$(\boldsymbol{x} + \boldsymbol{y}) + \boldsymbol{z} = \boldsymbol{x} + (\boldsymbol{y} + \boldsymbol{z})；$$

在 X 中存在唯一的元素 0（称为零元），使得对任意 $\boldsymbol{x} \in X$，成立 $\boldsymbol{x} + \boldsymbol{0} = \boldsymbol{x}$；

对任意 $\boldsymbol{x} \in X$，存在唯一的 $\boldsymbol{x}' \in X$ 使得 $\boldsymbol{x} + \boldsymbol{x}' = 0$，称 $\boldsymbol{x}'$ 为 $\boldsymbol{x}$ 的负元，记为 $-\boldsymbol{x}$。

（2）在 X 上定义了数乘运算，即对任意 $\boldsymbol{x} \in X$ 和 $\alpha \in K$，对应 X 中一个元，记为 $\alpha \boldsymbol{x}$，称为 α 与 $\boldsymbol{x}$ 的数积，满足（设 $\alpha, \beta \in K, \boldsymbol{x}, \boldsymbol{y} \in X$）：

$$1\boldsymbol{x} = \boldsymbol{x}；$$
$$\alpha(\beta \boldsymbol{x}) = (\alpha\beta)\boldsymbol{x}；$$
$$(\alpha + \beta)\boldsymbol{x} = \alpha \boldsymbol{x} + \beta \boldsymbol{x}；$$
$$\alpha(\boldsymbol{x} + \boldsymbol{y}) = \alpha \boldsymbol{x} + \alpha \boldsymbol{y}；$$

则称 X 为线性空间（或向量空间），X 中的元称为向量。

3）度量空间

定义：设 X 是一非空集，若对任意 $\boldsymbol{x}, \boldsymbol{y} \in X$，都有一个实数 $d(\boldsymbol{x}, \boldsymbol{y})$ 与之对应，满足

非负性：$d(\boldsymbol{x}, \boldsymbol{y}) \geqslant 0$，$d(\boldsymbol{x}, \boldsymbol{y}) = 0$ 当且仅当 $\boldsymbol{x} = \boldsymbol{y}$；

对称性：$d(\boldsymbol{x}, \boldsymbol{y}) = d(\boldsymbol{y}, \boldsymbol{x})$；

三角不等式：$d(\boldsymbol{x}, \boldsymbol{y}) < d(\boldsymbol{x}, \boldsymbol{z}) + d(\boldsymbol{z}, \boldsymbol{y})$；

则称函数 d 是 X 上的距离，称 $d(\boldsymbol{x}, \boldsymbol{y})$ 为 $\boldsymbol{x}$ 与 $\boldsymbol{y}$ 的距离，称 X 为按照距离 d 的距离空间（或度量空间），记为 (X, d)。

4）赋范线性空间

定义：设 X 是一线性空间，K 为一标量域。若对任意 $x \in X$，都有一个实数 $\|x\|$ 与之对应，满足

非负性：$\|x\| \geqslant 0$ 并且 $\|x\| = 0$ 当且仅当 $x = 0$；

绝对齐性：$\|\alpha x\| = |\alpha|\|x\|\ (x \in X, \alpha \in K)$；

三角不等式：$\|x + y\| \leqslant \|x\| + \|y\|\ (x, y \in X)$；

则称函数 $\|\cdot\|$ 为 X 上的范数，称 $\|x\|$ 为 x 的范数，称 X 按照范数 $\|\cdot\|$ 为赋范线性空间（简称为赋范空间），记为 $(X, \|\cdot\|)$。

5）Banach 空间

定义：若赋范空间 X 中的序列 $\{x_n\}$ 满足如下 Cauchy 条件：

$$\lim_{m, n \to \infty} \|x_m - x_n\| = 0 \tag{2-68}$$

则称 $\{x_n\}$ 为 Cauchy 序列，若 X 中所有 Cauchy 序列皆收敛，则称 X 是完备的，并称 X 为 Banach 空间。

6）内积空间

定义：设 H 为线性空间，其标量域为 K，若对任意 $x, y \in H$，都有一个数 $(x, y) \in K$ 与之对应，使得对任意 $x, y, z \in H$ 和 $\alpha, \beta \in K$，满足

非负性：$(x, x) \geqslant 0$，并且 $(x, x) = 0$ 当且仅当 $x = 0$；

共轭对称性：$(y, x) = \overline{(x, y)}$；

可运算性：$(\alpha x + \beta y, z) = \alpha(x, z) + \beta(y, z)$；

则称 $(\bullet, \bullet)$ 为 H 上的内积，称 (x, y) 为 x 与 y 的内积，称 H 按照内积 $(\bullet, \bullet)$ 成为内积空间。

7）Hilbert 空间

Hilbert 空间是一个向量空间，其上定义了一个内积操作。内积是一种满足线性、对称性和正定性的二元操作，通常表示为 (x, y)，其中 x 和 y 是 Hilbert 空间中的向量。内积可以衡量向量之间的夹角和长度，从而可以提供一种度量向量相似性的方式。

Hilbert 空间的内积结构使其成为一种强大的数学工具，广泛应用于函数分析、量子力学、信号处理、机器学习等领域。在函数分析中，Hilbert 空间为研究和描述函数序列的性质提供了坚实的数学基础。在量子力学中，Hilbert 空间用于描述量子态和算符的性质。在信号处理和机器学习中，Hilbert 空间可以用于定义特征空间和核函数，进而用于数据表示、分类和回归等任务。Hilbert 空间的一个重要特性是完备性，即任何柯西序列都有极限，这使得 Hilbert 空间成为一种适合进行分析和推导的空间。

2.1.10　特征值与特征向量

1. 特征值与特征向量的求解

设 A 是 n 阶矩阵，如果实数 λ 和 n 维非零列向量 x 使关系式：

$$Ax = \lambda x \tag{2-69}$$

成立，那么，满足以上关系的 λ 称为矩阵 A 的特征值，非零列向量 x 称为 A 对应于特征值 λ 的

特征向量。特征值也可以通过以下公式计算：

$$(A - \lambda E)x = 0 \tag{2-70}$$

这是 n 个未知数 n 个方程的齐次线性方程组，它有非零解的充分必要条件是

$$|A - \lambda E| = 0 \tag{2-71}$$

即

$$\begin{vmatrix} a_{11} - \lambda & a_{12} & \cdots & a_{1n} \\ a_{21} & a_{22} - \lambda & \cdots & a_{2n} \\ \vdots & \vdots & & \vdots \\ a_{n1} & a_{n2} & \cdots & a_{nn} - \lambda \end{vmatrix} = 0 \tag{2-72}$$

式 (2-72) 是以 λ 为未知数的一元 n 次方程，称为矩阵 A 的特征方程，其左端 $|A - \lambda E|$ 是 λ 的 n 次多项式，记作 $f(\lambda)$，称为矩阵 A 的特征多项式。显然，A 的特征值就是特征方程的解。特征方程在复数范围内恒有解，其个数为方程的次数（重根按重数计算）。因此，n 阶矩阵 A 在复数范围内有 n 个特征值。

2. 特征值分解

给定矩阵 $A_{n \times n}$ 的 n 个线性无关的特征向量，按列组成方阵，即

$$S : [x_1, x_2, \cdots, x_n] \tag{2-73}$$

那么有

$$\begin{aligned} AS &= A[x_1, x_2, \cdots, x_n] \\ &= [\lambda_1 x_1, \lambda_2 x_2, \cdots, \lambda_n x_n] \\ &= [x_1, x_2, \cdots, x_n] \Lambda \\ &= S\Lambda \end{aligned} \tag{2-74}$$

其中，Λ 为特征值组成的对角矩阵，因为假设组成特征向量矩阵 S 的 n 个特征向量线性无关，所以 S 可逆，从式 (2-74) 中就可以推导出特征值分解的公式：

$$A = S\Lambda S^{-1} \tag{2-75}$$

2.1.11　奇异值分解

奇异值分解（Singular Value Decomposition，SVD）是线性代数中特征值分解的延伸。SVD 也是对矩阵进行分解，但不要求待分解的矩阵为方阵。SVD 是机器学习领域广泛应用的算法，常用于降维算法中的特征分解。当矩阵 A 是一个 $m \times n$ 的矩阵时，矩阵 A 的 SVD 为

$$A = U\Sigma V^{\mathrm{T}} \tag{2-76}$$

其中，U 为 $m \times m$ 的矩阵；Σ 为 $m \times n$ 的矩阵，Σ 对角线上的每个元素都称为奇异值，其他元素均为 0；V 为 $n \times n$ 的矩阵。U 和 V 满足 $U^{\mathrm{T}}U = I$，$V^{\mathrm{T}}V = I$，都是酉矩阵。从图 2-4 可以很形象地看出上面关于 SVD 的定义。

对矩阵 A 进行奇异值分解的过程如下：将 A 的转秩和 A 做矩阵乘法得到 $n \times n$ 的方阵 $A^{\mathrm{T}}A$，对 $A^{\mathrm{T}}A$ 进行特征值分解，得到的特征值和特征向量满足式 (2-77)：

$$(A^{\mathrm{T}}A)v_i = \lambda_i v_i \tag{2-77}$$

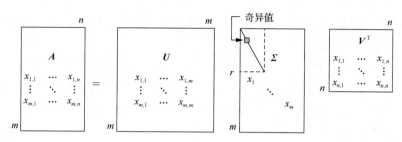

图 2-4　奇异值分解

经上述运算即可得到矩阵 $A^T A$ 的 n 个特征值和对应的特征向量 v，上述特征向量即为 A 的右奇异向量，SVD 公式里面的 V 矩阵即由右奇异向量组成。将 A 和 A 的转秩做矩阵乘法得到 $m×m$ 的方阵 AA^T，对 AA^T 进行特征值分解，得到的特征值和特征向量满足式（2-78）：

$$(AA^T)u_i = \lambda_i u_i \tag{2-78}$$

同理，经上述运算可得到矩阵 AA^T 的 m 个特征值和对应的特征向量 u，即 A 的左奇异向量，左奇异向量构成 SVD 公式里面的 U 矩阵。

Σ 除对角线为奇异值外其他元素均为 0，因此只需求出每个奇异值 σ 即可：

$$A = U\Sigma V^T \Rightarrow AV = U\Sigma V^T V \Rightarrow AV = U\Sigma \Rightarrow Av_i = \sigma_i u_i \Rightarrow \sigma_i = Av_i / u_i \tag{2-79}$$

$A^T A$ 的特征向量组成 SVD 中的 V 矩阵，而 AA^T 的特征向量构成 SVD 中的 U 矩阵，证明过程如下：

$$A = U\Sigma V^T \Rightarrow A^T = V\Sigma U^T \Rightarrow A^T A = V\Sigma U^T U\Sigma V^T = V\Sigma^2 V^T \tag{2-80}$$

2.1.12　梯度与链式法则

1. 梯度

梯度是一个向量，表示某一函数在该点处的方向导数沿着该方向取得最大值，即函数在该点处沿着该方向（此梯度的方向）变化最快，变化率最大（为该梯度的模）。

定义：给定函数 $f: \mathbb{R}^n \to \mathbb{R}$，且 f 在点 x 的一个邻域内有意义，若存在向量 $g \in \mathbb{R}^n$ 满足

$$\lim_{p \to 0} \frac{f(x+p) - f(x) - g^T p}{\| p \|} = 0 \tag{2-81}$$

其中，$\| \cdot \|$ 是任意的向量范数，称 f 在点 x 处可微（Fréchet 可微），此时 g 称为 f 在点 x 处的梯度，记作 $\nabla f(x)$。如果对区域 D 上的每一个点 x 都有 $\nabla f(x)$ 存在，则称 f 在 D 上可微。

若 f 在点 x 处的梯度存在，在式（2-81）中令 $p = \varepsilon e_i$，其中 e_i 是第 i 个分量为 1 的单位向量，可知 $\nabla f(x)$ 的第 i 个分量为 $\dfrac{\partial f(x)}{\partial x_i}$，因此有

$$\nabla f(x) = \left[\frac{\partial f(x)}{\partial x_1}, \frac{\partial f(x)}{\partial x_2}, \cdots, \frac{\partial f(x)}{\partial x_n} \right]^T \tag{2-82}$$

如果只关心对一部分变量的梯度，可以通过对 ∇ 加下标来表示，例如，$\nabla_x f(x, y)$ 表示将 y 视为常数时 f 关于 x 的梯度。

2. 链式法则

链式法则是微积分中的求导法则，用于求一个复合函数的导数，是一种在微积分的求导

运算中常用的方法。链式法则就是将复合函数的导数分解为各个组成函数的导数的乘积，就像锁链一样一环套一环，故称为链式法则。

若 I、J 是直线上的开区间，函数 $f(x)$ 在 I 上有定义 $(a \in I)$ 处可微，函数 $g(y)$ 在 J 上有定义 $(J \supset f(I))$，在 $f(a)$ 处可微，则复合函数 $(g \circ f)(x) = g(f(x))$ 在 a 处可微 $(g \circ f$ 在 I 上有定义$)$，且 $(g \circ f)'(a) = g'(f(a))f'(a)$，若记 $u = g(y), y = f(x)$，而 f 在 I 上可微，g 在 J 上可微，则在 I 上任意点 x 处有

$$(g \circ f)'(x) = g'(f(x))f'(x) \tag{2-83}$$

即 $(g \circ f)'(x) = (g' \circ f)(x)f'(x)$，或写出：

$$\frac{du}{dx} = \frac{du}{dy} \cdot \frac{dy}{dx} \tag{2-84}$$

这个结论可推广到任意有限个函数复合的情形，于是复合函数的导数将是构成复合函数在相应点的导数的乘积。

2.1.13　最优化方法

1. 梯度下降法

梯度下降(Gradient Descent)法为一阶最优化算法，通常也称为最速下降法。要使用梯度下降法找到一个函数的局部极小值，思路是在函数上当前点对应梯度(近似梯度)的反方向按照一定步长距离点进行迭代搜索。如果相反地向梯度正方向进行迭代搜索，则会接近函数的局部极大值，这个过程则称为梯度上升法。

常见的梯度下降法包括随机梯度下降(Stochastic Gradient Descent，SGD)法、批梯度下降法、Momentum 梯度下降法、Nesterov Momentum 梯度下降法、AdaGrad 梯度下降法、RMSprop 梯度下降法和 Adam 梯度下降法等。梯度下降法迭代过程为

$$w \leftarrow w - \alpha \frac{\partial}{\partial w} J(w, b) \tag{2-85}$$

$$b \leftarrow b - \alpha \frac{\partial}{\partial b} J(w, b) \tag{2-86}$$

其中，w 和 b 为函数 $J(w, b)$ 的两个参数；α 为步长或学习率。

逐步最小化损失函数，如同下山，找准方向，每次迈一小步，直至山底，如图 2-5 所示。

2. 牛顿法

牛顿法的基本思想是利用迭代点处的一阶导数(梯度)和二阶导数(Hessian 矩阵)对目标函数进行二次函数近似，然后把二次模型的极小点作为新的迭代点，并进行迭代，直至求得满足精度的近似极小值。牛顿法的速度相当快，而且能高度逼近最优值。梯度下降法只用到了目标函数的一阶导数，牛顿法是一种二阶优化算法，相对于梯度下降法收敛速度更快。

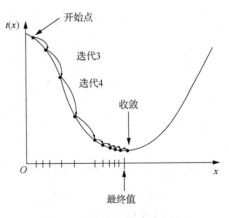

图 2-5　梯度下降法示意图

用牛顿法求方程的根，首先选择一个接近函数 $f(x)$ 零点的 x_0，计算相应的 $f(x_0)$ 和切线斜率 $f'(x_0)$。然后计算穿过点 $(x_0,f(x_0))$ 且斜率为 $f'(x_0)$ 的直线和 X 轴的交点的 x 坐标，求解过程如下所示：

$$f(x_0)+f'(x_0)(x-x_0)=0 \tag{2-87}$$

将新求得的点的 x 坐标记为 x_1，通常 x_1 会比 x_0 更接近方程 $f(x)=0$ 的解，因此可利用 x_1 开始下一轮迭代，迭代公式如下所示：

$$x_{n+1}=x_n-\frac{f(x_n)}{f'(x_n)} \tag{2-88}$$

牛顿法是基于当前位置的切线来确定下一次迭代的位置，所以牛顿法又被很形象地称为"切线法"。

在机器学习领域中，牛顿法常用来解极值问题。牛顿法最初是为了求解方程的根，不能直接用来求极值。但是，函数极值的一阶导数为 0，因此，可以用牛顿法来求解函数一阶导数为 0 的方程的根，得到极值点。牛顿法求极值的计算过程如图 2-6 所示。

输入：目标函数 $f(x)$，梯度 $g(x)=\nabla f(x)$，Hessian 矩阵 $H(x)$，精度要求 ε。

输出：$f(x)$ 的极小点 x^*。

过程：

1. 取初始点 $x^{(0)}$，置 $k=0$；

2. 计算 $g_k=g\left(x^{(k)}\right)$；

3. 若 $|g_k|<\varepsilon$，则停止计算，得近似解 $x^*=x^{(k)}$；

4. 计算 $H_k=H\left(x^{(k)}\right)$，并求 p_k，即

$$H_k p_k=-g_k$$

5. $x^{(k+1)}=x^{(k)}+p_k$；

6. $k=k+1$，转步骤 2。

图 2-6　牛顿法求极值算法流程

牛顿法的精髓就是二阶收敛，不仅利用了损失函数的一阶导数，也用到了损失函数的二阶导数，即梯度变化的趋势，因此可比梯度下降法更快地确定合适的搜索方向，具有二阶收敛速度。通俗点来说，梯度下降法是选择下一步能迈出的最大步长，而牛顿法是在选择下一步能迈出的最大步长的基础上，同时也考虑了下下步的选择方向。

牛顿法比一般的梯度下降法收敛速度快。但在高维情况下，计算目标函数的二阶偏导数的复杂度大，而且有时候目标函数的 Hessian 矩阵无法保持正定，不存在逆矩阵，此时牛顿法将不再适用。因此，人们提出了拟牛顿法(Quasi-Newton Methods)：不用二阶偏导数构造出可以近似 Hessian 矩阵(或 Hessian 矩阵的逆矩阵)的正定对称矩阵，进而再逐步优化目标函数。

2.1.14　泛函与变分

1. 泛函

泛函是数学中重要的基本概念，是现代数学的重要研究对象之一，也是数学与其他领域研究与应用的一个重要工具。泛函的定义域是一个函数集，而值域是实数集或者实数集的一

个子集，广义上泛函就是从任意的向量空间到标量的映射。也就是说，**泛函是从函数空间到数域的映射。**

定义：设 S 为一函数集合，若对于每一个函数 $x(t) \in S$，有一个实数与之对应，记作 $J(x(t))$，则称 J 是定义在 S 上的泛函，S 称为 J 的容许函数集。

例如，在 $[x_0, x_1]$ 上光滑曲线 $y(x)$ 的长度可定义为

$$J = \int_{x_0}^{x_1} \sqrt{1 + y'^2}\, dx \tag{2-89}$$

考虑几个具体曲线，取 $x_0 = 0$，$x_1 = 1$，若 $y(x) = x$，则

$$J(y(x)) = J(x) = \int_0^1 \sqrt{1+1}\, dx = \sqrt{2} \tag{2-90}$$

若 $y(x)$ 为悬链线，则

$$J\left(\frac{e^x + e^{-x}}{2}\right) = \int_0^1 \sqrt{1 + \frac{\left(e^x - e^{-x}\right)^2}{4}}\, dx = \int_0^1 \frac{e^x + e^{-x}}{2}\, dx = \frac{e - e^{-1}}{2} \tag{2-91}$$

对应 $C^1[x_0, x_1]$ 中不同的函数 $y(x)$，有不同曲线长度值 J，即 J 依赖于 $y(x)$，是定义在函数集合 $C^1[x_0, x_1]$ 上的一个泛函，此时我们可以写成：

$$J = J(y(x)) \tag{2-92}$$

则称如下形式的泛函为最简泛函：

$$J(x(t)) = \int_{t_0}^{t_f} F(t, x(t), \dot{x}(t))\, dt \tag{2-93}$$

被积函数 F 包含自变量 t、未知函数 $x(t)$ 及导数 $\dot{x}(t)$。

2. 变分

变分法是 17 世纪末发展起来的一门数学分支，是处理泛函的一种数学方法，和处理函数的普通微积分相对。变分法最终寻求的是极值函数，使得泛函取得极大值或极小值。例如，考虑上述曲线长度泛函，可以提出下面的问题：在所有连接定点 $A(x_0, y_0)$ 和 $B(x_1, y_1)$ 的平面曲线中，试求长度最小的曲线。即在满足 $y(x) \in \{y(x) \mid y(x) \in C^1[x_0, x_1], y(x_0) = y_0, y(x_1) = y_1\}$ 的条件下，使式 (2-94) 取最小值：

$$J(y(x)) = \int_{x_0}^{x_1} \sqrt{1 + y'^2}\, dx \tag{2-94}$$

此即为泛函极值问题的一个例子，以极小值为例，一般的泛函极值问题可表述为，如果对于任意一个与 $x_0(t)$ 接近的 $x(t) \in S$，都有 $J(x(t)) \geqslant J(x_0(t))$，那么称泛函 $J(x(t))$ 在 $x_0(t) \in S$ 处取得极小值。接近可以用距离 $d(x(t), x_0(t)) < \varepsilon$ 来度量，而距离可以定义为

$$d(x(t), x_0(t)) = \max_{t_0 \leqslant t \leqslant t_f} \left\{ |x(t) - x_0(t)|, |\dot{x}(t) - \dot{x}_0(t)| \right\} \tag{2-95}$$

泛函的极大值可以类似地定义，其中 $x_0(t)$ 称为泛函的极值函数或极值曲线。如同函数的微分是增量的线性主部一样，泛函的变分是泛函增量的线性主部。作为泛函的自变量，函数 $x(t)$ 在 $x_0(t)$ 处的增量记为

$$\delta x(t) = x(t) - x_0(t) \tag{2-96}$$

也称为函数的变分，由它引起的泛函的增量记作：

$$\Delta J = J(x_0(t) + \delta x(t)) - J(x_0(t)) \tag{2-97}$$

如果 ΔJ 可以表示为

$$\Delta J = L\big(x_0(t), \delta x(t)\big) + r\big(x_0(t), \delta x(t)\big) \tag{2-98}$$

其中， L 为 $\delta x(t)$ 的线性项，而 r 是 $\delta x(t)$ 的高阶项，则称 L 为泛函在 $x_0(t)$ 处的变分，记作 $\delta J\big(x_0(t)\big)$。用变动的 $x(t)$ 代替 $x_0(t)$，就有 $\delta J\big(x(t)\big)$。泛函变分的一个重要形式是它可以表示为对参数 α 的导数：

$$\delta J\big(x(t)\big) = \frac{\partial}{\partial \alpha} J\big(x(t) + \alpha\, \delta x(t)\big)\bigg|_{\alpha=0} \tag{2-99}$$

这是因为当变分存在时，增量为

$$\Delta J = J\big(x(t) + \alpha\, \delta x(t)\big) - J\big(x(t)\big) = L\big(x(t), \alpha\, \delta x(t)\big) + r\big(x(t), \alpha\, \delta x(t)\big) \tag{2-100}$$

根据 L 和 r 的性质有

$$L\big(x(t), \alpha\, \delta x(t)\big) = \alpha L\big(x(t), \delta x(t)\big) \tag{2-101}$$

$$\lim_{\alpha\to 0} \frac{r\big(x(t), \alpha\, \delta x(t)\big)}{\alpha} = \lim_{\alpha\to 0} \frac{r\big(x(t), \alpha\, \delta x(t)\big)}{\alpha\, \delta x(t)} \delta x(t) = 0 \tag{2-102}$$

所以：

$$\frac{\partial}{\partial \alpha} J\big(x(t) + \alpha\, \delta x(t)\big)\bigg|_{\alpha=0} = \lim_{\alpha\to 0} \frac{J(x(t) + \alpha\, \delta x(t)) - J(x(t))}{\alpha}$$

$$= \lim_{\alpha\to 0} \frac{L(x(t), \alpha\, \delta x(t)) + r(x(t), \alpha\, \delta x(t))}{\alpha} = L(x, \delta x(t)) = \delta Jx(t) \tag{2-103}$$

2.1.15 数据降维

1. 维数灾难

假设随机变量服从均匀分布，如果一维空间(即数轴上的某一区间)需要 N 个样本才能完全覆盖，那么当二维空间下还是 N 个样本时，覆盖度就有所下降。随着维度的增加，覆盖度呈指数级下降。所以，在样本量一定的情况下，维度越高，样本在空间中的分布越稀疏。在高维情形下，数据样本稀疏、距离计算困难等问题是所有机器学习方法共同面对的严重问题，不仅影响了训练速度，通常还很难找到比较好的解，称为"维数灾难"。缓解维数灾难的一个重要途径是降维，即通过某种数学变换将原始高维空间转变为一个低维"子空间"，在这个子空间中样本密度大幅提高，计算变得更为容易。

2. 数据降维的必要性

在很多时候，人们观测或收集到的数据样本虽是高维的，但与学习任务密切相关的也许仅是某个低维分布，即高维空间中的低维"嵌入"。原始高维空间中的样本点在这个低维嵌入子空间中更容易进行学习。降维除能提高训练速度以外，还能用于数据可视化。把高维数据降到二维或三维，然后就能把特征在二维空间或三维空间中表示出来，能直观地发现一些规律。

3. 主成分分析

主成分分析(Principal Components Analysis，PCA)是一种被广泛使用的数据降维算法，主要思想是将原始特征的 n 维空间线性映射到较低的 k 维空间上，这 k 维是全新的正交特征(主成分)。PCA 经正交变换将由线性相关变量表示的观测数据转换为由少数几个线性无关变量表示，线性无关的变量称为主成分。

PCA 从原始空间中重建一组相互正交的坐标轴，第一个新坐标轴为原始数据中方差最大的方向，第二个新坐标轴为与第一个坐标轴正交的平面中方差最大的方向，第三个坐标轴是与第一个、第二个坐标轴正交的平面中方差最大的方向。依次类推可得到 n 个坐标轴，经研究发现前面的 k 个坐标轴中包含大部分方差，后面坐标轴的方差几乎为 0。

PCA 算法的流程如图 2-7 所示。

输入：样本集 $D = \{x_1, x_2, \cdots, x_m\}$ ；
　　　低维空间维数 d' 。

过程：

1. 对所有样本进行中心化： $x_i \leftarrow x_i - \dfrac{1}{m}\sum_{i=1}^{m} x_i$ ；

2. 计算样本的协方差矩阵 $\boldsymbol{XX}^{\mathrm{T}}$ ；

3. 对协方差矩阵 $\boldsymbol{XX}^{\mathrm{T}}$ 做特征值分解；

4. 取最大的 d' 个特征值所对应的特征向量 $\boldsymbol{\omega}_1, \boldsymbol{\omega}_2, \cdots, \boldsymbol{\omega}_{d'}$ 。

输出：投影矩阵 $\boldsymbol{W} = (\boldsymbol{\omega}_1, \boldsymbol{\omega}_2, \cdots, \boldsymbol{\omega}_{d'})$ 。

图 2-7　PCA 算法流程

因此可只保留前 k 个包含绝大部分方差的坐标轴，忽略余下的坐标轴。相当于保留包含绝大部分方差的维度特征，忽略方差几乎为 0 的维度特征，从而实现对数据特征的降维处理。

4. 流形学习

线性降维方法通过线性映射实现高维空间到低维空间的变换，然而大量现实任务需非线性映射实现恰当的低维嵌入。流形学习(Manifold Learning)是一类借鉴了拓扑流形概念的降维方法，属于非线性降维。

流形学习自 2000 年在著名的《科学》(Science)杂志被首次提出以来，已成为信息科学领域的研究热点。在理论和应用上，流形学习方法都具有重要意义。假设数据采样于高维欧氏空间中的低维流形，流形学习就是找到高维空间中的低维流形，并求出相应的嵌入映射，实现数据降维。

流形学习方法是模式识别中的基本方法，分为线性流形学习算法和非线性流形学习算法，非线性流形学习算法包括等距映射(Isomap)、拉普拉斯特征映射(Laplacian Eigenmaps，LE)、局部线性嵌入(Locally-linear Embedding，LLE)等。而线性流形学习算法则是对非线性流形学习算法的线性扩展，如多维尺度变换(Multidimensional Scaling，MDS)。

Isomap 由麻省理工学院计算机科学与人工智能实验室的 Josh Tenenbaum 教授于 2000 在 Science 杂志上提出。Isomap 的主要目标是对于给定的高维流形，欲找到与其对应的低维嵌入，使得高维流形上数据点间的近邻结构在低维嵌入中得以保持。Isomap 以多维尺度变换为计算工具，创新之处在于计算高维流形上数据点间的距离时，不是用传统的欧氏距离，而是采用微分几何中的测地线距离，并且找到了一种用实际输入数据估计其测地线距离的算法。

Isomap 的优点如下：

(1)求解过程依赖于线性代数的特征值和特征向量问题，保证了结果的稳健性和全局最优性；

(2)能通过剩余方差判定隐含的低维嵌入的本质维数；

(3)Isomap 算法的计算过程中只需要确定唯一的一个参数(近邻参数 k 或邻域半径 e)。

拉普拉斯特征映射的基本思想是,用一个无向有权图描述一个流形,然后通过用图的嵌入来找低维表示。简单来说,就是在保持图的局部邻接关系的情况下,将图从高维空间中重新映射在一个低维空间中。

在至今为止的流形学习的典型方法中,LE 速度最快,但是效果相对来说不理想。LE 的特点就是在出现离群值的情况下,其鲁棒性十分理想,这个特点在其他流形学习方法中没有体现。

局部线性嵌入的相关工作发表在 *Science* 杂志(2000 年)上,是非线性降维的里程碑。

LLE 算法可以归结为三步:

(1)寻找每个样本点的 k 个近邻点;

(2)由每个样本点的近邻点计算出该样本点的局部重建权值矩阵;

(3)由该样本点的局部重建权值矩阵和其近邻点计算出该样本点的输出值。

多维尺度变换(MDS)是一种线性降维方法,其目标是使两个点之间的距离在新空间中与原空间中尽量相同。算法流程如图 2-8 所示。

输入:样本集 $X = \{x_1, x_2, \cdots, x_m\}$;

低维空间维数 d。

过程:

1. 计算原始空间中数据点的距离矩阵 D;

2. 利用距离矩阵 D 计算 $\text{dist}_{i\cdot}^2, \text{dist}_{\cdot j}^2, \text{dist}_{\cdot\cdot}^2$,即

$$\text{dist}_{i\cdot}^2 = \frac{1}{m}\sum_{j=1}^{m}\text{dist}_{ij}^2$$

$$\text{dist}_{\cdot j}^2 = \frac{1}{m}\sum_{i=1}^{m}\text{dist}_{ij}^2$$

$$\text{dist}_{\cdot\cdot}^2 = \frac{1}{m^2}\sum_{i=1}^{m}\sum_{j=1}^{m}\text{dist}_{ij}^2$$

3. 计算内积矩阵 B,其各项元素为

$$b_{ij} = -\frac{1}{2}\left(\text{dist}_{ij}^2 - \text{dist}_{i\cdot}^2 - \text{dist}_{\cdot j}^2 + \text{dist}_{\cdot\cdot}^2\right)$$

4. 对内积矩阵 B 做特征值分解,获得特征值矩阵 Λ 和特征向量矩阵 V,其中 $\Lambda = \text{diag}(\lambda_1, \lambda_2, \cdots, \lambda_n)$;

5. 取 B 的 d 项最大特征值构成对角矩阵 $\tilde{\Lambda}$,$\tilde{V}$ 为相应的特征向量矩阵。

输出:矩阵 $\tilde{\Lambda}\tilde{V}^{1/2}$,每一行是一个样本的低维坐标。

图 2-8 多维尺度变换算法流程

5. 高维数据可视化

随机近邻嵌入(Stochastic Neighbor Embedding,SNE)的第一步是用条件概率来表示高维空间中样本点之间用欧氏距离度量的相似度,然后 SNE 用梯度下降法来求解,为了避免局部最优解,SNE 还给梯度添加了一项很大的动量项,在优化刚开始的时候,每次迭代都会给样本点添加高斯噪声,避免局部最优解。如果噪声的方差改变缓慢,SNE 就可以寻找到更好的全局最优解。然而 SNE 对噪声数量和衰减速率很敏感,往往需要在一个数据集上训练多次以寻找合适的参数,从这个意义上讲,SNE 不如一些可以遵循凸优化原则的方法。

t-分布随机近邻嵌入(t-Distributed Stochastic Neighbor Embedding,t-SNE)是一种嵌入模

型，能够将高维空间中的数据映射到低维空间中，并保留数据集的局部特性。当我们想对高维数据集进行分类，但又不清楚这个数据集有没有很好的可分性(同类之间间隔小、异类之间间隔大)时，可以通过 t-SNE 将数据投影到二维或三维空间中观察一下：如果在低维空间中具有可分性，则数据是可分的；如果在低维空间中不可分，则可能是因为数据集本身不可分，或者数据集中的数据不适合投影到低维空间中。

　　t-SNE 的核心思想是保证在低维上数据的分布与原始空间上的分布相似性高。将数据点之间的相似度转化为条件概率，原始空间中数据点的相似度由高斯联合分布表示，嵌入空间中数据点的相似度由 t 分布表示。通过原始空间和嵌入空间的联合概率分布的 KL 散度来评估嵌入效果的好坏，即将有关 KL 散度的函数作为损失函数，通过梯度下降法最小化损失函数，最终获得收敛结果。算法流程如图 2-9 所示。

数据：数据集 $X = \{x_1, x_2, \cdots, x_n\}$；

　　　损失函数参数：困惑度 Prep；

　　　优化参数：迭代次数 T，学习率 η，动量 $\alpha(t)$。

结果：低维数据表示 $Y = \{y_1, y_2, \cdots, y_n\}$。

开始：

1. 计算在给定 Prep 下的条件概率 $P_{j|i}$，$P_{j|i} = \dfrac{\exp\left(-\dfrac{\|x_i - x_j\|^2}{2\sigma_i^2}\right)}{\sum\limits_{k \neq i} \exp\left(-\dfrac{\|x_i - x_k\|^2}{2\sigma_i^2}\right)}$；

2. 令 $P_{ij} = \dfrac{P_{j|i} + P_{i|j}}{2n}$；

3. 用 $N\left(0, 10^{-4}\right)$ 随机初始化 Y；

4. 迭代，从 $t = 1$ 到 T，做如下操作：

　　计算低维度下的 q_{ij}，　$q_{ij} = \dfrac{\left(1 + \|y_i - y_j\|^2\right)^{-1}}{\sum\limits_{i \neq j}\left(1 + \|y_i - y_j\|^2\right)^{-1}}$

　　计算梯度 $\dfrac{\mathrm{d}C}{\mathrm{d}Y} = 4\sum\limits_{j}\left(p_{ij} - q_{ij}\right)\left(y_i - y_j\right)\left(1 + \|y_i - y_j\|^2\right)^{-1}$，其中 C 为原始空间和嵌入空间的联

　　合概率分布的 KL 散度；

　　更新 $Y^t = Y^{t-1} + \eta\dfrac{\mathrm{d}C}{\mathrm{d}Y} + \alpha(t)\left(Y^{t-1} - Y^{t-2}\right)$。

　　结束

结束

图 2-9　t-SNE 算法流程

2.2　人工智能关键技术

　　人工智能(AI)是研究、开发用于模拟、延伸和扩展人的智能的理论、方法、技术及应用系统的一门新的技术科学。作为计算机科学的一个分支，人工智能试图了解智能的实质，并

创造出一种反应方式和人类相似的机器。研究内容包括专家系统、机器人、自然语言处理、图像识别、推荐系统等。

斯坦福大学人工智能研究中心的尼尔逊教授对人工智能的定义是：人工智能是关于知识的学科——怎样表示知识以及怎样获得知识并使用知识的科学。而美国麻省理工学院的温斯顿教授认为，人工智能就是研究如何使计算机去做过去只有人才能做的智能工作。这些说法在一定程度上体现了人工智能的基本思想和内容，即研究人类智能活动的规律，构造具有一定智能的人工系统，研究如何模拟人类智能行为的基本理论、方法和技术。

人工智能是一门研究使计算机模拟人的某些思维过程和智能行为(如学习、推理、思考、规划等)的学科，涉及计算机科学、心理学、哲学和语言学等多种学科。从哲学角度来看，思维科学和人工智能之间是理论和实践的关系。人工智能处于思维科学的技术应用层次，是它的一个应用分支。而从思维观点来看，人工智能不局限于逻辑思维，还要考虑形象思维、灵感思维才能促进人工智能的突破性发展。此外，人工智能还和数学息息相关，统计学、模糊数学、微分几何等数学分支将对人工智能的发展产生重要促进作用。

1956 年夏，美国达特茅斯会议标志人工智能学科诞生，随后，人工智能的发展经历了三个时期，并且中间穿插两次寒冬期。第一个阶段称为推理期，其思路是只要赋予机器逻辑推理的能力，机器就具有智能，但实际上仅具有逻辑推理能力远远实现不了人工智能，随后人工智能进入了第一次寒冬期。第二个阶段是知识期，其思路是要使机器具有智能，必须设法使机器拥有知识，模拟人类专家解决问题，即建立专家系统。但是其局限性在于，首先由人把知识总结出来再教给计算机相当困难，其次有的领域专家不愿意分享知识。然后人工智能进入了第二次寒冬期。第三个阶段是学习期，其思路是由机器自己学习知识，解决知识工程瓶颈。这个时期人工智能的局限性在于无法学得泛化性能好且语义明确的概念，今天的机器学习得到的大多数是黑箱。虽然学习期的人工智能具有一定的局限性，但是在解决实际问题方面却表现出非常好的性能，同时，该领域的专家也在致力于研究泛化性能更好且具有可解释性的人工智能方法。

2.2.1　基本概念

在当今人工智能的学习期，机器学习成为人工智能的主流核心领域。机器学习(Machine Learning，ML)旨在通过计算手段，利用经验(数据)改善系统自身的性能。机器学习主要有三个流派：第一个是符号主义，其思路是符号知识表示，代表工作是决策树；第二个是统计学习，其思路是通过统计学习理论研究算法，代表工作是支持向量机；第三个是连接主义，其思路是神经网络，代表工作是深度学习。

下面对机器学习过程中的基本概念进行介绍。

1. 按照数据标签进行机器学习方法分类

机器学习方法按照数据标签进行分类，可分为监督学习、无监督学习和半监督学习。

监督学习(Supervised Learning)是指从标注数据中学习预测模型的机器学习问题，预测模型对给定的输入产生相应的输出。监督学习的本质是学习输入到输出映射的统计规律。在监督学习中，将输入与输出所有可能取值的集合分别称为输入空间与输出空间。输入空间与输出空间可以是有限元素的集合，也可以是整个空间。输入空间与输出空间可以是同一个空间，也可以是不同的空间，但通常输出空间远远小于输入空间。每个具体的输入是一个实例，通常由特征向量表示。这时，所有特征向量存在的空间称为特征空间，特征空间的每一维对应一个特征。

无监督学习（Unsupervised Learning）是指从无标注数据中学习预测模型的机器学习问题，预测模型表示数据的类别、转换或概率。无监督学习的本质是学习数据中的统计规律或潜在结构。模型的输入与输出的所有可能取值的集合分别称为输入空间与输出空间。输入空间与输出空间可以是有限元素的集合，也可以是欧氏空间。每个输入是一个实例，由特征向量表示，每一个输出是对输入的分析结果，由输入的类别、转换或概率表示，预测模型可以实现对数据的聚类、降维或概率估计。

半监督学习（Semi-Supervised Learning）是模式识别和机器学习领域研究的重点问题，是监督学习与无监督学习相结合的一种学习方法。它主要考虑如何利用少量的标注样本和大量的无标注样本进行训练和分类的问题。半监督学习对于减少标注代价，提高学习机器性能具有非常重要的实际意义。半监督学习主要分为半监督分类算法、半监督回归算法、半监督聚类算法和半监督降维算法。

2. 按照任务类型进行机器学习方法分类

根据机器学习的任务，可以将机器学习方法分为回归、分类和聚类。

回归（Regression）是监督学习的一个重要问题。回归用于预测输入变量和输出变量之间的关系，特别是预测当输入变量的值发生变化时，输出变量的值随之发生的变化。回归模型正是表示从输入变量到输出变量之间的映射关系。回归问题的学习可等价于函数拟合，即确定一个函数，使其很好地拟合已知数据且很好地预测未知数据。

回归问题分为学习和预测两个过程，首先给定一个训练数据集：

$$T = (x_1, y_1), (x_2, y_2), \cdots, (x_N, y_N)$$

其中，$x_i \in \mathbb{R}^n$ 是输入；$y_i \in \mathbb{R}$ 是对应的输出，$i = 1, 2, \cdots, N$。学习系统基于训练数据构建一个模型，即函数 $Y = \hat{f}(X)$。对新的输入 x_{N+1}，预测系统根据学习的模型 $Y = \hat{f}(X)$ 确定相应的输出 y_{N+1}。

分类（Classification）是监督学习的另一个核心问题。在监督学习中，当输出变量 Y 取有限个离散值时，预测问题便成为分类问题。这时，输入变量 X 可以是离散的，也可以是连续的。监督学习从数据中学习一个分类模型或分类决策函数，称为分类器。分类器对新的输入进行输出的预测，称为分类，可能的输出称为类别。分类的类别为多个时，称为多类别分类问题。

分类问题包括学习和分类两个过程。在学习过程中，根据已知的训练数据集利用有效的学习方法学习一个分类器。在分类过程中，利用学习的分类器对新的输入实例进行分类。在分类问题中，$(x_1, y_1), (x_2, y_2), \cdots, (x_N, y_N)$ 是训练数据集，学习系统由训练数据学习一个分类器 $\hat{P}(Y|X)$ 或 $Y = \hat{f}(X)$，分类系统通过学习到的分类器 $\hat{P}(Y|X)$ 或 $Y = \hat{f}(X)$ 对新的输入实例 x_{N+1} 进行分类，即预测其输出的类别标记 y_{N+1}。

评价分类器性能的常用指标包括精度、查准率、查全率和 F_1 得分等。其中，精度定义为分类器正确分类的样本数与总样本数之比。当数据集存在非均衡现象时，训练的模型产生的预测会倾向于样本数量较多的大类，使用精度无法有效体现模型在样本数量较少的小类上的分类性能。对此，通常使用查准率、查全率和 F_1 得分对模型的综合性能进行进一步评估。以二分类问题为例，查准率表示被正确预测的正例在所有预测为正例的样本中的比例；查全率也称召回率，是被正确预测的正例在所有正例中的比例；F_1 得分则是将查准率和查全率进行结合的指标。设 TP 表示将正例样本预测为正类的数量、FN 表示将正例样本预测为负类的数量、FP 表示将负例样本预测为正类的数量、TN 表示将负例样本预测为负类的数量，则二分类问题的查准率、查全率和 F_1 得分的计算如下所示。

查准率的计算为

$$P = \frac{TP}{TP + FP} \tag{2-104}$$

查全率的计算为

$$R = \frac{TP}{TP + FN} \tag{2-105}$$

F_1 得分的计算为

$$\frac{2}{F_1} = \frac{1}{P} + \frac{1}{R} \tag{2-106}$$

$$F_1 = \frac{2TP}{2TP + FP + FN} \tag{2-107}$$

从 F_1 得分的计算公式中可以看出，查准率和召回率都高时，F_1 得分也会高。

针对机器学习分类问题，现有大量统计学习方法或模型，如 K 近邻、多层感知机、神经网络、朴素贝叶斯、决策树、决策列表、逻辑回归模型、支持向量机、提升方法、贝叶斯网络等。本书将讲述其中一些主要方法。

分类在于根据数据特性将其"分门别类"，所以在许多领域都有广泛的应用。例如，在银行业务中，可以构建一个客户分类模型，对客户按照贷款风险的大小进行分类；在网络安全领域，可以利用日志数据的分类对非法入侵进行检测；在图像处理中，分类可以用来检测图像中是否有人脸出现；在手写识别中，分类可以用于识别手写的数字；在互联网搜索中，网页的分类可以帮助进行网页的抓取、索引与排序。在制造领域，通过采集加工过程中的数据，可以对刀具的状态进行预测、对机床关键零部件进行故障诊断等。

聚类是对静态数据进行分析的一门技术，是根据"物以类聚"的道理，对样品或指标进行分类的一种统计分析方法，在模式识别、机器学习、数据挖掘等领域得到了广泛应用。聚类是在原始数据对象的集合中划分出若干个子集，每一个子集中的对象之间具有较高的相似度，而不同子集内的对象具有较低的相似度。通常情况下，聚类是一种无监督学习过程，在多个不同的领域中都能找到相应的聚类需求，包括数学、计算机科学等。因此，聚类方法或模型在多个领域中都得到了充分发展，在数据描述、相似性度量以及数据划分方面产生了多种技术。聚类既可以单独作为一种机器学习任务，也可以作为其他机器学习任务的预处理环节。在深度学习中十分流行这种先对样本聚类压缩数据，然后把压缩后的特征向量输入网络中去训练。这也是深度学习中"表示学习"的最初想法，受限玻尔兹曼机就是基于这类思想的典型模型。

3. 损失函数

损失函数或代价函数是将随机事件或其有关的随机变量的取值映射为非负实数，以表示该随机事件的"风险"或"损失"的函数。

用一个损失函数或代价函数来度量预测错误的程度，损失函数是 $f(X)$ 和 Y 的非负实值函数，记作 $L(Y,f(X))$。

统计学习常用的损失函数有以下几种。

0-1 损失函数：

$$L(Y,f(X)) = \begin{cases} 1, & Y \neq f(X) \\ 0, & Y = f(X) \end{cases} \tag{2-108}$$

平方损失函数：

$$L(Y,f(X)) = (Y - f(X))^2 \tag{2-109}$$

绝对损失函数：

$$L(Y,f(X)) = |Y - f(X)| \tag{2-110}$$

对数损失函数或对数似然损失函数：

$$L(Y,P(Y|X)) = -\log_2 P(Y|X) \tag{2-111}$$

损失函数的值越小，模型的训练精度就越高。

4. 激活函数

激活函数是一种在人工神经网络的神经元上运行的函数，通常为非线性函数，负责将神经元的输入映射到输出端。如果不使用激活函数，每一层输出都将是上层输入的线性函数，无论神经网络有多少层，输出都是输入的线性组合，这种情况就是最原始的感知机。激活函数给神经元引入了非线性因素，使得神经网络可以逼近任意非线性函数。

Sigmoid 函数是一种常见的激活函数，具有单调递增以及反函数单调递增等性质，将变量映射到 0~1，公式如下：

$$f(x) = \frac{1}{1 + \mathrm{e}^{-x}} \tag{2-112}$$

Tanh（双曲正切）函数是一种经典激活函数，它是双曲函数中的一种，公式如下：

$$f(x) = \frac{\mathrm{e}^x - \mathrm{e}^{-x}}{\mathrm{e}^x + \mathrm{e}^{-x}} \tag{2-113}$$

ReLU（Rectified Linear Unit）也是一种深度学习中常用的激活函数，公式如下：

$$f(x) = \max(0, x) \tag{2-114}$$

5. 训练误差与泛化误差

统计学习的目的是使学习到的模型不仅对已知数据而且对未知数据都能有很好的预测能力。当损失函数给定时，基于损失函数模型的训练误差和模型的测试误差就自然成为学习方法评估的标准。

假设学习到的模型是 $Y = \hat{f}(X)$，训练误差是模型 $Y = \hat{f}(X)$ 关于训练数据集的平均损失：

$$R_{\mathrm{emp}}(\hat{f}) = \frac{1}{N} \sum_{i=1}^{N} L\left(y_i, \hat{f}(x_i)\right) \tag{2-115}$$

其中，N 是训练样本容量。

测试误差是模型 $Y = \hat{f}(X)$ 关于测试数据集的平均损失：

$$e_{\mathrm{test}} = \frac{1}{N'} \sum_{i=1}^{N'} L\left(y_i, \hat{f}(x_i)\right) \tag{2-116}$$

其中，N' 是测试样本容量。

例如，当损失函数是 0-1 损失函数时，测试误差就变成了常见的测试数据集上的误差率：

$$e_{\text{test}} = \frac{1}{N'} \sum_{i=1}^{N'} I\left(y_i \neq \hat{f}(x_i) \right) \tag{2-117}$$

其中，I 是指示函数，即 $y_i \neq \hat{f}(x_i)$ 时为 1，否则为 0。

相应地，常见的测试数据集上的准确率为

$$r_{\text{test}} = \frac{1}{N'} \sum_{i=1}^{N'} I\left(y_i = \hat{f}(x_i) \right) \tag{2-118}$$

显然：

$$r_{\text{test}} + e_{\text{test}} = 1 \tag{2-119}$$

训练误差的大小对判断给定问题的学习难易程度是有意义的。测试误差反映了学习方法对未知的测试数据集的预测能力，是机器学习中的重要概念。

学习方法的泛化能力是指由该方法学习到的模型对未知数据的预测能力。现实中采用最多的方法是通过测试误差来评价学习方法的泛化能力。但这种评价方法依赖于测试数据集。由于测试数据集有限，所以往往由此得到的评价结果不可靠。统计学习理论试图从理论上对学习方法的泛化能力进行分析。

首先给出泛化误差的定义。如果学习到的模型是 $\hat{f}$，那么用这个模型对未知数据预测的误差即为泛化误差：

$$R_{\text{exp}}(\hat{f}) = Ep\left[L\left(Y, \hat{f}(X) \right) \right] = \int_{x \times y} L\left(y, \hat{f}(x) \right) P(x, y) \mathrm{d}x \mathrm{d}y \tag{2-120}$$

其中，E 表示期望；p 表示数据的分布。泛化误差反映了学习方法的泛化能力，如果一种方法学习的模型比另一种方法学习的模型具有更小的泛化误差，那么这种方法就更有效。事实上，泛化误差就是所学习到模型的期望风险。

6. 过拟合与欠拟合

无论在传统机器学习还是深度学习建模中，都可能会遇到两种最常见结果：一种称为过拟合；另外一种称为欠拟合，如图 2-10 所示。

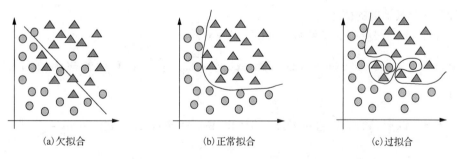

| (a)欠拟合 | (b)正常拟合 | (c)过拟合 |

图 2-10　三种不同拟合的状态示意图

过拟合表现为训练数据集误差小而测试数据集误差非常大。模型没有能够归纳出训练集数据的规律，而是"死记硬背"，最终表现为较低的泛化性能。造成过拟合的原因主要有以下几种。

(1)训练数据集样本单一，样本不足。如果训练样本只有负样本，然后拿生成的模型去预测正样本，这肯定预测不准。所以训练样本要尽可能全面，覆盖所有的数据类型。

(2)训练数据中噪声干扰过大。噪声指训练数据中的干扰数据。过多的干扰会导致记录很多噪声特征，忽略了真实输入和输出之间的关系。

(3)模型过于复杂。模型太复杂，虽然已经能够"死记硬背"记下了训练数据的信息，但是遇到没有见过的数据的时候不能够变通，泛化能力太差。我们希望模型对不同的数据都有稳定的输出。模型太复杂是过拟合的重要因素。

以下几种方法是解决过拟合的常用手段：使用正则化方法；获取和使用更多的数据；采用合适的模型；降低特征的数量；网络训练过程中采用 Dropout 技巧；提前终止训练。

欠拟合是指模型不能在训练集上获得足够小的误差，换而言之，就是学习到的模型复杂度过低，模型在训练集上就表现很差，没法学习到数据背后的规律。在模型训练刚开始的时候基本都是欠拟合状态，经过不断训练之后，欠拟合一般会有所缓解。增加网络复杂度或者在模型中增加特征，都是解决持续训练后仍存在欠拟合问题的常用方法。

7. 核方法

核方法是使用核函数表示和学习非线性模型的一种机器学习方法，同时适用于监督学习和无监督学习。一些线性模型的学习方法基于向量内积衡量样本之间的相似度，当遇到非线性场合时，就需要使用核方法进行扩展，使其应用范围更广泛。

当我们先对数据进行映射，然后试图用支持向量机去解决分类问题时，会获得以下表达式：

$$\max_{\alpha}\left[\sum_i \alpha_i - \frac{1}{2}\sum_{i,j}\alpha_i\alpha_j y_i y_j \phi(x_i)^T \phi(x_j)\right], \quad \alpha_i \geq 0; \sum_i \alpha_i y_i = 0 \tag{2-121}$$

可见，最终需要求解的对象既不是映射函数 ϕ 本身，也不是原始数据的内积，而是映射后数据的内积 $\langle \phi(x_i), \phi(x_j) \rangle$。这就启发我们：能不能跳过对映射函数 ϕ 的求解，直接对 $\langle \phi(x_i), \phi(x_j) \rangle$ 进行求解呢？这种思路就是寻找核函数(Kernel Function) K：

$$K(x_i, x_j) = \phi(x_i)^T \phi(x_j) = \langle \phi(x_i), \phi(x_j) \rangle \tag{2-122}$$

假设存在一个核函数 K，那么优化问题就变得十分简单：用核函数 K 代替原式中的内积 $\phi(x_i)^T \phi(x_j)$，再进行求解即可。核函数的选择要求满足 Mercer 定理。

下面举几个核函数的例子：

对于 $\phi(x) = x$，它对应的核函数为 $K(x_i, x_j) = x_i^T x_j$；

对于 $\boldsymbol{x} = [x_1, x_2]^T$，$\phi(\boldsymbol{x}) = \left[1, \sqrt{2}x_1, \sqrt{2}x_2, x_1^2, x_2^2, \sqrt{2}x_1 x_2\right]^T$，它对应的核函数为 $K(x_i, x_j) = (1 + x_i^T x_j)^2$。

一些情况下映射函数难以直接表述，例如，高斯核函数 $K(x_i, x_j) = \exp\left(-\frac{1}{2\sigma^2}\|x_i - x_j\|^2\right)$。

2.2.2 传统机器学习算法

在深度学习得到爆炸式发展之前，传统机器学习模型如 K 均值聚类、支持向量机、朴素贝叶斯、K 近邻、感知机、逻辑回归等算法得到了广泛的应用。与深度学习相比，传统机器学习算法的性能在一开始会随着数据的增加而增加，但一段时间后，它的性能会进入平台期，这些模型无法处理海量数据。所以在数据规模不大的情况下，利用传统机器学习算法仍然是一种不错的选择。本节就常用的 K 均值聚类、均值漂移聚类和支持向量机等典型的算法做简要介绍。

1. 聚类

1）K 均值聚类

K 均值聚类算法是根据样本间的某种距离或者相似性来定义聚类的，即把相似的(距离近的)样本聚为同一类，而把不相似的(距离远的)样本归在其他类。K 均值聚类是一种常见的聚类算法，它的基本思想是：通过迭代寻找 k 个聚类，使得用这 k 个聚类的均值来代表相应各类样本时所得的总体误差最小。K 均值聚类算法的基础是最小误差平方和准则，其代价函数是

$$J(c,\mu) = \sum_{i=1}^{k}\left\| x^{(i)} - \mu_{c^{(i)}} \right\|^2 \tag{2-123}$$

其中，$\mu_{c^{(i)}}$ 表示第 i 个聚类的均值。我们希望代价函数最小，直观地说，各类内样本越相似，其与该类均值间的误差平方越小，对所有类所得到的误差平方求和，即可验证分为 k 个聚类时，各聚类是否是最优的。

具体算法描述如下：

(1)随机选取 k 个聚类质心点；

(2)重复下面过程直到收敛；

(3)对于每一个样本 i，计算其应该属于的类：

$$c^{(i)} := \arg\min_j \left\| x^{(i)} - \mu_j \right\|^2 \tag{2-124}$$

(4)对于每一个类 j，重新计算该类的质心：

$$\mu_j := \frac{\sum_{i=1}^{m}\left\{ c^{(i)} = j \right\} x^{(i)}}{\sum_{i=1}^{m}\left\{ 1\left\{ c^{(i)} = j \right\} \right\}} \tag{2-125}$$

2）均值漂移聚类

均值漂移聚类是基于滑动窗口的算法，用于找到数据点的密集区域。该算法是一种基于质心的算法，通过将中心点的候选点更新为滑动窗口内所有点的均值，从而定位每个聚类的中心点。然后针对这些候选窗口进行相似窗口去除操作，形成中心点集及相应的分组。

具体步骤如下所示。

(1)确定滑动窗口半径 r，以随机选取的中心点为 C、半径为 r 的圆形滑动窗口开始滑动。均值漂移类似一种爬山算法，在每一次迭代中向密度更高的区域移动，直到收敛。

(2)每一次滑动到新的区域，计算滑动窗口内的均值，并以此作为中心点，滑动窗口内点的数量为窗口内的密度。在每一次移动中，窗口会向密度更高的区域移动。

(3)移动窗口，计算窗口内的中心点以及窗口内的密度，直到窗口内不能容纳更多的点，即一直移动到圆内密度不再增加为止。

(4)步骤(1)～(3)会产生很多个滑动窗口，当多个滑动窗口重叠时，保留包含最多点的窗口，然后根据数据点所在的滑动窗口进行聚类。

2. 支持向量机分类

支持向量机的含义是通过支持向量运算的分类器。在求解的过程中，会发现只根据部分数据就可以确定分类器，这些数据成为支持向量。在一个二维环境中，如图 2-11 所示，左右两侧最靠近中间直线的点可以看作支持向量，它们可以决定分类器，即中间直线的具体参数。

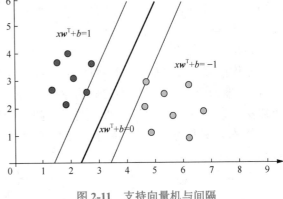

图 2-11　支持向量机与间隔

对于某一数据集，其数据可以分为两类：C1 和 C2。

假设函数为

$$f(x) = xw^{\mathrm{T}} + b \tag{2-126}$$

对于 C1 类的数据，$xw^{\mathrm{T}} + b \geqslant 1$，其中至少有一个点 x_i，$f(x_i) = 1$，这个点称为最近点。对于 C2 类的数据，$xw^{\mathrm{T}} + b \leqslant -1$，其中至少有一个点 x_i，$f(x_i) = -1$，这个点也是最近点。

以上两个约束条件可以合并为

$$y_i f(x_i) = y_i(x_i w^{\mathrm{T}} + b) \geqslant 1 \tag{2-127}$$

其中，y_i 是 x_i 对应的分类值（-1 或者 1）。为了求解 w 和 b，需要求最近点到超平面的最大值。

2.2.3　贝叶斯推断学习框架

1. 贝叶斯推断

推断是基于现象得出结论或做出决策，而统计推断则是基于现实世界观察到的特征而得到有关世界的不可观察属性的结论。在统计学中，不可直接观察的特征通常称为参数，而能够观察到的特征则称为数据或样本信息。贝叶斯推断是允许调查者在评估统计假说时以逻辑一致的方式，既使用样本信息又使用先验信息的一种方法。在经济学中，贝叶斯推断被用来协助评价不同的经济假说和模型，估计经济参数的数值，对有待观测的经济变量做出预测。贝叶斯推断的结论是关于所要探究的那些参数的概率值，是关于一些假说的相对置信度的概率值，或者是对未来观测量可能的预测区间。

与其他方法相比，贝叶斯推断的显著特征是对先验信息进行贝叶斯式的利用。先验信息可能基于先前的研究成果、理论或者是主观信念。术语"贝叶斯"是指贝叶斯定理，它是以英国数学家托马斯·贝叶斯(Thomas Bayes，1702～1761 年)的名字命名的。贝叶斯定理描述了先验信息如何能以一种概率方式与样本信息结合在一起。贝叶斯定理有时也称为逆概率定理，它是贝叶斯学习模型的基础。它允许初始的和以前的样本信息与现在的样本信息相结合，以产生后验数据或后验分布。刻画先验信息特征的概率分布函数(Probability Distribution Functions，PDF)称为先验概率分布函数，刻画样本信息特征的函数称为似然函数。贝叶斯定理给出的结论是，后验概率分布函数与先验概率分布函数和似然函数之间的乘积成比例。通过乘积，贝叶斯定理把样本信息和先验信息结合起来，把二者加以平均。只要有先验信息来源，贝叶斯定理的这一特殊平均机制在计量经济学估计和预测中就有重要的意义。

贝叶斯推断也可以被认为是一个动态处理过程，因为这一过程从先验信息开始，收集以样本信息为形式的证据，并以后验分布作为结束。这一后验分布可以作为新的先验分布与新的样本信息相结合，这就是从先验到后验转换过程的贝叶斯学习模型。

2. 贝叶斯推断框架

贝叶斯推断是一类进行统计推断的方法，该类方法使用贝叶斯定理，引入先验概率（先验分布），当有更多真实数据和证据时，更新对应的先验概率，得到后验概率（后验分布）。贝叶斯推断框架是一种用于解决信息推断问题的理论框架。在贝叶斯推断框架中，通常认为有一些参数决定了所观察到的数据。通过观察到的数据推断这些参数，从而解决信息推断问题。

当要得到一个模型，模型中包含一系列的参数 θ，并且观察到数据 D 时，通过贝叶斯公式可以得到

$$P(\theta \mid D) = \frac{P(D \mid \theta)P(\theta)}{P(D)} \tag{2-128}$$

其中，$P(\theta)$ 是先验概率，是在观测到 D 之前假设 θ 的概率；$P(\theta \mid D)$ 是后验概率，是 D 被观察到后假设 θ 的概率；$P(D \mid \theta)$ 是似然，是给定假设 θ 后观测到 D 的可能性；$P(D)$ 是边缘概率，不会影响确定不同假设的相对概率，因此式(2-128)常写为一个正比关系式：

$$P(\theta \mid D) \propto P(D \mid \theta)P(\theta) \tag{2-129}$$

为确定模型的参数，需要通过后验概率 $P(\theta \mid D)$ 得到 θ 的估计值。主要存在以下几类方法。

(1)最大后验(MAP)估计：MAP 是一种点估计方法，旨在找到具有最大后验概率的参数值，具体而言，MAP 通过最大化后验概率分布中的参数值来确定参数，即

$$\text{MAP}(\theta) = \text{argmax}_\theta P(\theta \mid D) \tag{2-130}$$

不同于频率派估计参数使用的最大似然估计(MLE)方法，贝叶斯派在利用先验知识的前提下，使用最大后验估计方法估计 θ。需要注意的是，MAP 返回一个点的估计值，即一个特定的参数值，而不是参数的完整后验分布。

(2)马尔可夫链蒙特卡洛(Markov Chain Monte Carlo，MCMC)方法：MCMC 方法是一种推断分布期望的方法，在贝叶斯推断中，主要用于推断后验分布的期望，如式(2-131)所示。具体而言，MCMC 方法通过构建一个马尔可夫链，使得该链的平稳分布等于所关心的后验分布，从而获得后验样本。

$$E(\theta \mid D) = \int \theta P(\theta \mid D)\mathrm{d}\theta \tag{2-131}$$

其中，$E(\theta \mid D)$ 表示在给定数据 D 后对参数 θ 的期望。

MCMC 方法不仅提供了点估计，还提供了对参数后验分布的全面描述，允许获得后验分布的样本，并且给出了参数值的不确定性。MCMC 方法适用于复杂的后验分布，可以用来估计参数的期望、方差，以及后验分布的其他统计性质。

(3)变分推断法：变分推断是一种用于近似计算复杂概率分布的方法，在贝叶斯推断中，用于近似计算后验分布。变分推断通过找到一个可参数化的简单分布 $q(\theta; \delta)$，通常是从某个参数化分布家族中选择，通过最小化某种度量，如 KL 散度，来逼近后验分布，使其与真实后验分布尽量接近，即

$$\delta^* = \text{argmin}_\delta \text{KL}(q(\theta; \delta) \| P(\theta \mid D)) \tag{2-132}$$

变分推断将求解后验分布的问题转换成了参数优化问题。相比于 MCMC，变分推断更容易扩展到大规模数据和高维参数的情况。

2.2.4　深度学习

人工智能技术的发展有赖于三个要素：数据、算法和算力。深度学习(Deep Learning，DL)是机器学习领域中一个重要的研究方向，它的引入使机器学习更接近于最初的目标——人工智能，深度学习为人工智能提供了重要的先进算法。

深度学习是学习样本数据的内在规律和表示层次，所获信息对文字、图像和声音等数据的解释有很大的帮助。深度学习并非一种具体的机器学习算法，而是一种模式，体现为模型的深度较深。在神经网络中直接表现为网络层数较多，常见的深度学习网络有卷积神经网络和循环神经网络，它们在样本特征的表示学习环节都采用了较深的网络结构。除神经网络外，其他模型如随机森林也可以将模型设计得很深，从而使得表示学习环节学习到的特征更好，最终的性能更强。深度学习使机器模仿视听和思考等人类的活动，解决了很多复杂的模式识别难题，使得人工智能相关技术取得了很大进步。深度学习的概念由 Hinton 等于 2006 年提出[3]，基于深度置信网络，他们又提出非监督贪心逐层训练算法，为解决深层结构相关的优化难题带来了希望，随后提出多层自动编码器深层结构。此外，Lecun 等提出的卷积神经网络是第一个真正多层结构学习算法[4]，它利用空间相对关系减少参数数目以提高训练性能。

1. 全连接神经网络

1)单个节点的工作方式

这里以包含一个隐含层和一个输出层的两层全连接神经网络为例(严格地说输入层并不能算为一层)，图 2-12(a)是它的结构图。将网络中的某个节点放大，得到了图 2-12(b)。与逻辑回归采用 Sigmoid 函数作为激活函数不同的是，适用于神经网络的激活函数有很多，包括但不限于 Sigmoid 函数。除激活函数的差别外，神经网络中单个节点和逻辑回归却具有相同的结构，都是先执行一个线性运算，然后再通过激活函数做一个非线性运算[5]。

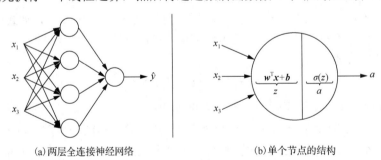

(a)两层全连接神经网络　　　　　　　(b)单个节点的结构

图 2-12　全连接神经网络与神经单元

神经网络往往包含很多层，一层中又包含多个节点，这里用上标[i]表示网络中的第 i 层，用下标 j 表示第 j 个节点。数据集包含多个样本，这里用上标 k 表示第 k 个样本。图 2-12 中的 z 表示网络节点在执行线性运算后的结果，a 表示网络节点在执行激活函数后的输出。输入层并不执行任何计算，所以它并不能算为一层，只不过我们习惯上这样叫它。输入层也可以看作第 0 层，则输入的向量 x 也可以看作第 0 层的输出，即 $a^{[0]}=x$。

2) 整个网络的工作方式

对于某个样本的特征向量 x，整个神经网络的节点的工作方式如图 2-13 所示。由图中的箭头可以知道，神经网络从输入层开始，上一层的输出作为下一层的输入，直到输出最终的结果。把第 i 层所有节点的参数向量 w 转置后按顺序放进矩阵 $W^{[i]}$ 中，再把第 i 层所有节点的参数 b 按顺序组合成一个列向量 b，那么对于图 2-14 所示的第 1 层的计算过程，用 $z^{[1]}=W^{[1]}x+b^{[1]}$，$a^{[1]}=\text{Sigmoid}(z^{[1]})$ 计算。此处把每一层所有节点的 w、b、a、z 分别放在了一起，通过这种向量化的方式，可更方便地计算每一层节点的输出。对于输入的某个样本的特征向量 x，可按照同样的方式计算整个神经网络的输出。

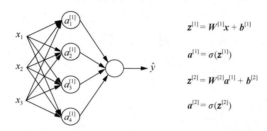

$$z^{[1]} = W^{[1]}x + b^{[1]}$$
$$a^{[1]} = \sigma(z^{[1]})$$
$$z^{[2]} = W^{[2]}a^{[1]} + b^{[2]}$$
$$a^{[2]} = \sigma(z^{[2]})$$

图 2-13　向量化计算完成对一个样本的预测

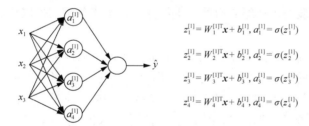

$$z_1^{[1]} = W_1^{[1]\text{T}}x + b_1^{[1]}, a_1^{[1]} = \sigma(z_1^{[1]})$$
$$z_2^{[1]} = W_2^{[1]\text{T}}x + b_2^{[1]}, a_2^{[1]} = \sigma(z_2^{[1]})$$
$$z_3^{[1]} = W_3^{[1]\text{T}}x + b_3^{[1]}, a_3^{[1]} = \sigma(z_3^{[1]})$$
$$z_4^{[1]} = W_4^{[1]\text{T}}x + b_4^{[1]}, a_4^{[1]} = \sigma(z_4^{[1]})$$

图 2-14　第 1 层节点的计算过程

从一个输入中产生一个输出所涉及的计算可以通过一个流向图来表示：流向图是一种能够表示计算的图，包含大量的计算节点，其中每一个节点表示前层计算节点经过计算（由边决定）后得到的值。考虑这样一个计算集合，它可以被允许在每一个节点和可能的图结构中，并定义了一个函数族。输入节点没有父亲节点，输出节点没有孩子节点。这种流向图的一个特别的属性是深度：从一个输入到一个输出的最长路径的长度。传统的前馈神经网络能够被看作拥有等于层数的深度（例如，对于输出层为隐含层数加 1），如图 2-15 所示。

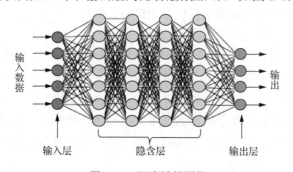

图 2-15　深度神经网络

2. 深度学习的深度

一个机器学习模型的复杂度实际上和它的容量有关，进而影响其学习能力，即学习能力和复杂度相关。增强一个学习模型的复杂度能够提升其学习能力。提高模型的复杂度对神经网络这样的模型来说，有两种主要的方法：一是把模型变深；二是把模型变宽。从提升复杂度的角度，变深会更有效。因为当模型变宽时不过是增加了一些计算单元，增加了函数的个数，而在变深的时候不仅增加了函数的个数，还增加了它的嵌入程度。因此增加模型的深度能够有效地提升模型的表征能力。

但设定模型的深度需考虑具体的应用场景及数据量，机器学习的学习能力变强了未必是一件好事。机器学习经常会碰到的一个问题就是过拟合。机器学习模型的目标是要学习数据集里蕴涵的一般规律，能够用来预测未来的任务。但是有时候模型可能把数据的一些独特性学出来了，而不是一般规律。错误地把它当成一般规律来用的时候，便会出错，也就是过拟合。

3. 深度学习的逐层计算

传统机器学习依赖人为定义的特征，例如，对于一张图片，通过定义颜色、纹理等特征，然后对特征进行学习。考虑到人类认知能力有限且手工提取特征成本巨大，传统机器学习模型的应用受限。而深度学习模型具有特征提取能力，不需要手工提取特征，而是由模型在训练过程中自动学习。

对一个图像使用卷积神经网络提取特征，底层的网络可能会提取到一些像素、轮廓的特征，而随着模型深度的增加，每一层的网络都在前一层提取特征的基础上再进行特征提取，从而得到更高级的特征，其中有些甚至是超越人类认知的。扁平神经网络能做很多深层神经网络能做的事，但未能进行类似的深度加工，因此逐层计算抽象表征是深度学习模型表征能力强的重要因素。

逐层计算在机器学习里面被广泛应用，例如，决策树即为一种逐层处理模型。决策树的性能不如深度学习模型的原因是：首先，决策树的复杂度不够，如果只考虑离散特征，决策树最深的深度不会超过特征个数，因此其表征能力受限，而神经网络可通过增加模型的深度提高表征能力；其次，在整个决策树的学习过程中，其内部未进行特征变换，从第一层到最后一层始终是在同一个原始特征空间里进行运算的，使得决策树无法提取高级特征。

4. 防止深度学习模型过拟合

导致模型过拟合的原因往往是模型相对于样本数据而言过于复杂，因此针对模型过拟合问题，可以尝试将模型变简单或避免过度学习训练集数据。常见的方法如 Dropout、early-stop、正则化等。此外，扩充训练数据集也是一种简单高效的方法。假设训练集最初只有 1000 个数据，而模型却拥有 10000 个待训练参数，那么显然是会过拟合的。此时如果将训练集数据扩充到百万甚至千万，那么模型将学习到训练集的一般规律，而过拟合现象也将不复存在。如今强大的计算硬件设备对此起到了很好的技术支持作用，使得我们能够针对大规模数据集进行训练。此外，目前已经有大量模型加速训练技巧和算法被开发出来，使得大数据集合高度复杂的模型训练进一步成为可能。

2.2.5　强化学习

1. 强化学习的基本原理

强化学习的基本思想是智能体(Agent)在与环境交互的过程中根据环境反馈得到的奖励不断调整自身的策略以实现最佳决策，主要用来解决策略优化类的问题[6]，其基本要素有策略(Policy)、奖励函数(Reward Function)、值函数(Value Function)、环境(Environment)，其学习过程可以描述为如图 2-16 所示的马尔可夫决策过程[7]。

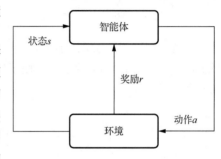

首先智能体感知当前状态 s_t，从动作空间 A 中选择动作 a_t，执行；环境根据智能体做出的动作来反馈相应的奖励 r_{t+1}，并转移到新的状态 s_{t+1}，智能体根据得到的奖励来调整自身的策略，并针对新的状态做出新的决策。强化学习的目标是找到一个最优策略 π^*，使得智能体在任意状态和任意时间步骤下，都能够获得最大的长期累积奖励。

图 2-16　强化学习的基本学习模型

2. 强化学习算法

强化学习(Reinforcement Learning，RL)的各类算法根据不同的特征具有多种分类方式，例如，根据模型是否已知可以分为模型已知(Model Based)和模型未知(Model Free)两类；根据算法更新的方式可以分为单步更新和回合制更新两类；根据动作选择方式可以分为以值为基础的强化学习方式和以策略为基础的强化学习方式；根据学习策略和执行策略是否为同一策略可以分为同策略学习和异策略学习；根据参数化方式可以分为基于值函数的强化学习方法和基于直接策略梯度的强化学习方法。下面从参数化方式的角度阐述基本的强化学习算法。

1)基于值函数的强化学习方法

基于值函数的强化学习方法通过评估值函数，并根据值的大小来选择相应的动作，主要包括动态规划(Dynamic Programming)法、蒙特卡洛(Monte Carlo)法、时间差分(Temporal Difference)法、值函数逼近(Value Function Approximation)四类[8]。在强化学习模型已知的情况下，选择动态规划法，在策略迭代和值迭代的过程中利用值函数来评估和改进策略。现实中大部分问题的模型是未知的，在模型未知的情况下，可以通过蒙特卡洛法利用部分随机样本的期望来估计整体模型的期望，在计算函数时，蒙特卡洛法利用经验平均来代替随机变量的期望。

蒙特卡洛法虽然解决了模型未知的问题，但更新方式是回合制，学习效率很低。Sutton等提出了采用时间差分法来改善这个问题[9]。时间差分法采用自举方法，在回合制学习过程中利用后继状态的值函数来估计当前值函数，使智能体能够实现单步更新或多步更新，从而极大地提高了学习效率，目前大部分的强化学习研究都基于时间差分法，如 Q 学习、Sarsa等相关算法。

深度 Q 网络(Deep Q-Network，DQN)模型将卷积神经网络与传统 RL 中的 Q 学习算法相结合，该模型用于处理基于视觉感知的控制任务，是深度强化学习(Deep Reinforcement Learning，DRL)领域的开创性工作。在迷宫游戏中，假设 DQN 模型的输入是距离当前时刻最近的 4 幅预处理后的图像，该输入经过 3 个卷积层和 2 个全连接层的非线性变换，最终在输出层产生每个动作的 Q 值，其 DQN 的模型结构如图 2-17 所示。

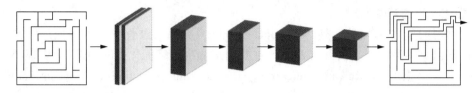

图 2-17　迷宫游戏中 DQN 的模型结构

图 2-18 描述了 DQN 的训练流程，为缓解非线性网络表示值函数时出现的不稳定等问题，DQN 主要对传统的 Q 学习算法做了三处改进：使用深度神经网络逼近 Q 函数、经验回放及目标值网络。

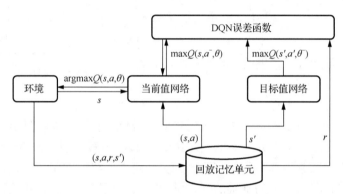

图 2-18　DQN 的训练流程

DQN 在训练过程中使用经验回放（Experience Reply）机制，在线处理得到的转移样本 $e_2 = (s_t, a_t, r_t, s_{t+1})$，对每个时间步 t，将 Agent 与环境交互得到的转移样本存储到回放记忆单元 $D = \{e_1, e_2, \cdots, e_n\}$ 中，训练时，每次从 D 中随机抽取小批量的转移样本，并使用随机梯度下降（Stochastic Gradient Descent，SGD）法更新网络参数 θ。在训练深度网络时，通常要求样本之间是相互独立的，这种随机采样的方式大大降低了样本之间的关联性，从而提升了算法的稳定性。

DQN 除使用深度神经网络近似表示当前的值函数之外，还单独使用了另一个网络来产生目标 Q 值。具体地，$Q(s, a \mid \theta_i)$ 表示当前值网络的输出，用来评估当前状态动作对应的值函数；$Q(s, a \mid \theta_i^-)$ 表示目标值网络的输出，一般采用 $Y_i = r + \gamma \max_{a'} Q(s', a' \mid \theta_i^-)$ 近似表示值函数的优化目标，即目标 Q 值，其中 r 为奖励值，γ 为折扣因子。当前值网络的参数 θ 是实时更新的，经过 N 轮迭代，将当前值网络的参数复制给目标值网络。通过最小化当前 Q 值和目标 Q 值之间的均方误差更新网络参数。误差函数为

$$L(\theta_i) = E_{s,a,r,s,s}\left[\left(Y_i - Q(s, a \mid \theta_i)\right)^2\right] \tag{2-133}$$

其中，$E_{s,a,r,s,s}$ 表示期望。

对参数 θ 求偏导，得到以下梯度：

$$\nabla_{\theta_i} L(\theta_i) = E_{s,a,r,i}\left[\left(Y_i - Q(s, a \mid \theta_i)\right)\nabla_{\theta_i} Q(s, a \mid \theta_i)\right] \tag{2-134}$$

其中，$E_{s,a,r,i}$ 表示期望。

引入目标值网络后，在一段时间内目标 Q 值是保持不变的，一定程度上降低了当前 Q 值和目标 Q 值之间的相关性，提升了算法的稳定性。

DQN 将奖励值和误差项缩小到有限的区间内，保证了 Q 值和梯度值都处于合理的范围内，提高了算法的稳定性。

动态规划、蒙特卡洛、时间差分三种方法应用的前提是状态空间和动作空间都必须离散，且状态空间和动作空间不能过大。当状态空间维数很大，或者为连续空间时，使用值函数方法会带来维数爆炸问题。针对维数很大或连续空间问题，可以使用函数逼近的方式来表示值函数，然后再利用策略迭代或值迭代方法来构建强化学习算法。

2）基于直接策略梯度的强化学习方法

直接策略搜索方法是将策略进行参数化，优化参数使得策略的累积回报期望最大。与值函数参数化方法相比，策略参数化更简单、具有更好的收敛性且能较好地解决连续动作选取问题，主要包括经典策略梯度、置信域策略优化和确定性策略搜索这三类。

经典策略梯度通过计算策略期望总奖励关于策略参数的梯度来更新策略参数，通过多次迭代后最终收敛得到最优策略。在进行策略参数化时，一般通过使用神经网络来实现，在不断实验的过程中，高回报路径的概率会逐渐增大，低回报路径的概率则会逐渐减小。策略梯度的参数更新方程式为

$$\theta_{\text{new}} = \theta_{\text{old}} + \alpha \nabla_{\theta} J \tag{2-135}$$

其中，α 为更新步长；J 为奖励函数。

经典策略梯度最大的问题是选取合适的更新步长非常困难，而步长选取是否合适又直接影响学习的效果，不合适的步长会导致策略越学越差，最终崩溃。为了解决更新步长的选取问题，Schulman 等[10]提出了置信域策略优化(Trust Region Policy Optimization，TRPO)方法。TRPO 将新的策略所对应的奖励函数分解为旧策略所对应的奖励函数和其他项两个部分，只要新策略中的其他项满足大于等于零，便可以保证新策略所对应的奖励函数单调不减，策略就不会变差。经典策略梯度和 TRPO 采用的均是随机策略，相同的状态选取的动作可能不一样，这使得算法模型要达到收敛需要相对较多的实验数据。为了提高算法效率，Silver 等[11]提出了确定性策略搜索方法。确定性策略搜索利用异策略学习方式，执行策略采用随机策略来保证探索性，为了使状态对应的动作唯一，评估策略采取确定性策略，也称 AC(Actor-Critic)方法。这种方式所需要的采样数据较少，且能够实现单步更新，算法性能有较大提升。图 2-19展示了基于 AC 框架的深度策略梯度方法的学习结构。

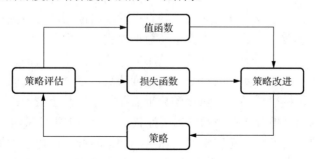

图 2-19　基于 AC 框架的深度策略梯度方法的学习结构

下面阐述一种重要的基于 AC 框架的深度确定性策略梯度（Deep Deterministic Policy Gradient，DDPG）算法，该算法可用于解决连续动作空间上的 DRL 问题。DDPG 算法使用 Actor 网络参数为 θ^{μ} 和 Critic 网络参数为 θ^Q 来表示确定性策略。$a = \pi(s \mid \theta^{\mu})$ 和值函数 $Q(s, a \mid \theta^Q)$，其中，策略网络用来更新策略，对应 AC 框架中的行动者；值网络用来逼近状态动作对的值函数，并提供梯度信息，对应 AC 框架中的评论家。在 DDPG 算法中，目标函数被定义为带折扣的奖励和，即

$$J(\theta^{\mu}) = E_{\theta^{\mu}}(r_1 + \gamma r_2 + \gamma^2 r_3 + \cdots) \tag{2-136}$$

其中，E 表示期望。

然后，采用随机梯度下降法来对目标函数进行端对端的优化。目标函数关于 θ^{μ} 的梯度等价于 Q 值函数关于 θ^{μ} 的期望梯度：

$$\frac{\partial J(\theta^{\mu})}{\partial \theta^{\mu}} = E_s \left[\frac{\partial Q(s, a \mid \theta^Q)}{\partial \theta^{\mu}} \right] \tag{2-137}$$

根据确定性策略 $a = \pi(s \mid \theta^{\mu})$ 可得

$$\frac{\partial J(\theta^{\mu})}{\partial \theta^{\mu}} = E_s \left[\frac{\partial Q(s, a \mid \theta^Q)}{\partial a} \frac{\partial \pi(s \mid \theta^{\mu})}{\partial \theta^{\mu}} \right] \tag{2-138}$$

通过 DQN 中更新值网络的方法来更新评论家网络，此时梯度信息为

$$\frac{\partial L(\theta^Q)}{\partial \theta^Q} = E_{s,a,r,s'-D} \left[\left(y - Q(s, a \mid \theta^Q) \right) \frac{\partial Q(s, a \mid \theta^Q)}{\partial \theta^Q} \right] \tag{2-139}$$

其中，$y = r + \gamma Q'\left(s', \pi(s' \mid \theta^{\mu'}) \mid \theta^{Q'}\right)$，$\theta^{\mu'}$ 和 $\theta^{Q'}$ 分别表示目标策略网络和目标值网络的参数。DDPG 算法使用经验回放机制从 D 中获得训练样本，将由 Q 值函数关于动作的梯度信息从评论家网络传递给行动者网络，并沿着提升 Q 值的方向更新策略网络的参数。DDPG 算法不仅在一系列连续动作空间的任务中表现稳定，而且求得最优解所需要的时间步也远远少于 DQN。与基于值函数的 DRL 方法相比，基于 AC 框架的深度确定性策略梯度方法优化策略的效率更高、求解速度更快。

2.2.6 迁移学习

1. 迁移学习的基本概念

机器学习在计算机视觉、自然语言处理、系统状态预测等众多领域被广泛应用，然而机器学习算法的优越性能依赖于对与任务相关的海量数据进行训练，而且数据间需满足独立同分布的潜在假设。尤其对于深度学习而言，具有更强建模能力同时也拥有更复杂的模型架构和更多待训练的模型参数，使其需要更大量的数据来完成模型的训练。然而，在一些领域中大规模数据的收集和标注所需的成本昂贵，效率低下，甚至是不可能完成的。例如，制造领域中的数据多来源于实际加工实验或有限元高精度仿真，以复合材料固化为例，通过商业仿真软件执行一次复材飞机机翼的三维热化学分析需要数小时甚至数天；对于生物医学数据，一个数据样本通常为一名患者或一个动物的医疗状况，无法大规模采集。

针对训练数据缺乏的难题，迁移学习（Transfer Learning）的思想被提出，其类似于人类"举一反三"的能力，例如，会骑自行车的人在学骑摩托车时会上手更快，人类擅长于将在以

往任务上学习到的知识"迁移"到不同但相似的新任务上。因此，迁移学习通过利用一个或多个与目标任务相关的任务中容易获得或已经获得的数据或模型辅助仅有少量训练数据的目标任务建模[12]，显著降低了对目标任务训练数据量的需求，已成为机器学习领域的一个重要分支。

在迁移学习领域，与目标任务相关的任务称为源任务，源任务中的数据或模型称为源数据或源模型，目标任务中的数据或模型称为目标数据或目标模型。此外，数据和数据的分布信息(通常指产生数据的隐含分布，多采取近似或假设进行表征)组成了领域，故迁移学习中包括两种不同的领域：源域和目标域。当源域的个数只有一个时，即只使用一个源任务中的数据或模型辅助目标任务建模，称为单源迁移学习；当利用多个源域进行辅助目标任务建模时，称为多源迁移学习。通常所讲的迁移学习多指单源迁移学习，表示多源迁移学习时会注明"多源"。

在迁移学习中，源任务与目标任务相关但不相同，因此产生源数据的隐含分布和产生目标数据的隐含分布之间存在差异，也称为源域和目标域的域间分布差异。迁移学习的核心在于"如何进行迁移"，其本质为"如何适配源域和目标域间的数据分布差异"。根据不同的分布差异适配角度，常见的迁移学习方法可被分为基于实例的迁移学习、基于映射的迁移学习、基于参数的迁移学习和基于对抗的迁移学习。

2. 常用的迁移学习方法

1)基于实例的迁移学习

基于实例的迁移学习假设存在一组权重使得加权后的源数据和目标数据的分布相同或接近，即权重大的源数据可以作为目标数据的补充，因此这类方法的关键在于如何学习到最优权重。针对分类迁移学习问题，一种经典的实例加权迁移学习方法 TrAdaBoost 被提出，其在每一次迭代训练中根据预测误差自适应调整数据权重，增加被误分类的目标数据权重，减小被误分类的源数据权重，从而捕捉到与目标数据最相似的源数据，并忽略那些不相似的源数据。随后，TrAdaBoost 方法被进一步发展，出现了适用于不同场景的多种变体，如用于回归问题迁移场景的 TrAdaBoost.R2 方法。此外，根据问题场景合理定义源域和目标域之间分布差异的度量指标，通过最小化度量指标也可学习到数据的最优权重。

2)基于映射的迁移学习

基于映射的迁移学习认为存在一个潜空间，使得映射到该空间内的源域和目标域中的数据分布变得相同，进而可以共同训练，如图 2-20 所示。因此这类方法的核心为如何进行数据映射，使得映射后的数据分布相同。一个基本实现框架为预先确定映射的形式，然后设计分布差异度量指标，进而通过最小化分布差异学习映射过程中的待训练参数。最简单直接的映

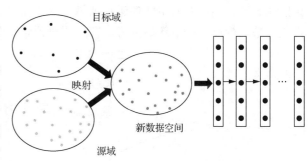

图 2-20　基于映射的迁移学习的基本思想

射形式为线性变换，也有实现非线性映射的核函数、神经网络等形式。经典的分布差异度量指标包括 MMD、多核-MMD(Multi-kernel MMD)、Joint Distribution Discrepancy(JDD)、Conditional Embedding Operator Discrepancy(CEOD)等。

3) 基于参数的迁移学习

基于参数的迁移学习的核心思想为相似任务间的模型参数是相似的，即认为源模型和目标模型的参数是相似的。最常用的基于参数的迁移学习方式是将在充足的源数据上训练好的源模型的部分或全部参数迁移至目标模型作为初始化参数，再利用少量的目标数据对参数进行微调（Fine Tune）得到目标模型。康奈尔大学的 Yosinski 等[13]通过冻结、微调深度神经网络不同层的参数来探究提取特征的可迁移性，并在 2014 年发表了相应文章，其中指出网络提取特征的通用性随着网络的加深而逐渐减弱，即浅层网络提取的特征相对通用（General），深层网络提取的特征相对依赖任务（Task-specific），因而在微调时可以选择冻结浅层的网络参数，仅对深层的网络参数进行调整。此外，由于目标数据量少，为防止微调时发生过拟合现象，可在损失函数中增加正则化项等。

4) 基于对抗的迁移学习

基于对抗的迁移学习方法认为在迁移过程中，良好的特征表示应该对主要学习任务有区分性而对源域和目标域不加区分，这也是迁移学习适配源域和目标域分布差异的目标。基于对抗的迁移学习方法以对抗神经网络为基础，其中对抗的思想主要体现在特征提取器和领域判别器上，特征提取器根据有标签的源数据来提取能降低源域判别误差的特征，又试图提取可以迷惑领域判别器的两个域的通用特征；而领域判别器则是对经过特征提取器提取的特征进行判别，以尽可能地区分样本的来源。训练完成后特征提取器所提取到的数据特征都是与领域无关的，即经过特征提取器后源域和目标域数据特征的分布变得相同或相近，此时训练好的网络模型可以直接用于目标任务。

2.2.7　元学习

元学习（Meta-learning）是机器学习领域一个非常具有潜力的方向，它解决了学会学习（Learning to Learn）的问题。元学习使得模型能够调整并更新其超参数，以实现在已有知识的基础上对新任务进行快速学习。元学习和一般机器学习的区别在于：一般机器学习是先人为调参，之后直接训练特定任务下的深度模型。元学习则是先通过其他的任务训练出一个较好的超参数，然后对特定任务进行训练。这些超参数可以是初始化参数、选择优化器、定义损失函数、梯度下降更新参数等。在一般机器学习中，数据可以分为训练集、测试集和验证集，训练单位是训练集的一条数据，通过数据来对模型进行优化。在元学习中，训练单位分层级了，第一层训练单位是任务，也就是说，元学习中要准备许多任务来进行学习，第二层训练单位才是每个任务对应的数据，元学习的原理如图 2-21 所示。

因此，元学习是一种适用于不同任务的学习方法，它在不同任务下进行训练，可以快速适应新的任务，其核心思想是学习不同任务的学习过程，将学习

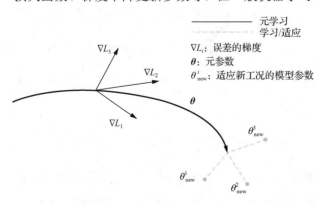

图 2-21　元学习的原理示意图[14]

模型抽象为元参数，对于一个新任务，只需少量样本对元参数执行单步梯度下降就可以快速适应，可以看作学习到了不同任务之间的本质规律。目前，元学习方法主要可分为三类：基于度量的元学习、基于模型的元学习以及基于优化的元学习[15-17]。

1) 基于度量的元学习

基于度量的元学习是通过学习有效的度量空间表示两个集合样本的相似性，在度量空间中距离近的样本相似性高，可认为是一类数据，然后基于度量空间泛化到新任务中。典型的模型有孪生网络、匹配网络等。这类方法可以简单地通过度量距离来表示相似性，其中的关键点在于将样本编码到同一度量空间中，在这个空间中距离近的样本为一类，面对不同类型的样本，可能需要重新训练编码过程。另外，编码后的样本无法解释其意义，简单地使用距离来表达相似性存在不合理的可能性。

2) 基于模型的元学习

基于模型的元学习对待学习的条件概率不作形式上的假设，而是利用特殊设计的网络结构快速学习系列任务，然后基于特定结构或其他元学习模型快速更新泛化到新任务中。典型的模型有记忆增强神经网络、元网、任务无关元学习、循环元学习、简单神经注意元学习、条件神经网络。这类方法可以为通用的算法或查找区间提供可能，并从经验相似的任务中迁移知识，但是对网络结构的依赖性强，而网络结构的设计取决于解决任务的特性，因此这类方法面对差异大的任务无法很好地适应。

3) 基于优化的元学习

基于优化的元学习是通过学习调整模型的优化参数，从而在面对新任务时给出较好的模型参数，仅依靠少量样本就能快速收敛，达到快速学习解决任务的目的。典型的模型有长短期记忆网络(Long Short-Term Memory，LSTM)元学习、模型无关元学习、网络爬虫、元随机梯度下降(SGD)、潜在嵌入优化、元优化的拉普拉斯近似。这类方法的模型表达能力强，对网络结构没有要求，灵活性较强。

在元学习模型中，基于优化的模型无关元学习(Model Agnostic Meta Learning，MAML)方法在建模过程中没有引入多余的参数，所以适用性和理论完备性较强，在解决多任务变化的小样本问题上效果显著，可以自适应地学习一系列相似的任务。

需要注意的是，虽然同样有"预训练"的意思在里面，但是元学习的内核区别于迁移学习。元学习和迁移学习在学习目标上的本质都是增加预测模型在多个任务上的泛化能力，但元学习更偏重任务和数据的双重采样，即任务和数据一样都是需要采样的，具体来说，对于一个 10 分类任务，元学习通常可能只会建立起一个 5 分类器，每个训练的阶段都可以看成一个子任务，而学习到的模型可以帮助在未见过的任务里迅速建立映射。而迁移学习更多是指从一个任务到其他任务的能力迁移，不太强调任务空间的概念。

2.2.8　数据和机理融合建模

数据驱动模型被广泛应用在计算机视觉和自然语言处理等具有大量标签数据的领域。数据驱动模型，如机器学习模型，借用其强大的数据拟合能力，通过大量的训练数据建立输入和输出之间复杂的关联关系。但在制造领域，纯数据驱动模型面临实际样本有限、样本分布存在偏差、物理约束条件缺少等问题，数据驱动模型的稳健性难以保证。

机理模型是根据对象、生产过程的内部机制或者物质流的传递机理建立起来的模型。在制造领域中，机理模型在理论和实际应用中得到了一定的验证。机理模型具有可解释性强、稳定性好等特点，但机理模型的准确建立依赖于对系统的精确建模和对物理参数的精确测量；随着系统复杂度增加，机理模型会存在更多难建模的部分与难测量的物理量，其准确建模难度显著增大。

将数据和机理融合，具有兼备数据驱动方法和机理建模方法的优势且避免其局限的潜力，即具有易建模、稳健性好以及实际数据需求量小等优势。现有数据和机理融合的研究主要分为三类。

(1)融入机器学习的机理模型构建：以机理模型为主体，利用机器学习方法建模能力强的优势，通过数据对机理模型中难以求解的部分进行建模。例如，Hwangbo 等通过实际数据训练执行机构网络模拟机器人控制中的复杂运动过程，避免了机器人动力学复杂问题导致的机理建模和求解难题[18]。

(2)机理引导的机器学习模型设计：以机器学习模型为主体，依据机理设计机器学习模型的结构或正则化项等，通过机理约束机器学习模型的求解空间。例如，Lutter 等将具有通用形式的基于拉格朗日力学的机器人动力学方程作为模型的先验知识，预定义在网络结构中，以端到端形式直接学习模型的物理参数，实现了对机器人运动轨迹的良好控制[19]。

(3)机理模型生成的仿真数据和实际数据协同训练：通过机理模型生成的仿真数据增强训练样本数据量，以实现仿真数据和实际数据对机器学习模型的协同训练。例如，Meng 等通过构造多个神经网络，建立了仿真数据和实际数据间的线性与非线性关系，进行数据的分布适配，进而训练深度神经网络模型[20]。

2.2.9　数据和因果融合建模

1. 统计学中因果的概念

1)因果性和相关性

事件/变量之间的关系最主要的是相关性和因果性。相关性是指在观测到的数据分布中，X 与 Y 相关，如果我们观测到 X 的分布，就可以推断出 Y 的分布；因果性是指在改变 X 后，Y 随着这种改变产生变化，而 Y 改变时不一定是由于 X 的改变，则说明 X 是 Y 的因。相关关系是双向的、对称的，而因果关系是不对称的。因果关系能够找到一个变量背后的本质原因，并辅助决策，而相关关系却难以做到。在常用的机器学习算法中，关注的是特征之间的相关性，而无法去识别特征之间的因果性，而在做决策与判断的很多时候，我们需要的是因果性。相关关系和因果关系的对比如图 2-22 所示。

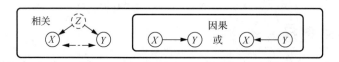

图 2-22　相关关系与因果关系的对比示意图

因果关系是一种结果和产生它的原因之间的一般关系。例如，在制造中影响工件加工变形的原因主要包括工件内部的初始残余应力、工件的几何结构、工件的加工顺序等。但我们会发现尺寸小的工件加工变形通常更小,尺寸小与加工变形小之间有较强的相关性,但尺寸大小并不是加工变形的原因。当我们要减小工件的加工变形时就需要找到因,否则就会通过减小工件尺寸来减小加工变形。

2)混杂因子

在统计观察或实验中包括解释变量、响应变量及混杂因子。解释变量是用来解释组间差异,或者至少是我们希望可以解释组间差异的变量。在实验中,通常人为地将解释变量设置或者分配在不同的组中,通过观察不同组之间的差异来分析解释变量起到的作用。典型的解释变量包括性别、药物的类型、不同的疗法、不同的毛坯残余应力场等。如果一个解释变量是可以人为设置的,那么称该变量是可处理的,否则是不可处理的。

与解释变量对应的是响应变量,即在统计观察或实验中需测量和记录的特征。一个人的身高、体重等均为响应变量。解释变量和响应变量的界限并不清晰,同样一个特征在不同的统计研究中可能是解释变量,也可能是响应变量。

除解释变量和响应变量之外,还有一种变量称为混杂因子(混杂变量)。混杂因子同时影响响应变量和解释变量。当混杂因子存在时,我们不能肯定响应变量的变化单纯是由解释变量引起的。尤其当混杂因子在样本中分布不均匀时,其可能会影响甚至掩盖解释变量与响应变量之间的关系。

3)因果关系的三种基本结构

结构因果模型(Structural Causal Model,SCM)是一种能够形式化表述数据背后因果假设的方法。结构因果模型就是用有向无环图来描述因果关系,将变量作为节点。如果 X 是另一个变量 Y 的子节点,那么 Y 是 X 的直接原因;如果 X 是 Y 的后代,那么 Y 是 X 的一个潜在原因。结构因果模型的三种基本结构如图 2-23 所示。

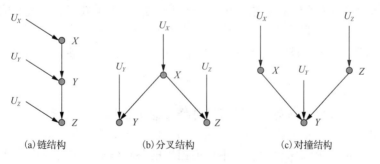

(a)链结构   (b)分叉结构   (c)对撞结构

图 2-23 因果图中包含的典型结构

链结构:三个节点由两条边连接,且中间变量有一条边射入一条边射出的结构称为链结构。链结构的条件独立性:如果变量 X 和 Z 之间只有一条单向路径,Y 是截断这条路径的任何一组变量,则在 Y 的条件下,X 和 Z 是独立的。

分叉结构:有三个节点,并且有两个箭头从中间变量射出的结构称为分叉结构。分叉结构的中间变量是其他两个变量和它们任何后代的共同原因。分叉结构的条件独立性:如果变量 X 是变量 Y 和 Z 的共同原因,并且 Y 和 Z 之间只有一条路径,则 Y 和 Z 在 X 的条件下独立。

对撞结构:X 和 Z 同时射出指向 Y,X 和 Z 独立,但是 X 和 Z 可能在 Y 的条件下互相依赖。

4）识别因果的必要性

识别因果的优势和必要性在于：数据模型本质上是利用变量之间的相关性进行预测的，而相关性是不稳定的，其原因在于存在混杂因子（Confounder），混杂因子指的是自变量和因变量的共同原因，当数据在不同加工工况中的联合分布发生变化时，混杂因子的存在会导致变量之间的相关性发生变化。而因果关系可以认为是变量之间的稳定关系，它是客观和可解释的，由变量之间的因果关系所建立的结构因果模型能够作为一种因果知识，其反映了数据的生成机制，与数据模型融合能够给数据建模增加额外的先验信息，可以在机器学习任务中代替相关性来提高预测模型的精度和稳定性。

5）干预去除混杂偏倚

干预（Intervention）是去除混杂偏倚的基本手段。例如，当研究一种新的抗癌药物时，试图确定当对患者进行药物干预时，患者的病情如何变化。又如，当研究暴力电视节目和儿童的攻击行为之间的关系时，经干预减少儿童接触暴力电视节目是否会减少他们的攻击性。

干预和以变量为条件（Conditioning on）有着本质的区别。当在模型中对一个变量进行干预时，将固定这个变量的值，与其有因果关系的其他变量的值将随之改变。当以一个变量为条件时，什么也不会改变，只是将关注的范围缩小到样本的子集，选取其中感兴趣的变量值。因此，以变量为条件改变的是看世界的角度，而干预则改变了世界本身。

当进行干预以确定一个变量的值时，就限制了该变量随其他自然变量而变化的自然趋势。在图模型中，干预的操作将删除所有指向该变量的边。

6）因果效应的计算

因果推理的核心思想在于反事实推理，即在观测到 X 和 Y 的情况下，推理如果当时没有做 X，Y 会是什么结果。相关性的判断指标是计算相关系数，因果推理的目的是要判断因果性，这就需要计算因果效应（有无 X 的情况下 Y 值的变化量），因果效应分为线性因果效应和非线性因果效应。在进行反事实推理后，可得出因果效应 $e = |Y - Y'|$，进而判断因果性。实际上，对于一个对象，我们永远只能观察到 Y 和 Y' 的其中一个，因果推理所做的就是从已有数据中估计因果效应，再验证此估计的正确性。

7）大规模随机对照实验

计算因果效应的黄金准则是大规模随机对照实验（Randomized Controlled Trial，RCT），即将研究对象随机分组，对不同组实施不同的控制，以对照效果的不同。大规模随机对照实验具有能够最大限度地避免临床实验设计中可能出现的各种偏倚，去除混杂因子，提高统计学检验的有效性等诸多优点。其设计原则包括设置对照组；分组随机化；盲法实验；大量、重复。但是受到实验成本、社会伦理等因素的约束，大规模随机对照实验往往难以开展。

8）潜在结果模型

潜在结果模型（Latent Result Model，LRM）是一种用于处理潜在结果的统计模型。潜在结果指的是从观察数据中无法直接观测到的结果变量。通过建立潜在结果模型，我们可以推断出潜在结果的可能性，并评估不同因素对结果的影响。

潜在结果模型的建立通常基于潜在因果模型，它包括观测到的变量和潜在变量之间的关系。潜在因果模型假设存在一个潜在变量或潜在因素，它在观测到的变量和最终结果之间起到中介或调节的作用。

通过使用潜在结果模型，可以更好地理解观测到的数据和因果关系，并进行因果推断。

它可以帮助我们估计潜在结果的概率分布，识别因果路径，解释观测到的效应，并控制潜在变量的影响。

常见的潜在结果模型包括结构方程模型(Structural Equation Model，SEM)和潜在因果模型。这些模型可以使用统计方法进行估计和推断，如最大似然估计、贝叶斯推断等。

9) 结构因果模型

结构因果模型(Structural Causal Model，SCM)或因果模型(Causal Model，CM)是表示单个系统或群体内因果关系的数学模型，如图 2-24 所示。结构因果模型有助于从统计数据中推断因果关系，展现因果关系和概率之间的关系。结构因果模型还被应用于哲学家感兴趣的主题，如反事实逻辑、决策理论和实际因果关系分析。

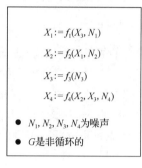
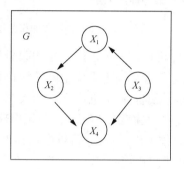

图 2-24　结构因果模型[21]

Judea Pearl 将结构因果模型定义为一个有序的三元组$<U,V,E>$，其中 U 是一组外生变量，其值由模型外部的因素决定；V 是一组内生变量，其值由模型内部的因素决定；E 是一组结构方程，把每个内生变量的值表示为 U 和 V 中其他变量值的函数。

2. 数据和因果融合建模方法

面对具有高维变量、难以建立明确机理模型的物理环境建模问题时，数据驱动方法通过数据建立变量之间的相关关系，其模型缺乏可解释性和稳定性，在不同环境的数据集中模型的泛化性能难以保证。相比于数据驱动模型建立的变量之间的相关关系，因果关系能够反映数据生成机制，尤其是对于存在混杂、耦合影响的数据，数据之间的因果关系是更本质且稳定的。

因果关系是一种知识，反映了数据的生成机制，给数据建模增加了额外的先验信息，具体来说是数据间的条件分布信息。将数据驱动和因果知识融合，探究和追寻系统背后的因果机制，是提高模型可解释性和泛化性的有效途径。

将因果关系引入数据驱动模型的总体思路如下。

结合因果推理的特点，如原因和机制独立、因果的方向性，设计机器学习算法。例如，元学习和迁移学习学到的是相关性，在其他问题上会失效，于是引入因果推理，根据源域和目标域之间的因果关系，可解决更多域适应问题。对于每个任务/领域，在只有有限数据的情况下，需要找到合并/重用数据的方法。一种较好的实现方法是采用一种可以反映世界上相应事物的模块化结构。可以通过寻找独立的因果机制来学习这类模型，而竞争训练也可以在模式识别任务方面发挥作用。学习包含独立机制的因果模型有助于进行跨领域模块转移[22]。

构造满足潜在结果模型的条件，消除混杂因子，减小机器学习中由数据分布偏差带来的影响：如稳定学习与因果表征学习，稳定学习是改变数据生成机制，使得预测目标的因果特征与环境相关的环境特征相互独立，从而提取不随环境变化的因果特征。重加权是一种去除混杂偏倚实现稳定学习的方式，该方法如图 2-25 所示。

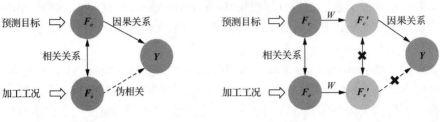

(a) 因果特征和工况特征之间的相关性　　　　(b) 通过样本重加权，因果特征和工况特征之间
　　导致了 F_c 和 Y 之间的伪相关　　　　　　　　相互独立，消除了 F_c 和 Y 之间的伪相关

图 2-25　重加权去除混杂偏倚[23]

因果表征学习即可理解为可以用于结构因果模型的表征，因果表征学习即为将图像这样的原始数据转化为可用于结构因果模型的结构化变量。在结构因果模型的框架下，引入因果先验知识，构建因果图或者从数据中学习因果图，建立网络架构，减小机器学习中由数据分布偏差带来的影响。如因果强化学习，在因果推理中实施干预概念的一个自然想法是利用 RL 中的动作概念。更具体地说，Agent 可以根据其当前状态，通过采取不同的行动来观察环境状态的变化，并获得即时的回报。

目前数据与因果知识融合的方法主要包括因果关系引导的数据模型结构构建、基于因果推理的数据驱动问题定义及建模两个方面。对于包含高维数据、抽象概念的建模问题，如图像分类和生成模型的建模问题，传统机器学习方法容易学习数据之间的伪相关关系，影响模型的性能。通过引入因果思想，设计网络结构、损失函数等，建立数据与因果知识的融合模型，能够有效缓解以上问题。针对决策、优化的建模问题，从实际问题的定义入手，在因果推理的框架下定义问题，通过数据学习环境变量、策略、最终效果之间的因果关系，从而获得更准确、可靠的决策和优化模型。

2.2.10　参数辨识

参数辨识是一种利用实验/观察数据来确定理论模型中的参数进而进行预测的技术。这里的理论模型一般来源于对被建模对象的机理分析或对实验现象的经验总结。参数辨识的基本思想是找到理论模型参数的一组可行解，使其尽可能拟合实验数据，从而可以对未见数据进行预测。常用的参数辨识方法主要有数值优化方法、元启发式方法和概率估计方法。

1. 数值优化方法

设待估计模型为

$$y = f(x; \theta) \tag{2-140}$$

定义目标函数，以度量预测结果和实验数据的逼近程度。其中，最常用的是如式 (2-142) 所示的最小二乘目标：

$$\mathcal{L}(y, f(x; \theta)) \tag{2-141}$$

$$\mathcal{L}(\theta) = \sum_{i=1}^{m} \left[y_i - f(x_i; \theta) \right]^2 \tag{2-142}$$

接着通过最小化目标函数来估计模型参数：

$$\hat{\theta} = \arg\min_{\theta} \mathcal{L}(\theta) \qquad (2\text{-}143)$$

计算 $\hat{\theta}$ 的典型方法有最速下降法、牛顿法、拟牛顿法等。最速下降法的基本思想是从给定的初始值开始，沿着目标函数的负梯度方向以自适应步长进行迭代优化，以最小化目标函数值。最速下降法的迭代公式是

$$x^{(k+1)} = x^{(k)} + \lambda_k d^{(k)} \qquad (2\text{-}144)$$

其中，$d^{(k)}$ 是从 $x^{(k)}$ 出发的搜索方向，这里取在点 $x^{(k)}$ 处的最速下降方向，即

$$d^{(k)} = -\nabla f\left(x^{(k)}\right) \qquad (2\text{-}145)$$

λ_k 是从 $x^{(k)}$ 出发沿方向 $d^{(k)}$ 进行一维搜索的步长，即 λ_k 满足

$$f\left(x^{(k)} + \lambda_k d^{(k)}\right) = \min_{\lambda \geqslant 0} f\left(x^{(k)} + \lambda d^{(k)}\right) \qquad (2\text{-}146)$$

计算步骤如图 2-26 所示。

开始：

1. 给定初始点 $x^{(1)} \in \mathbb{R}^n$，允许误差 $\varepsilon > 0$，置 $k = 1$；

2. 迭代，做如下操作：

　　计算搜索方向 $d^{(k)} = -\nabla f\left(x^{(k)}\right)$；

　　若 $\left\|d^{(k)}\right\| \leqslant \varepsilon$，则停止计算，否则，从 $x^{(k)}$ 出发，沿 $d^{(k)}$ 进行一维搜索，求 λ_k，使

$$f\left(x^{(k)} + \lambda_k d^{(k)}\right) = \min_{\lambda \geqslant 0} f\left(x^{(k)} + \lambda d^{(k)}\right)$$

　　令 $x^{(k+1)} = x^{(k)} + \lambda_k d^{(k)}$，置 $k = k + 1$。

结束

结束

图 2-26　最速下降法的算法流程

2. 元启发式方法

元启发式方法通常基于自然界的现象或者数学模型，在可行的计算时间和空间下给出问题的可行解。一般情况下，该可行解与最优解的相近程度不能被估计。典型方法有遗传算法、粒子群算法、蚁群算法、模拟退火算法等。

以遗传算法(Genetic Algorithm，GA)为例，简述其基本实现流程。遗传算法起源于对生物系统的计算机模拟，它模拟了自然选择及遗传中发生的复制、交叉和变异等现象，是一种随机全局搜索优化方法。首先初始化染色体群体，即将待辨识的模型参数编码为染色体；接着评价染色体，选取父母染色体，即根据定义的适应度函数(目标函数)计算适应值选取候选参数；然后模拟交叉、变异产生后代的规则，生成新的候选参数；最后对后代进行评价，即根据适应度函数值判断当前参数是否可接受为最终估计结果。在最后一步中，若估计结果可接受，则终止优化过程；若不可接受，则继续产生新的后代(候选参数)重复迭代过程。

3. 概率估计方法

基于概率估计方法进行参数辨识的核心思想在于为确定性的理论模型和待辨识参数引入随机性，使其更好地表征实验数据中的统计特性，常用方法有最大似然估计、最大后验估计和贝叶斯估计，具体方法可参考 2.1.3 节中的内容。

2.3　智能数控加工感知技术

　　机械制造过程涉及材料的形性变化，往往伴随大量物理、化学等耦合的非线性时变过程。例如，数控加工过程中，刀具与工件材料在高温高压下会产生冷焊、氧化等物理化学现象，导致刀具持续磨损，对刀具磨损的精确预测建模是实现智能数控加工的关键，对保证加工质量、保证生产连续性以提高生产效率、降低加工成本具有重要意义。然而，在对此类复杂制造过程建模时往往需要引入先验假设并做部分简化处理，优化求解过程往往由于问题本身的非适定性还要进行近似处理，因此模型相较于实际制造过程的准确性难以保证，很难在实际应用中发挥主导作用。

　　数据驱动的制造方法对制造过程进行监测并采集大量实际数据样本，基于数据构建学习模型，能够在可控误差范围内对复杂制造过程进行建模，为实现制造过程的智能诊断、预测及决策提供了有效途径。因此，数据驱动的智能制造面临的首个挑战是如何对制造过程进行充分感知并获取高质量数据样本，其数据质量直接决定了模型的表征精度。

　　针对数控加工中的状态感知，本节着重从制造系统、制造对象和制造过程三个层面展开论述，围绕典型加工过程中切削力、颤振、刀具磨损、工件质量等关键指标的主流监测方法，包括间接监测与直接监测。间接监测通过通用传感器采集制造过程中的电流、振动、温度等相关数据，构建其与目标量之间的相关关系进而推测出目标量，须采集大量样本来建立相关关系，且受环境、工况等综合因素影响，导致监测精度存在较大的不确定性。随着人工智能和大数据技术的发展，间接监测手段获取的数据精度也能满足在线监测要求，有学者甚至提出无传感器监测思路，仅通过读取机床内部的电流等监测信号便可准确感知机床的加工状态，这是未来低成本监测的重要发展方向。直接监测采用专用传感设备对目标量进行直接测量，绕开了构建相关关系时所需的大量样本数据，且消除了间接监测带来的不确定性，同时也为间接监测手段提供了可靠的标签样本数据。直接监测依赖于传感技术的发展，而传感技术离不开物理量之间的机理关系构建。虽然目前直接监测的实际应用场景有待进一步增加，但直接监测手段能够从原理上实现更高精度的状态感知，也是智能数控加工未来发展的主要技术路径。智能数控加工感知示意图如图 2-27 所示。

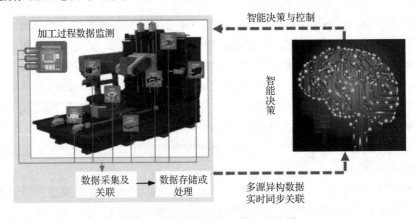

图 2-27　智能数控加工感知示意图

2.3.1　面向智能数控加工的传感技术

传感技术是指高精度、高效率、高可靠性采集各种形式信息的技术，是制造系统实现智能化的必要条件，同计算机技术、通信技术一起称为信息技术的三大支柱。制造系统通过在不同位置处部署不同种类的传感器，即可将所感知的信息按照一定规律变换成为电信号或其他所需形式的信息输出，以满足信息获取、处理、存储、显示、记录和控制等要求，最终利用感知数据实现智能化决策控制。不同的传感器具有不同的工作原理，传感技术与多门学科密切相关，通过已知的物理效应、化学反应等机理知识实现对环境物理量的有效精确感知，并转化为数字信号进行后续处理。针对数控加工场景，机床在加工过程中所需获取的重要物理量包括位置、速度、加速度、力、振动、温度等，所用到的传感技术包括力传感技术、超声传感技术、运动传感技术、视觉传感技术等。

1. 力传感技术

力传感器是将力学量转换为电信号的器件，它的基本原理是将被测力信息转换为其他形式的信号(通常是电信号)。力学传感器在生产、生活和科学实验中广泛用于测量力、质量、速度和姿态等，在水利水电、铁路交通、航空航天、电力等众多行业和领域被大量应用。力传感器通常由力敏感元件、转换元件、电路部分组成，包括压阻式力传感器、压电式力传感器、压磁式力传感器、电容式力传感器以及电感式力传感器。上述不同类型的力传感器具有不同的优缺点，需根据任务和应用场景选用不同类型的力传感器。

1)压阻式力传感器

压阻效应：单晶硅等材料在受到力时，内部载流子发生迁移，从而使其电阻率发生变化。压阻式力传感器的定义为：基于单晶硅材料的压阻效应和集成电路技术制成的传感器。

压阻式力传感器的优点为：压阻因子高，测量范围广；摩擦性能优异，恶劣环境稳定；直接沉积，不需要贴片，精度高；生产成本低，工艺简单。

2)压电式力传感器

压电效应：压电材料在一定方向的力作用下发生极化现象，导致两表面上的电荷极性发生变化；外力去除后，材料又恢复不带电的状态。所以压电式力传感器就是基于压电效应，将力信号转换为电信号的传感器。

压电式力传感器的优点为：频带宽、灵敏度高、信噪比高；结构简单、工作可靠、重量轻。注意：压电式力传感器不能用于静态测量，主要用于测量力的变化。

3)压磁式力传感器

压磁效应是指某些特殊类型的铁磁材料受到外力作用时，磁导率发生变化的现象。其逆效应称作磁致伸缩效应。压磁式力传感器的定义为：利用铁磁材料的压磁效应制成的传感器。在受力物体上绕有线圈，因为压磁材料受力而引起磁导率变化，通过检出线圈阻抗的变化即可求得力的变化。

压磁式力传感器的优点为：输出功率大、信号强；过载能力强、抗干扰能力强；结构简单、牢固可靠。注意：压磁式力传感器的精度一般、频响较低。

4)电容式力传感器

电容式力传感器实质上是一个参数可变的电容器，它的基本原理是将被测力转换为电容量的变化，电容式力传感器的原理如图 2-28 所示。

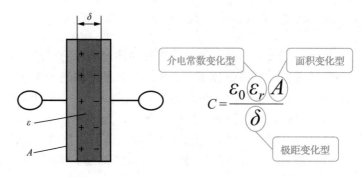

$$C = \frac{\varepsilon_0 \varepsilon_r A}{\delta}$$

介电常数变化型　　面积变化型　　极距变化型

ε_0-真空介电常数；ε_r-相对介电常数；δ-极板间距离；A-极板面积

图 2-28　电容式力传感器原理图

5）电感式力传感器

电感式力传感器是利用线圈自感或互感系数的变化实现非电量电测的一种装置。电感式力传感器是将弹性元件的位移或形变转化为电感变化，计算对应力的值。电感式力传感器的原理如图 2-29 所示。

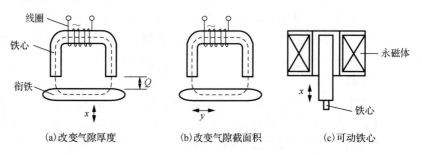

(a) 改变气隙厚度　　　　(b) 改变气隙截面积　　　　(c) 可动铁心

图 2-29　电感式力传感器及其实现原理

2. 超声传感技术

超声波是一类振动频率高于 20kHz 的机械波，它频率高、方向性好且穿透能力强。超声波对液体和固体的穿透能力很强，尤其是对以铝合金为代表的不透明固体。对于杂质或分界面，超声波会反射形成回波；碰到活动物体时，会产生多普勒效应。超声传感器在工业、军事、医学、农业上有很多的应用，它的基本原理是将受被测物体影响的超声波信号转换成其他形式的信号（通常是电信号）进行测量。超声传感技术在机械制造中的典型应用是金属无损检测和基于超声波的测距、测厚。

1）超声无损检测

无损检测旨在不损害或不影响被检对象使用性能的前提下，检测被检对象中是否存在缺陷信息。超声无损检测通过分析超声波束对缺陷的反射波信号，来判断其位置和大小。

2）超声测距

利用超声波在传播时方向性强、能量集中的特点，通过计算发射与接收的时间差计算距离，超声测距的工作原理如图 2-30 所示。

3）超声测厚

超声测厚原理上可以分为声波共振干涉法、脉冲透射法和脉冲反射法。其中应用最广泛的是脉冲反射法测厚技术，其只需记录两次反射回波的时间差即可计算出对应工件的距离。超声脉冲反射法测厚原理如图 2-31 所示。

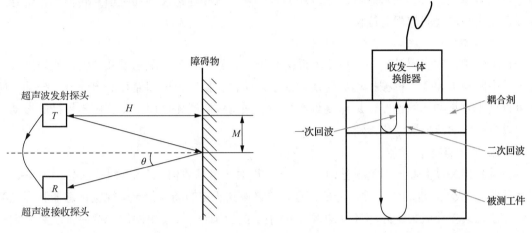

图 2-30　超声测距原理图　　　　　　　图 2-31　超声脉冲反射法测厚原理图

3. 运动传感技术

运动传感技术是测量设备部件运动状态，如机床位移、速度、加速度等物理量的传感技术，该技术广泛应用于工业控制中。运动传感技术根据其应用场景的精度要求，原理各不相同，包括红外、光学、磁性、振动等方式。

1）红外方式

红外线是指红光之外、波长在 760nm～1mm 辐射的红外光，红外线是肉眼看不到的，但通过一些特殊光学设备可以感知到。红外线传感器能够感应被测目标辐射的红外线，进而利用红外线的物理性质实现测量。红外传感技术已广泛应用于现代科技、国防和工农业等领域。

2）光学方式

光栅传感器主要用于长度和角度的精密测量以及数控系统的位置检测等。光栅传感器的原理如图 2-32 所示。

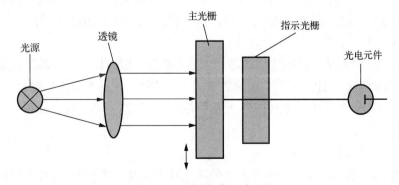

图 2-32　光栅传感器原理图

光栅传感器在数控机床上大量使用，通过将机床移动轴和旋转轴的运动转换为脉冲形式的电信号实现机床运动信息的精确测量，为机床精密运动控制提供必要的反馈信息。

3) 磁性方式

数字磁齿是利用录磁原理将一定周期变化的正弦波或脉冲电信号，用录磁磁头记录在磁性标尺的磁膜上，作为测量基准。该方法通过用磁头将磁性标尺上的磁信号转换为电信号，以计量磁头与磁尺间的相对位移。

4) 振动方式

振动传感器的实质是一个单自由度振荡系统，一般由弹簧、阻尼器及惯性质量块组成。通过其中的换能元件，机械振动被转换为便于传递、变换、处理和储存的电信号。振动传感器可以用于测量物体的速度、加速度等。另外，振动传感器还可用于监测旋转机械的振动情况，以及机器的故障检测和诊断。

4. 视觉传感技术

视觉是指通过类似于人类视觉的方式，一次性对环境场景信息(包含组成成分、空间关系、质地质感等)成像，进而层次性地分析处理，最终得到所需的场景信息。视觉传感器利用光学元件和成像装置获取关于外部环境图像形式的信息，因此一般使用图像分辨率来度量视觉传感器的性能。针对数控加工场景，视觉传感技术可用于在机测量刀具状态、工件表面质量等，也可通过图像匹配算法实现自动寻位加工。

典型的视觉传感系统一般由工业相机与镜头、光源、辅助传感器、图像采集卡、计算机、视觉信息处理软件和控制单元组成。其中，工业相机与镜头属于成像器件，主要有电荷耦合器件(Charge Coupled Device，CCD)和互补金属氧化物半导体(Complementary Metal Oxide Semiconductor，CMOS)两大类。光源属于辅助成像器件，旨在提高成像质量。辅助传感器用于判断被测对象的状态，辅助成像系统进行正确采集。图像采集卡把相机输出的图像传输给主机，将来自相机的模拟信号或数字信号转换为一定格式的图像数据流。计算机一般作为视觉传感系统的核心，完成图像数据的处理和绝大部分的控制逻辑。

1) CCD 图像传感器

CCD 图像传感器是一种将图像转换为电信号的大规模金属氧化物半导体集成电路光电器件。在半导体硅片上按线阵或面阵排列 MOS 单元，如果照射在这些光敏元上的是一幅明暗起伏的图像，则这些光敏元上就会感生出一幅与光照强度相对应的光生电荷图像。

2) CMOS 图像传感器

CMOS 图像传感器是一种用传统的芯片工艺方法将光敏元件、放大器、A/D 转换器、存储器、数字信号处理器和计算机接口电路等集成在一块硅片上的图像传感器件。与 CCD 图像传感器相比，CMOS 图像传感器具有处理速度快、集成度高、功耗低、体积小、重量轻、制造成本低等诸多优势。

3) 3D 视觉传感技术

3D 视觉传感技术通过使用一个或多个图像传感器作为传感元件，综合利用特定的结构设计和其他辅助信息，对被测物体的三维尺寸及三维空间位姿进行非接触测量。基于三角测量法的 3D 视觉传感技术具有抗干扰能力强、效率高、测量系统简洁等优点，尽管绝对精度一般，但这种测量技术依然十分适合制造现场的在线非接触测量，并得到了大量应用。

2.3.2　制造系统状态感知

航空航天零件结构复杂、材料加工难度高、制造精度要求高，且多品种小批量生产导致很难形成规模效应，无法降低制造成本。若在加工过程中制造系统发生故障，不仅会影响加工进度，还有可能损坏高价值零件。例如，国内某家航空制造企业在加工大型钛合金整体结构件时，精加工过程中刀具磨损达到极限，由于缺乏相应的监测和预警手段，零件烧蚀，造成损失高达百万元。在实际生产过程中，由于缺乏相应的传感装置，机床状态、刀具磨损量未知，在机床正常运行时、刀具远未达到磨损极限时就被维护与更换，势必会增加机床的停机时间，打破生产的连续性，导致加工效率降低，并最终导致加工成本的增加。因此在数控加工过程中需要对制造系统状态进行持续感知，以确保其可靠性。

1. 机床状态

可用于机床状态监测的信号众多，例如，加工过程中的伺服电机电流、负载和功率、结构振动、关键部件温度等信号都可以反映机床运行和工作状态，为机床状态评估、故障诊断、误差补偿提供有效信息。目前，国外的一些大型数控设备厂商已经开发出一些得到成功应用的机床数据采集系统。例如，意大利的 MARPOSS 公司开发的 EASY ACQUISTTION 数控机床 SCADA 系统，可以不受车间环境影响采集数控系统内部的大量状态监测信号，并将信号分析理论及故障诊断方法集成到相应软件的分析功能之中。又如，德国的 ARTIS 公司开发的 Integration CTM-System 系统，可以利用机床状态监测信息准确检测到轴、轴承和齿轮损伤等故障情况，一旦出现异常情况机床便可立刻自动停机，从而避免了由这些故障引起的轴承、工件及机床的二次损伤。近年来，也有一些国内的公司对智能机床监测系统进行了开发，一方面将各类机床状态监测信号进行可视化，另一方面结合相关的信号处理、模式分析和故障诊断算法实现智能诊断，并与自适应加工系统集成自动优化工艺参数，从而进一步提高加工质量和效率。

2. 工件状态

工件状态主要包括内部状态和外部状态，其中工件内部状态是指工件在制造或加工过程中形成的特定物理特性或性质。其中一个重要的内部状态是残余应力。在制造过程中，工件内部往往会形成残余应力。残余应力一般是由材料的非均匀变形或热应力引起的，可能导致工件变形、裂纹扩展或疲劳寿命的降低，影响产品的性能和可靠性。除了残余应力，工件的内部状态还可能涉及硬度分布、晶体结构、显微组织、内部缺陷(如夹杂物、气孔或裂纹)等。这些内部状态可以通过非破坏性测试方法(如超声波检测、X 射线检测、磁粉检测等)或破坏性测试方法(如金相显微镜观察、硬度测试等)来评估和识别。了解工件的内部状态对于质量控制、工艺改进和可靠性评估非常重要。通过有效的检测和评估，可以及早发现内部缺陷或异常，并采取适当的措施来确保工件的性能和安全性。

除了工件的内部状态，工件的表面状态也是制造过程中需要关注的重要方面。以下是一些常见的工件表面状态。

(1)平整度。表面平整度是指工件表面的平整程度。工件表面的凸起或凹陷可能会影响其装配性能或与其他零部件的配合。

(2)光洁度。表面光洁度表示工件表面的光滑程度。光洁度是质量和美观性的重要指标，特别是在需要进行光学检测、涂覆或精密装配的应用中。

(3)表面粗糙度。表面粗糙度描述了工件表面的粗糙程度。它涉及表面的不规则度、起伏和细微的纹理。表面粗糙度对于摩擦、润滑、密封和涂覆等方面具有重要影响。

(4)表面涂层。某些工件可能需要特殊的表面涂层来改善其性能，如防腐蚀涂层、抗磨涂层、导电涂层等。涂层的质量和均匀性对工件的功能和性能起着关键作用。

(5)表面缺陷。表面可能存在各种缺陷，如划痕、裂纹、气孔、夹杂物等。这些缺陷可能影响工件的强度、密封性或外观质量。

对于工件表面的状态管理，常见的方法包括视觉检查、光学显微镜观察、表面测量仪器(如光学轮廓仪、表面粗糙度仪)测量以及涂层厚度测量设备测量等。通过控制和评估工件表面状态，可以确保工件的质量、功能和外观达到要求。

3. 刀具状态

新一代航空航天产品的性能要求更高，对零件的性能、加工精度和表面质量也提出了更高的要求。钛合金、高温合金等难加工材料越来越多地应用于各类航空航天复杂构件中，这些难加工材料的可切削性差，刀具易磨损，且极易引起刀具崩刃，从而引起零件的表面质量问题。以难加工材料为主的航空航天复杂构件往往尺寸较大，特征较多，为了保证加工质量，一个特征的精加工过程需要连续切削，不允许换刀，这更需要在线预测刀具磨损量，从而在开始一个新的特征加工之前判断刀具状态，以提前决策是否需要换刀。同时，航空航天复杂构件结构复杂，且属于单件小批量生产模式，为已有制造技术带来了严重挑战。因此，实现刀具状态的准确监测，进而根据监测结果合理换刀和补偿误差，对于加工过程的提质增效至关重要。

对于刀具状态监测，现有方法主要包括刀具磨损量测量、刀具状态监测信号获取与分析、刀具磨损量预测、刀具崩刃监测、刀具破损监测和刀具寿命预测等。根据监测量直接与否，可将当前刀具状态监测方法分为直接监测法和间接监测法。

常见的直接监测法有接触测量法、放射线测量法和计算机视觉测量法。接触测量法在测量时，让刀具后刀面接触传感器，依据加工前后的直径变化判断磨损量；放射线测量法通过预先在后刀面某位置放置放射性物质，定期检查是否还存留放射性物质，以此判断刀具是否磨钝；计算机视觉测量法利用光学仪器获得磨损区图像，通过图像处理技术得到磨损状态。受限于现场加工条件，直接监测法难以在实际加工中进行在线应用。

常见的间接监测法有切削力测量法、振动检测法和声发射法。切削力可以直接而稳定地反映刀具磨损状态，但切削力传感设备成本高且安装使用较为复杂；振动信号对刀具磨损和破损的敏感度也较高且成本低、安装使用简单，但易受机床自身振动的干扰；声发射信号对刀具状态变化的响应也十分迅速，但是需要将其尽可能近地安装在加工区域，传感器性能和信号质量易受恶劣工况的影响。此外，综合利用多种传感器信号的多源信息融合方法可以获取更鲁棒的刀具状态信息。

2.3.3　制造对象状态感知

1. 零件表面质量

表面质量是对零件表面层宏观和微观形状误差以及表面层力学性质的综合描述。传统的产品表面质量检测方法依赖于人工经验，主要通过检测人员的目视观察和简单的手工测量完成，检验过程效率低，检验结果一致性不可避免地存在偏差，难以满足现代工业需求。

随着传感和测量技术的进步，超声、红外、机器视觉等自动表面检测技术得到广泛应用。其中，基于机器视觉的表面质量视觉检测技术具有非接触、成本低、精度高等优点，在现代工业中得到了大量应用。

2. 零件尺寸误差

对尺寸误差进行检测的目的在于识别产品是否满足设计尺寸要求，是加工过程中必不可少的环节，测量方式可分为传统测量方法和在机检测方法两大类。

1) 传统测量方法

传统的测量手段主要包括手工测量和离线测量。其中手工测量指使用千分尺、卡尺等传统检测工具进行人工测量。该方法受人为因素影响大，测量精度和效率低。

离线测量是指在加工工序间或者加工完成后，将工件从数控机床上取下，利用三坐标测量机等检测设备进行检测。三坐标测量机测量环境稳定，测量精度高。但利用三坐标测量机进行离线测量时，零件在测量机与机床间周转，多次装夹，存在以下不足：离线测量获得的数据不便反馈到数控系统用于及时改进加工质量；影响零件的加工效率和生产自动化；增加了重复定位误差，给零件的加工精度带来不利影响。

2) 在机检测方法

在机检测 (On Machine Inspection，OMI) 是在机床上直接完成零件检测的一种测量方式，对提高零件的检测效率、设备利用率和加工质量具有重要意义。除了用于测量零件的尺寸误差，在机测量还可以用于工件的找正、刀具磨损检测以及加工误差补偿等。

根据测量方式的不同，在机测量方法可分为非接触式、接触式以及复合式三大类。非接触式在机测量一般使用光学等非接触式三维形貌测量技术，利用光学成像原理生成工件的 3D 图像，从而获得工件的形位尺寸，根据测量方法可分为激光扫描式、视觉式、超声式等。接触式在机测量是在数控机床上集成接触式测头实现在机检测。非接触式测量效率高，但易受环境因素影响，精度相对较低；接触式测量效率相对较低，但精度更高。复合式测量旨在集成接触式测量和非接触式测量两种方法，从而实现二者的优势互补。

在机检测可以克服传统检测手段效率低的缺点，对于加工程序编制错误以及刀具磨损等造成的加工误差的控制有着重要作用，是加工过程质量控制的有效手段。在机检测的一个重要方面是需要对机床自身的静态误差进行补偿，以保证检测精度。目前，在机检测已在数控加工中发挥重要作用。

2.3.4　制造过程状态感知

1. 切削力感知

切削力产生于金属切削过程中刀具克服被加工材料的弹塑性变形抗力和切屑、工件及刀具间的摩擦阻力，是切屑形成与分离的直接动力。切削力对于切削状态的变化具有高度的敏感性和快速响应能力，是反映金属切削状态、进行加工状态监测最有价值的物理量。对切削力进行监测，可以准确反映加工过程中的不确定工况，监测数据可用于刀具破损/磨损检测、颤振监测/抑制以及切削载荷的自适应控制等，为实现高质高效加工和机床的无人化智能化提供核心数据支持。

根据所依赖传感器的类型，切削力监测方法可以分为基于外部传感器的切削力监测方法和基于数控系统内部监测数据的切削力监测方法。

基于外部传感器的切削力监测方法通过在受切削力影响的部件上安装压电式、应变式等传感器来采集相关的位移、加速度或力信号，利用传感器原理和信号处理技术得到切削力分量，主要有台式测力仪、旋转测力仪以及集成在主轴部件上的测力传感器三大类。其中，台式测力仪价格昂贵，且会限制工件尺寸，增加装夹难度，缩小机床工作空间；旋转测力仪价格更加昂贵，且难以得到进给方向的切削力；集成在主轴部件上的测力传感器难以长期承受恶劣的切削工况（负载、高温、振动等），且由于集成在主轴上，难以安装和维护。

数控机床执行指令时，系统内置的霍尔电流传感器、编码器、光栅尺等测量元件提供了电流、速度、加速度等大量监测信号，这些信号间接反映了加工状态，其中就包括反映机床受扰动状态的切削力信息。利用这些数控系统内部的监测信号重构切削力，无须额外安装传感器/装置，且易于直接与数控系统集成。

2. 加工颤振感知

强迫振动和自激振动是机床加工过程中经常出现的两类振动，其中自激振动又称为颤振。强迫振动的原理和控制方式较为容易，而颤振的产生机理和控制方式则为复杂。颤振产生的原因是在金属工件的切削过程中，工件、刀具和机床因为相互作用而形成间断但有规律性的振动。颤振对工件的加工精度、刀具和主轴的寿命会造成严重的不利影响，也是限制加工效率的主要因素之一。

目前，颤振的识别方法主要有直接识别和间接识别两类。直接识别方法是对已加工表面的质量进行检测（粗糙度仪、机器视觉方法等），根据表面的粗糙程度来判断颤振发生与否。该方法的准确率较高，但无法在线进行。间接识别方法则利用反映颤振发生后影响的各类间接动态信息来判断颤振发生与否。力和振动信号、声发射信号和电流信号是常用的颤振识别信号。

1) 基于力和振动信号的颤振识别方法

切削力和振动是颤振发生的直接相关因素，是间接识别颤振的首选信号。当颤振发生时，相较于稳定切削状态，切削力和振动的幅值和频率都会发生显著变化。因此，可以通过监测加工过程中的切削力和振动信号，对颤振进行识别。

2) 基于声发射信号的颤振识别方法

在加工过程中，刀具-工件-机床系统的振动可以产生声音信号。当颤振发生时，系统内部的剧烈振动会引起声发射信号的显著变化，因此声发射信号可以用于识别颤振发生与否。

3) 基于电流信号的颤振识别方法

对于机床伺服系统而言，切削力是外部的扰动，为了保证运动精度，控制系统会产生相应的电机电流抵抗外部的切削力扰动。当颤振发生时，切削力显著变化，因而会引起电机电流的显著变化。因此，利用电流信号也可以间接识别颤振发生与否。

2.4　数据处理与分析技术

制造数据来源于实际的制造环节，反映了制造过程背后复杂的规律，且往往包含采集过程所引入的噪声、数据缺失等异常因素。因此，需要通过数据清洗并结合特征提取方法进行预处理后，才能用于后续的预测分析。

2.4.1　数据清洗

数据清洗是通过填补缺失值、去除噪声数据、识别或删除离群点等措施提升数据质量的过程。

监测数据从采集到存储的过程，由于受到自然或人为因素影响而不可避免地带有数据噪声。数据噪声是指数据集中的干扰数据(对场景描述不准确的数据)，即测量变量中的随机误差或方差。为了提高数据挖掘的质量，应当选择合适的降噪方法对加工过程中监测到的数据进行降噪处理。信号去噪是信号处理的基本技术，其通过直接去除噪声达到恢复信号的目的。

数据噪声对模型训练有影响，不仅会增大计算量，增加计算机内存和计算开销，还会增大计算误差。特别是线性算法，都是通过迭代计算获取最优解，如果数据中含有大量的噪声数据，将会严重影响模型的收敛速度，甚至对模型的准确性也会有很大的副作用。因此需对数据进行预处理以获得更完整、更准确、更容易训练的数据，从而让机器学习得更快，学习到的结果更准确。常用的数据清洗和降噪方法主要有以下几种。

(1) 人工检查法：数据处理人员根据自身经验和对数据本身的理解，人为地进行数据筛选。该方法筛选的准确性依赖人工经验，且费时费力。

(2) 回归法：用一个函数拟合对数据进行光滑处理，去除数据中的噪声，即用回归后的函数值代替原始数据，从而避免噪声数据的干扰。该方法简单易行，但只能对有趋势的数据进行去噪，并且需要对数据的趋势进行一定的判断。

(3) 均值平滑法：对具有序列特征的变量，用邻近的若干数据均值替换原始数据。该方法简单易操作，但只能对有序列特征的数据进行去噪，且序列边缘数据不易进行平滑操作。均值滤波降噪方法是将数据划分为多个滑动窗口进行处理，然后将滑动窗口内数据的均值赋予窗口中心的数据，分为算术均值滤波器、几何均值滤波器等。

(4) 离群点分析法：用聚类、统计学等方法检测离群点，将离群点删除，实现去噪。该方法对分类问题较为有效，但如果样本有多个属性，则在高维空间中挖掘离群点有一定的困难。

(5) 小波法：利用小波对原信号进行特征提取和低通滤波，然后进行信号的重建恢复。不同于普通的傅里叶变换，小波变换有较好的时频特性。从数学的角度看，小波去噪问题的本质是一个函数逼近问题，即如何在由小波基函数的伸缩和平移所构成的函数空间中，根据给定的衡量准则寻找对原信号的最佳逼近，以完成对原信号和噪声信号的区分。换而言之，就是寻找从实际信号空间到小波函数空间的最佳映射，以便得到原信号的最佳恢复。从信号学的角度看，小波去噪是一个信号滤波的问题，尽管在很大程度上小波去噪可以看成低通滤波，但是由于在去噪后还能成功地保留信号特征，所以在这一点上又优于传统的低通滤波器。由此可见，小波去噪实际上是特征提取和低通滤波功能的综合。

2.4.2　信号特征提取

信号特征提取是从信号中获取信息的过程，是模式识别、智能系统和机械故障诊断等诸多领域的基础和关键，特征提取广泛的适用性使之在语音分析、图像识别、地质勘测、气象预报、生物工程、材料探伤、军事目标识别、机械故障诊断等几乎所有的科学分支和工程领域得到了十分广泛的应用。

从信号中提取得到的信号特征主要可分为三大类：时域特征、频域特征和时频域特征。

通常而言，时域分析更加直观，频域表示则更加深刻而简洁。目前来说，从时域到频域已成为信号分析的趋势。但是，这两种分析手段是相互联系、相辅相成的，且互有优势。

1. 时域特征

常见的时域特征有平均值、均方值、峰值、峰值指标、脉冲指标、裕度指标和歪度指标等。

1）平均值

平均值用于描述信号的稳定分量，又称直流分量；平均值有算术平均值、几何平均值、平方平均值（均方根平均值）、调和平均值、加权平均值等，其中以算术平均值最为常见。算术平均值的计算公式为

$$\bar{X} = \frac{1}{N}\sum_{i=1}^{N}x_i(t) \tag{2-147}$$

2）均方值

均方值与有效值均用于描述振动信号的能量，是信号的二阶矩统计平均。有效值 X_{rms}^2 又称均方根值，是机械故障诊断系统中用于判别运转状态是否正常的重要指标。均方值（Mean-square Value）又称 $x(t)$ 的二阶原点矩，是随机变量 $x(t)$ 平方的均值，其计算公式为

$$X_{rms}^2 = \frac{1}{N}\sum_{i=1}^{N}x_i^2(t) \tag{2-148}$$

3）峰值、峰值指标

通常峰值 X_p 是指振动波形的单峰最大值。由于它是一个时不稳参数，不同的时刻变动很大，因此，在机械故障诊断系统中采取如下方式来提高峰值指标的稳定性：在一个信号样本的总长中，找出绝对值最大的 n 个数，用这 n 个数的算术平均值作为峰值 X_p。峰值指标的计算公式为

$$I_p = \frac{X_p}{X_{rms}} \tag{2-149}$$

峰值指标 I_p 是用来检测信号中是否存在冲击的统计指标（无量纲相对值）。

4）脉冲指标

脉冲指标 C_f 是用来检测信号中是否存在冲击特征的一个统计指标，其计算公式为

$$C_f = \frac{X_p}{\bar{X}} \tag{2-150}$$

5）裕度指标

裕度指标 C_e 用于检测机械设备的磨损情况（无量纲相对值），其计算公式为

$$C_e = \frac{X_{rms}}{\bar{X}} \tag{2-151}$$

6）歪度指标

歪度指标是信号的三阶矩统计平均（无量纲相对值）。歪度指标反映振动信号的非对称性。如果某一方向存在摩擦或碰撞，造成振动波性的不对称，歪度指标增大，其计算公式为

$$C_w = \frac{\frac{1}{N}\sum_{i=1}^{N}\left(|x_i| - \bar{x}\right)^3}{X_{rms}^3} \tag{2-152}$$

2. 频域特征

常规的频谱分析是指对信号进行傅里叶变换以进行分析。频域特征主要有重心频率、均方频率、均方根频率和频率标准差。

1) 重心频率

重心频率用于反映功率谱的分布情况，其计算公式为

$$F_{FC} = \frac{\sum_{n=1}^{N} f_n \cdot u(n)}{\sum_{n=1}^{N} u(n)} \tag{2-153}$$

其中，f_n 为频率幅值大小；$u(n)$ 为对应功率谱值。

2) 均方频率

均方频率用于描述功率谱的主频带位置的变化，与重心频率不同，均方频率是信号频率平方的加权平均，同样以功率谱的幅值为权。均方频率的计算公式为

$$F_{RM} = \frac{\sum_{n=1}^{N} f_n^2 \cdot u(n)}{\sum_{n=1}^{N} u(n)} \tag{2-154}$$

3) 均方根频率

均方根频率就是均方频率的算术平方根，其计算公式为

$$F_{RMSF} = \sqrt{\frac{\sum_{n=1}^{N} f_n^2 \cdot u(n)}{\sum_{n=1}^{N} u(n)}} \tag{2-155}$$

4) 频率标准差

频率标准差用于描述功率谱能量分布的分散程度，其计算公式如下：

$$F_{RVF} = \sqrt{\frac{1}{n-1} \sum_{i=1}^{n} (x_i - \bar{x})^2} \tag{2-156}$$

其中，$\bar{x}$ 为频率均值。

3. 时频域特征

时频域特征是通过小波系数法和小波包能量法等时频域分析方法所提取的信号特征。

除了上述传统的特征提取方法，近年来，机器学习方法被逐渐应用于自动特征提取。机器学习不同于传统信号特征提取方法，它可以基于原始测量信号利用深度结构直接根据数据分布和内部结构进行建模，从低层次特征提取到高层次特征，将最高层次特征输入分类器或回归机中构建关系，不仅可以更好地表征输入数据的状态，还能够实现特征的自动提取。

2.4.3　数据存储与计算

制造业数据体量大、应用价值高，因此需要高效的存储和管理方法，为数据的分析提供支持。然而传统的存储管理技术采用关系数据库与本地文件系统结合的存储方式，已经无法满足上层应用以及用户的需求。大数据的产生与发展使得传统以单机存储为主的存储方式难

以满足性能需求，数据存储方式逐渐向分布式发展。分布式数据存储方式一方面由于工作节点多，能够提供大量的存储空间；另一方面在互联网技术的支撑下，数据请求可以在各节点并发执行，执行速度快。云存储是在云计算概念上延伸和发展出的新概念。它的实质是一种网络存储系统，通过集群应用、网络通信和分布式文件系统等功能，将同一网络中各种不同类型的存储设备集合起来协同工作，以整体形式共同对外提供数据存储和业务访问功能。

制造业中的数据主要包括结构化数据、非结构化数据、半结构化数据及异构数据四大类。结构化数据的数据结构规则且完整，如传统的关系数据模型、行数据等。非结构化数据是指数据结构不规则或不完整，没有预定义的数据模型，如文档、文本、图片、音频、视频信息等。半结构化数据介于结构化数据和非结构化数据之间，一般是自描述的，数据的结构和内容混在一起，没有明显的区分，如 XML、HTML 文档等。异构数据包含非结构化数据、半结构化数据、结构化数据等各种数据类型，各种结构的数据使用不同的编码方式，采用不同的量纲，具有不同的数据特征。

为了提高多计算资源的协同计算速度，常采用分布式计算与并行计算等方式。分布式计算将需要进行大量计算的项目数据分割成小块，由多台计算机分别计算，在上传运算结果后统一合并得出数据结论。并行计算和分布式计算有许多共同点，且没有特别明确的区别。同一个系统可能同时被特指为"并行的"和"分布式的"。并行计算也可能以分布式计算的一种密集的形式出现，而分布式计算也可能以并行计算的一种较松散的形式出现。可利用下列标准粗略地将其区分开：在并行计算中，所有的处理器共享内存，共享的内存可以让多个处理器彼此交换信息；在分布式计算中，每个处理器都有其独享的内存(分布式内存)，数据交换通过处理器传递信息完成。

现行计算单元主要是中央处理器(Central Processing Unit，CPU)和图形处理器(Graphic Processing Unit，GPU)。CPU 计算是使用计算机中央处理器的计算方式。CPU 的设计目标是通用的，可以处理各种任务，它通常有几个核心，每个核心都可以处理多个线程。GPU 计算是指使用计算机的图形处理器处理计算工作的计算方式。GPU 的架构是专门为图形和图像处理而设计的，计算能力比 CPU 更强大，但内存是显存，而不是主存。GPU 适合进行大量同类型数据的密集运算。通常 GPU 拥有较普通内存位宽更大、频率更高的专用内存，即显存，适合处理大规模数据。

2.5 数字化制造技术基础

数字化制造就是使制造过程中的力、热、声、振动、速度等物理量；加工误差、位移等几何量；过程建模、控制规划、调度管理等有关计算问题和复杂问题的一系列"事件"进行数字化表示、计算与推理，最终使制造过程中的各种量值和各种信息实现可计算性和可控制性。

数字化制造是在数字化技术和制造技术融合的背景下，在虚拟现实、计算机网络、快速原型、数据库和多媒体等支撑技术的支持下，根据用户需求收集资源信息，进而对产品、工艺及资源等信息进行分析、规划和重组，以实现产品设计、功能仿真及原型制造。数字化制造指制造领域的数字化，它是制造技术、计算机技术、网络技术与管理科学融合的结果，也是制造企业的发展趋势。

2.5.1　CAD 技术

计算机辅助设计（CAD）指利用计算机及其图形设备帮助设计人员进行设计工作。CAD 被分为狭义的和广义的，狭义的 CAD 是专指计算机辅助设计，而广义的 CAD 则是 CAD/CAE/CAPP/CAM 等技术的高度集成。图 2-33 为 CAD 软件的发展历程。CAD 技术诞生以来，经历了二维绘图、线框模型、曲面造型、实体造型、特征造型等重要发展阶段。随着 CAD 技术的发展也诞生了许多成熟和知名的 CAD 引擎和软件。

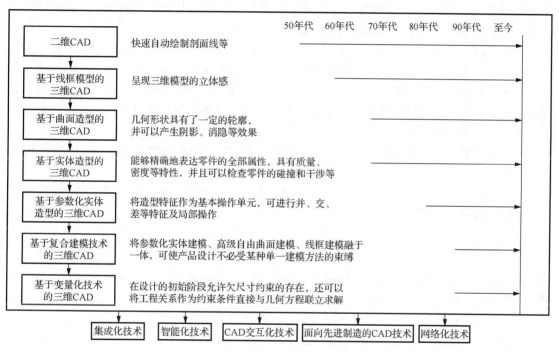

图 2-33　CAD 软件的发展历程

CAD 软件的核心主要有参数化设计、三维几何建模引擎、参数化建模机制、显示和渲染。无论多么复杂的几何模型，都可以分解成有限数量的构成特征，每个构成特征又可用有限的参数完全约束，这是参数化设计的基本前提。参数化设计是一种使用重要几何参数快速构造和修改几何模型的造型方法[24]，这些重要的几何参数包括控制形体大小的尺寸和定位形体的方向矢量等。目前常用 NURBS 来表达曲线和曲面，达到控制几何形状的目的。三维几何建模引擎是 CAD 的底层基础支持，是任何 3D 建模系统的核心，用于产品三维形状的精确数学表示和该模型的管理。从程序员的角度来看，几何内核是一个函数/类库，用于创建几何对象（点、线段/圆弧/曲线、一块曲面、实体），改变它们的形状和大小，创建基于几何对象的新对象，在计算机屏幕上可视化模型并与其他程序交换 3D 数据。三维几何建模引擎的出现让参数化设计成为可能，目前，商用 CAD 引擎主要包括 ACIS、HOOPS、ParaSolid 等。几何约束求解器包括草图中的 2D 几何约束求解器、装配中的 3D 几何约束求解器。参数化建模机制实现草图、零件、工程图、三维标注等功能的联动。显示和渲染主要是用于与用户交互的功能，保证系统的操作性、流畅度。

CAD 系统中表示三维形体的模型，按照几何特点大体上可以分为三种：线框模型、表面模型和实体模型。如果按照表示物体的方法进行分类，实体模型基本上可以分为分解表示、构造实体几何(Constructive Solid Geometry，CSG)表示和边界表示(Boundary Representation，B-Rep)三大类。除商用软件各自的格式外，为了统一和使用方便，国际组织和机构也推出了广泛使用的通用标准格式。目前使用比较多的 CAD 数据文件格式包括 IGES、STEP、STL 等。

(1)基本图形交换规范(Initial Graphics Exchange Specification，IGES)。1980 年美国国家标准局主持成立了由波音公司和通用电气公司参加的技术委员会，制定了基本图形交换规范(IGES)，并于 1981 年正式成为美国国家标准[25]。作为较早颁布的标准，IGES 被许多 CAD/CAM 系统接受，成为应用最广泛的数据交换标准。

(2)产品模型数据交换标准(Standard Exchange of Product Data Model，STEP)。STEP 是 1988 年国际标准化组织(International Organization for Standardization，ISO)制定的描述整个产品生命周期内产品信息的标准，它提供了一种不依赖具体系统的中性机制，旨在实现产品数据的交换和共享。这种描述的性质使得它不仅适合于交换文件，也适合于作为执行和分享产品数据库和存档的基础。

(3)3D 模型文件格式 STL(Stereo Lithography)。STL 文件格式是由 3D SYSTEM 公司于 1988 年制定的一个接口协议，是一种为快速原型制造技术服务的三维图形文件格式。STL 文件由多个三角形面片的定义组成，每个三角形面片的定义包括三角形各个定点的三维坐标及三角形面片的法矢量[26]。

2.5.2　CAE 技术

计算机辅助工程(Computer Aided Engineering，CAE)是用计算机辅助求解复杂工程和产品结构强度、刚度、屈曲稳定性、动力响应、热传导、三维多体接触、弹塑性等力学性能的分析计算以及结构性能的优化设计等问题的一种近似数值分析方法。

CAE 系统的核心思想是结构的离散化，即将实际结构离散为有限数目的规则单元组合体，对于实际结构的物理性能，可以通过对离散体进行分析，得出满足工程精度的近似结果来替代对实际结构的分析，这样可以解决很多实际工程需要解决而理论分析又无法解决的复杂问题；其基本过程是将一个形状复杂的连续体的求解区域分解为有限的形状简单的子区域，即将一个连续体简化为由有限个单元组合的等效组合体；通过将连续体离散化，把求解连续体的场变量(应力、位移、压力和温度等)问题简化为求解有限的单元节点上的场变量值问题，此时得到的基本方程是一个代数方程组，而不是原来描述真实连续体场变量的微分方程组，求解后得到近似的数值解，其近似程度取决于所采用的单元类型、数量以及对单元的插值函数[27]。

1)CAE 分析的三个步骤

应用 CAE 软件对工程或产品进行性能分析和模拟时，一般要经历以下三个过程。

(1)前处理：对工程或产品建立合理的有限元模型。具体包括：对目标实体进行建模，对构件进行布尔运算，各单元自动剖分，对节点自动编号，节点参数自动生成，载荷与材料参数直接输入，节点载荷自动生成，有限元模型信息自动生成等。

(2)有限元分析：对有限元模型进行单元特性分析、有限元单元组装、有限元系统求解和有限元结果生成。

(3)后处理：根据工程或产品模型与设计要求，对有限元分析结果进行加工、检查，并以图形化方式提供给用户，如表示应力、温度、压力分布的彩色明暗图，辅助用户判定计算结果与设计方案的合理性。

2)CAE 的作用

CAE 的作用有以下方面：

(1)增加设计功能，借助计算机分析计算，确保产品设计的合理性，减少设计成本；

(2)缩短设计和分析的循环周期；

(3)CAE 分析起到的"虚拟样机"作用，在很大程度上替代了传统设计中资源消耗极大的"物理样机验证设计"过程，虚拟样机能预测产品在整个生命周期内的可靠性；

(4)采用优化设计，找出产品设计最佳方案，降低材料的消耗或成本；

(5)在产品制造或工程施工前预先发现潜在的问题；

(6)模拟各种实验方案，减少实验时间和成本。

3)CAE 的关键技术

CAE 技术是一门涉及许多领域的多学科综合技术，其关键技术有以下几个方面：计算机图形技术；三维实体造型；数据交换技术；数值计算；工程数据管理技术；管理信息系统。

4)CAE 软件的分类

CAE 软件可以按照不同的标准分类。按研究对象，可以分为静态结构分析软件和动态分析软件；按研究问题，可以分为线性问题分析软件与非线性问题分析软件；按物理场，可以分为结构(固体)分析软件、流体分析软件或电磁分析软件等。

衡量 CAE 技术水平的重要标志之一是分析软件的开发和应用。目前，ABAQUS、ANSYS、NASTRAN 等国外大型通用有限元分析软件已经被应用于国内汽车、航空、机械、材料等多个领域。中国的计算机分析软件开发是一个相对薄弱的环节，制约了 CAE 技术的发展，目前国家也在大力投入进行相关技术与软件系统的研发。

2.5.3　CAPP 技术

计算机辅助工艺规划(CAPP)是通过向计算机输入被加工零件的几何信息(图形/模型)和加工工艺信息(材料、热处理要求、公差要求等)，由计算机自动输出零件的加工路线和工序内容等工艺文件的过程[28]。简言之，CAPP 是利用计算机来制定零件的加工工艺过程，把毛坯加工成工程图纸(或模型)所要求的零件。

计算机辅助工艺过程设计也常被译为计算机辅助工艺规划。国际生产工程科学院(The International Academy for Production Engineering，CIRP)提出了计算机辅助规划(Computer Aided Planning，CAP)、计算机自动工艺过程设计(Computer Automated Process Planning，CAPP)等名称，CAPP 一词强调了工艺过程自动设计。

1)CAPP 的应用

工艺规划是生产技术准备工作的第一步，是连接产品设计与产品制造的桥梁，是生产过程中的关键性工作。CAPP 就是利用计算机技术来辅助完成工艺过程的设计并输出工艺规程，可缩短工艺设计周期，对设计变更做出快速响应，提高工艺部门的工作效率和工作质量。

　　工艺规程是零件加工、工装设计与进行制造的主要依据，对组织生产、保证产品质量、提高生产率、降低成本、缩短生产周期及改善劳动条件等都有直接的影响。工艺设计的主要任务有制定装夹方法、安排工序、选择机床、选择刀具、选择特征的加工方法/加工顺序/加工参数。

　　2）CAPP 的主要内容与流程

　　CAPP 的主要内容包括：选定加工方法、安排加工顺序；选定机床设备、刀具、夹具、辅具、量具；确定定位基准、工艺基准、测量基准；确定工序余量、毛坯类型及其尺寸、尺寸公差；选择切削用量；计算工时定额、加工成本；编制以上所有的技术文件和资料。数控加工工艺设计的典型流程如图 2-34 所示。

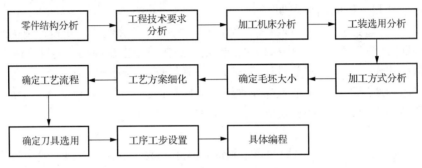

图 2-34　数控加工工艺设计的典型流程

　　3）CAPP 技术分类

　　按照零件加工工艺的生成方式与 CAPP 系统类型，CAPP 技术可分为检索式 CAPP 技术、派生式 CAPP 技术、创成式 CAPP 技术和基于特征的 CAPP 技术。

　　(1)检索式 CAPP 技术：用于零件标准工艺。将设计好的零件标准工艺进行编号，并存储在计算机中，当制定零件的工艺过程时，可根据输入的零件信息进行搜索，查找合适的标准工艺。

　　(2)派生式 CAPP 技术：用成组技术原理将零件按几何形状及工艺相似性分类、归族，每一族有一个典型样件，并为此样件设计出相应的典型工艺文件，存入工艺文件库中。

　　(3)创成式 CAPP 技术：基于 CAPP 专家系统由系统中的工艺决策逻辑与算法对加工工艺进行一系列的决策，从无到有自动地生成零件的工艺规程[29]。由于零件结构的多样性、工艺决策随环境变化的多变性及复杂性等诸多因素，真正的纯创成式 CAPP 系统用于生产实际尚有一段艰苦的道路。

　　(4)基于特征的 CAPP 技术：以特征作为工艺知识的载体，通过特征的信息决策加工工艺，特别适用于多品种小批量生产的场景。

　　4）CAPP 涉及的关键技术

　　早期 CAPP 系统一般多为以成组技术(Group Technology，GT)为基础的变异式 CAPP 系统，主要技术内容包括零件信息的描述与获取、零件信息(几何拓扑及工艺信息)的输入、工艺设计决策机制、工艺知识的获取及表示和工艺数据库的建立。

　　其中工艺设计决策机制的核心为特征加工方法的选择、零件加工工序及工步的安排及组合，故其主要决策内容如下：①工艺流程的决策；②工序决策；③工步决策；④工艺参数决策。为保证工艺设计达到全局最优化，系统把这些内容集成在一起，进行综合分析、动态优化、交叉设计。

工艺设计需要随设计人员、资源条件、技术水平、工艺习惯而变。要使工艺设计理念在企业内得到广泛有效的应用，就必须总结出适应本企业零件加工的典型工艺及工艺决策方法，用不同的形式表示这些经验及决策逻辑。

2.5.4　CAM 技术

计算机辅助制造(CAM)是指利用计算机辅助完成从生产准备到产品制造整个过程的活动，即直接或间接地把计算机与制造过程和生产设备相联系，用计算机系统进行制造过程的计划、管理以及生产设备的控制与操作运行，处理产品制造过程中所需的数据，控制和处理物料(毛坯和零件等)的流动，对产品进行测试和检验等。

数控加工主要分为程序编制和加工过程两个步骤。程序编制是根据图纸或 CAD 信息，按照数控机床控制系统的要求，确定加工指令，完成零件数控程序编制；加工过程是将得到的数控程序传输给数控机床，控制机床各坐标的伺服系统，驱动机床，使刀具和工件严格按执行程序的规定相对运动，加工出符合要求的零件。

CAM 中最为核心的技术是数控技术。通常零件结构采用空间直角坐标系中的点、线、面的数字量表示，CAM 就是用数控机床按数字量控制刀具运动，完成零件加工的。刀具轨迹生成是 CAM 领域研究的重点。针对各类复杂形状，综合考虑零件的质量要求、机床特性、刀具特点等因素，生成优化的刀轨往往具有很大挑战。在生成零件的加工轨迹后，根据数控系统的加工指令系统及其规则，经后置处理生成数控机床控制所需的数控(Numerical Control, NC)代码，一般称为 G 代码。图 2-35 为不同特征的刀轨示意图。

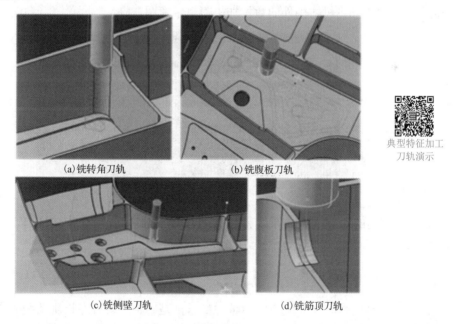

典型特征加工
刀轨演示

(a)铣转角刀轨　　　　　(b)铣腹板刀轨

(c)铣侧壁刀轨　　　　　(d)铣筋顶刀轨

图 2-35　刀轨示意图

CAM 系统和数字化装备结合可以实现无纸化生产，为计算机集成制造系统(Computer Integrated Manufacturing Systems，CIMS)的实现奠定基础，CAD/CAPP/CAM 系统的工作流程如图 2-36 所示。

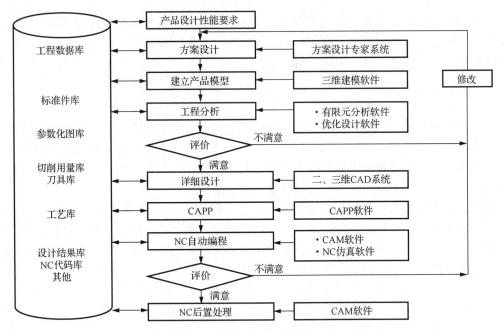

图 2-36　CAD/CAPP/CAM 系统的工作流程

CAM 的基本功能包括：图形识别、显示；图形计算(求交、求和、减法运算)；加工路径规划；干涉与碰撞检验；工艺参数设置与录入；结合特定机床的后置处理；加工代码的生成与导出。图 2-37 为飞机结构件的数控加工刀轨示意图。

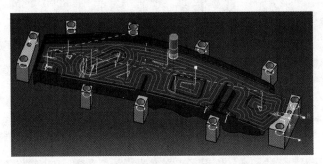

图 2-37　飞机结构件的数控加工刀轨示意图

行业内常用的 CAD/CAM 系统有 CATIA、Siemens NX、Pro/E、SolidWorks、SolidEdge、AutoCAD 以及国内的 CAX、开目、中望等。

2.5.5　CNC 技术

计算机数字控制(CNC)机床简称数控机床，是一种装有程序控制系统的自动化机床，主要用于大规模的加工零件。该控制系统能够有逻辑地处理具有控制编码或其他符号指令规定的程序，通过计算机将其译码，从而使机床执行规定好了的动作，通过刀具切削将毛坯料加工成半成品/成品零件。20 世纪 50 年代，美国麻省理工学院成功研制出第一台数控铣床。1970年首次展现出第一台用计算机控制的数控机床。典型的计算机数控系统界面如图 2-38 所示。

数控机床相对于传统机床具有以下特点：加工精度高，能加工复杂几何形状的零件。针对新零件的准备时间短，加工效率高，自动化程度高。

数控机床的主要部件包括：机床身、立柱、主轴、进给机构等机械部件组成的主机；硬件及相应软件组成的数控系统；主轴驱动单元、进给单元、主轴电机及进给电机等组成的运动模块；液压和气动装置、排屑装置、交换工作台、数控转台、数控分度头、刀具及监控检测装置等辅助装置；在机外进行零件程序编制、存储的附属装置。图 2-39 为典型数控机床。

图 2-38　华中数控 CNC 系统界面

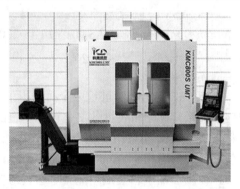

图 2-39　大连科德数控机床

2.5.6　MBD 技术

基于模型的定义（Model Based Definition，MBD）是用集成的三维实体模型来完整表达产品定义信息，详细规定了三维实体模型中产品定义、公差的标注规则和工艺信息的表达方法。三维实体模型成为生产制造过程中的唯一依据，改变了传统以工程图纸为主，而以三维实体模型为辅的制造方法[30]。如图 2-40 所示，MBD 数据集包含相关设计数据、实体模型、坐标系、三维标注（含尺寸、公差及其注释）、工程注释、材料要求及其他定义数据集要求。

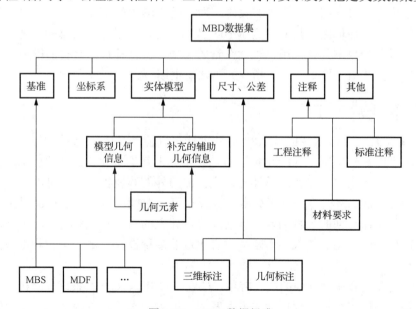

图 2-40　MBD 数据组成

1) 应用 MBD 技术的意义

3D 模型作为制造依据能够实现单一数据源，消除双源数据之间的不协调，提高数据的安全性。虽然三维模型包含了二维图纸所不具备的(详细准确的)形状信息，但是以前的三维数模中不包括几何公差、尺寸公差、表面粗糙度、材质、热处理和表面处理方法、润滑剂及润滑方式、油漆涂刷范围和颜色、要求符合的规格与标准等，这些非形状或非几何信息仅靠形状是无法表达的。基于这一情况，美国机械工程师学会(American Society of Mechanical Engineers，ASME)联合波音公司于 2003 年制订了《数字化产品定义数据规程》(*Digital Product Definition Data Practices*) ASME Y14.41-2003 标准，其主导思想不只是简单地将二维图纸的信息反映到三维模型中，还要充分利用三维模型所具备的表现力，去探索便于用户理解、更具效率的设计信息表达方式。

波音 787 飞机研制过程中全面采用了 MBD 技术，建立了三维数字化设计制造一体化集成应用体系，开创了飞机数字化设计制造的崭新模式。波音公司要求波音 787 飞机全球合作伙伴采用 MBD 模型作为整个飞机产品制造过程中的唯一依据。该技术将三维产品制造信息(3D Product Manufacturing Information，PMI)与三维设计信息共同定义到产品的三维数字化模型中，使产品加工、装配、测量、检验等实现高度集成，数字化技术的应用有了新的跨越式发展。

我国的大飞机设计和制造现在也正逐步实施和应用 MBD 技术，该项技术对飞机制造技术必然会带来实质性的变革。应用 MBD 技术后，不仅产品定义形式上发生了转变，企业工作模式以及数据传递管理模式也发生了改变，需要在 MBD 设计模型的基础上创建工艺衍生模型，增加必要的工艺信息[31]。值得注意的是，工艺衍生模型必须与设计模型严格区分，确保产品设计模型在工艺设计环节不被修改。

2) 工艺衍生模型的分类

工艺衍生模型是在工艺设计和零部件生产加工中使用的反映工艺中间过程、辅助表达工艺信息的三维模型、二维图表等形式的载体，为满足 MBD 数据传递快速、易于工艺文件集成的需求，借助一种轻量化工具来表达 MBD 数据，并加入了工艺信息的工艺表达模型。工艺衍生模型可以分为以下几种：用以表达余量的模型、工艺耳片凸台类的模型、工艺要求的表达模型、质检工艺衍生模型、加工指令的工艺衍生模型。

2.5.7 CAX 集成技术

CAX 是 CAD、CAM、CAE、CAPP 等各项计算机辅助设计/制造技术的综合叫法，这是因为所有缩写都以 CA 开头，X 表示所有。CAX 实际上是把多元化的计算机辅助技术集成起来复合和协调地进行工作，在产品设计时，设计部门外的其他各部门也可以提前介入，无须等待上一道作业完成后才开始下一道作业，缩短了开发时间；同时，在产品设计早期，能很好地考虑到产品生命周期的各种因素，提前发现设计上的错误和误差，及时进行修正。在设计过程中，可以按照市场的需求，不断提出可比较的多种设计方案，从而获得最优化的设计成果和效益[32]。

经过多年的发展和在企业中的成功应用，CAD、CAPP、CAM 系统分别在产品设计自动化、工艺过程自动化和数控编程自动化方面发挥了很大的作用，成为企业信息化的重要组成部分。但这些系统各自独立，不能实现信息在各系统间的自动转换和共享。例如，用 CAD 系统进行产品设计的结果是只能输出图样、模型和技术文档，不能直接为 CAPP 系统所利用，需要转化成 CAPP 系统所需要的信息，再通过人机交互输入 CAPP 系统。同样，在 CAM 系统进行工作时，CAPP 系统输出的工艺规划需要由人工转化成 CAM 系统需要的文件和数据，并输入 CAM 系统中。这些系统间数据的人工转换效率低，随机错误率高。因此，随着各系统应用的深入，系统间的集成变得非常重要。

CAD/CAPP/CAM 集成能够实现以下目标：①实现完整的从产品定义数据的数字交换；②生成标准化的数据结构，并通过接口进行数据转换；③CAPP 系统直接读入 CAD 系统生成并经过转换的数据，生成零件加工工艺规程；④CAM 系统读入 CAPP 系统生成并经过转换的数据，生成加工零件的数控程序[27]。总的来说，就是实现 CAD/CAPP/CAM 系统之间的信息集成和数据共享。

CAD 系统采用面向拓扑学和几何学的数学模型，主要用于完整地描述零件几何信息，但对于非几何信息，如精度、公差、表面粗糙度和热处理等，则没有在计算机内部的逻辑结构中得到充分表达，从而在 CAD、CAPP、CAM 和 CAE 之间出现了信息中断。而 CAD/CAE/CAPP/CAM 的集成，除要求几何信息外，更重要的是需要面向加工过程的非几何信息。建立 CAPP 和 CAM 子系统时，既需要从 CAD 子系统中提取几何信息，还需要补充输入上述非几何信息，其中包括输入大量加工特征信息，因此，人为干预量大，数据大量重复，无法实现 CAD/CAE/CAPP/CAM 的完全集成。

CAX 集成可以分为信息集成、过程集成、功能集成。集成方案归纳起来主要有基于特征的集成技术、基于数据交换接口的集成技术、基于产品数据管理(Product Data Management，PDM)的集成技术、面向协同设计的集成技术四种，其中基于特征的集成技术应用较为广泛。

CAX 采用的关键技术主要有以下几方面：建立 CAD/CAE/CAPP/CAM 范围内相对统一的、基于特征的产品定义模型；集成数据管理主要通过文件来实现 CAD 与 CAE/CAPP/CAM 之间的数据交换；通过产品数据交换标准保证数据传输完整、可靠和有效；采用集成框架使多用户并行工作、共享数据。

2.5.8　CAM/CNC 集成技术

在实际生产中，考虑机床特性的加工刀轨不仅有助于选择合理的切削参数，优化加工中的切削力，提高加工质量，而且可以充分发挥机床性能，提高生产效率。CAM/CNC 集成的内涵是实现 CAM 和 CNC 系统间的信息共享，是达到以上目的的有效途径。目前针对 CAM/CNC 集成的研究主要包括：在 CAM 阶段考虑 CNC 系统信息，生成符合机床特性的加工刀轨；在 CNC 阶段考虑 CAM 系统中几何和工艺信息，在加工过程中，根据实际加工状况自适应调整刀轨以及对加工过程进行监测；将监测的加工过程实时信息反馈给 CAM 系统，为后续零件数控加工的工艺优化提供依据。

CAM/CNC 集成的实质是实现 CAM 系统和 CNC 系统间信息的共享和交换。实现 CAM/CNC 集成具有以下难点：

(1)CAM、CNC 属于不同的软件系统，各自系统的信息类型不同，在 CAM 中主要是特征的几何与工艺信息，而 CNC 中的信息是特征加工状态信息，如何构建统一的信息模型是实现 CAM/CNC 集成的关键；

（2）如何对复杂特征中间状态的几何信息与工艺信息及其关联关系进行形式化表达，并根据不同机床的性能差异，对数控加工程序的切削参数和加工刀位点进行自适应移植是一个难点；

（3）不同机床的运动学特性和动力学特性都存在显著差异，在 CAM 系统中如何根据不同机床的特性对刀轨进行优化也是一个难点。

通过 CAM/CNC 集成，能够保证 CAM 系统根据实际加工情况优化刀轨，提高 CNC 系统的智能性。CAM/CNC 集成是实现计算机集成制造的重要技术。针对 CAM/CNC 的集成，国内外的已有研究主要分为基于 STEP-NC 的 CAM/CNC 集成方法和基于 Function Block 的 CAM/CNC 集成方法。

STEP-NC（ISO14649）本质上是 STEP 在 CNC 领域的扩展，STEP 定义了零件 CAD 数据标准，STEP-NC 则在 STEP 的基础上增加了制造工艺信息[33]。STEP-NC 专注于进行产品全生命周期数据的无缝集成工作，提供了 CNC 与 CAX 之间的数据接口。曾有一段时期，基于 STEP-NC 的研究非常热门，关于 STEP-NC 的研究项目很多，但由于与工业界的实际应用有一定的差距，现今关于 STEP-NC 的研究变得很少。

Function Block 是工业过程测量和控制系统的规范，是一种事件驱动型模型，提供了数据流和有限状态的自动控制[34]。由于 Function Block 可以被视为具有某个基本功能的可执行单元，因此 Function Block 可以为互操作系统提供一个有用的 CNC 控制器和控制策略。

2.5.9　数控机床误差补偿技术

数控机床误差补偿技术是一种用于改善数控机床加工精度的方法，通过对机床误差进行测量、分析和补偿，来减小加工过程中的误差，提高零件的尺寸和形状精度。以下是一些常见的数控机床误差补偿技术。

（1）几何误差补偿：几何误差是由机床结构和运动系统引起的，如导轨间隙、螺纹传动间隙、刚性变形等。几何误差补偿技术通过在数控系统中根据机床的几何误差模型进行补偿，使加工过程中的实际运动轨迹更接近期望轨迹，从而提高加工精度。

（2）热误差补偿：机床在工作过程中会受到热膨胀的影响，导致尺寸变化和形状偏差。热误差补偿技术通过在数控系统中监测机床的温度变化，并根据温度变化模型进行补偿，来抵消热效应引起的误差。

（3）刀具半径补偿：在数控铣床和数控车床等加工过程中，刀具的实际切削轨迹与理论轨迹可能存在偏差。刀具半径补偿技术通过在数控系统中补偿刀具半径误差，使实际切削轨迹更加接近期望轨迹，从而改善加工精度。

（4）轨迹偏差补偿：在数控机床加工过程中，由于各种因素的影响，如切削力、刚性变形等，实际加工轨迹可能与期望轨迹存在偏差。轨迹偏差补偿技术通过在数控系统中对加工轨迹进行测量和分析，并进行偏差补偿，使实际加工轨迹更加接近期望轨迹。

这些误差补偿技术可以单独应用或结合使用，应根据具体的加工需求和机床特点进行选择和应用。它们需要合适的传感器和测量设备进行误差检测，并在数控系统中进行参数设置和控制。同时，准确的误差模型和算法也是实现有效误差补偿的关键。

2.5.10　数控加工检测一体化技术

数控加工检测一体化技术是将数控加工和工件检测相结合，实现在同一设备上进行加工和检测的技术。这种技术的主要目的是提高加工效率、降低成本，并确保零件的质量和精度。

数控加工检测一体化技术通常包括以下方面的内容。

(1)在数控机床上集成检测功能：传统的数控机床主要用于加工操作，而在数控加工检测一体化技术中，还要将检测装置集成到数控机床中。这可能包括传感器、探头或测量装置，用于实时监测加工过程中的尺寸、形状、表面质量等关键参数。

(2)在数控系统中实现检测算法和数据处理：数控系统中的软件部分需要开发相应的算法和功能，以解析和处理来自检测装置的数据。这些算法可以用于计算尺寸偏差、形状误差、表面粗糙度等加工质量指标，并进行实时监控和控制。

(3)自动补偿和控制策略：通过与数控系统的集成，检测结果可以用于自动调整数控机床的加工参数，如刀具路径、切削速度、进给速度等。这样可以实现实时的误差补偿和自适应控制，以保证零件的加工质量和精度。

(4)数据反馈和追溯：数控加工检测一体化技术还可以将检测数据与产品追溯系统结合起来，以跟踪和记录零件的加工过程和质量信息。这对于质量控制、问题分析和追溯非常有用。

通过数控加工检测一体化技术，可以实现实时监控和控制加工过程，提高生产效率和产品质量，同时减少人工干预和检验的需求。这对于制造过程自动化和智能制造的发展具有重要意义。

2.5.11　智能数控机床

智能数控机床是指在传统数控机床的基础上，通过引入智能化技术和系统，使机床具备更高的自主性、自适应性和智能化程度。智能数控机床集成了感知、决策和执行等智能功能，能够实现自主调整、优化加工过程，并具备自学习和自适应能力。

智能数控机床的特点包括以下几方面。

(1)感知和决策能力：智能数控机床具备感知环境和工件的能力，通过传感器、视觉系统等实时获取加工过程中的数据和工件信息。同时，基于这些数据进行决策，选择合适的加工参数、路径和策略，以优化加工过程。

(2)自学习和自适应能力：智能数控机床可以通过学习和适应来改进加工质量和效率。它能够分析和识别加工过程中的变化和偏差，通过自主学习调整参数和路径，提高加工精度和稳定性。

(3)实时监测和控制能力：智能数控机床可以实时监测和控制加工过程，通过实时数据分析和反馈控制，及时调整加工参数和路径，确保加工质量和稳定性。

(4)与其他系统的集成能力：智能数控机床可以与其他生产系统、ERP 系统、远程监控系统等进行数据交换和集成，实现生产信息的共享和协同，提高生产效率和资源利用率。

智能数控机床的发展促进了制造业的数字化转型和智能制造的实现。它能够适应复杂多变的生产环境和需求，提高加工效率、质量和柔性，并为智能工厂和个性化生产提供支持。

2.6　网络化制造技术基础

网络化制造是指通过采用先进的网络化技术、制造技术及其他相关技术，构建面向企业特定需求的基于网络的制造系统，并在系统的支持下，突破空间对企业生产经营范围和方式的约束，开展覆盖产品整个生命周期全部或部分环节的企业业务活动(如产品设计、制造、销售、采购、管理等)，实现企业间的协同和各种社会资源的共享与集成，高速度、高质量、低成本地为市场提供所需的产品和服务。网络化制造技术也是实现智能制造的重要基础。网络化制造概念如图 2-41 所示。随着网络化技术的发展，网络化制造新技术和新模式不断涌现，本节将结合网络化制造的基础技术和模式进行介绍。

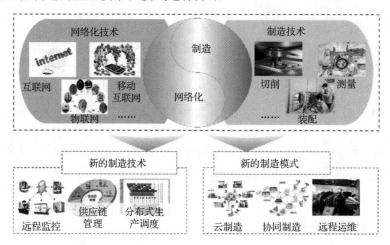

图 2-41　网络化制造

2.6.1　OPC UA

对象链接与嵌入的过程控制(Object Linking and Embedding for Process Control，OPC)建立了 Windows 应用程序和现场过程控制的连接，可以存储和读取现场设备的数据信息，是具有高效性、可靠性、开放性、互操作性的工业场设备通信标准。应用 OPC 前后的差别如图 2-42 所示。

OPC 规范建立的核心是 **OPC DA(OPC Data Access)**，使得用户可以访问实时过程数据，并为多种编程语言环境分别提供不同的访问机制。在 OPC 技术出现之前，每个应用软件的开发商都需要编写专用的接口函数以便于存取现场设备的数据信息。通常需要用到各种各样的现场设备，且产品不断升级换代，给用户和开发商造成巨大的工作量，难以满足工艺现场的实际使用要求。

OPC UA(OPC Unified Architecture) 是 OPC 新技术，其更加安全、可靠、中性。为了应对标准化和跨平台的趋势，以及更好地推广 OPC，OPC 基金会近些年在之前 OPC 成功应用的基础上推出了一个新的 OPC 标准——OPC UA。OPC UA 接口协议只使用一个地址空间就能访问之前所有的对象，而且不受 Windows 平台限制，因为它是从传输层以上来定义的，使得灵活性和安全性比之前的 OPC 都提升了。

OPC UA 实质上是一种抽象的框架，是一个多层架构，其中的每一层完全是从其相邻层抽象而来的。这些层定义了线路上的各种通信协议，以及能否安全地编码/解码包含数据、数据类型定义等内容的讯息。利用这一核心服务和数据类型框架，人们可以在其基础上(继承)轻松添加更多功能。

OPC UA 将成为一个转换工具。其他协议/标准(如 BACnet)可以非常轻松地转换为 OPC UA 内的一个子集。

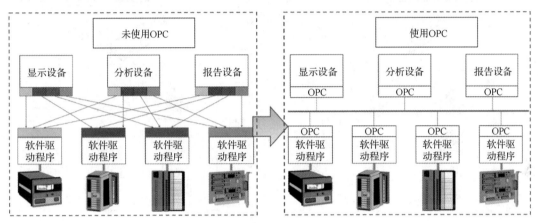

图 2-42　应用 OPC 前后的差别

2.6.2　DNC

分布式数控(**Distributed Numerical Control，DNC**)通常是指计算机直接数控或者分布式数控，用一台大型计算机同时控制多台数控机床，采用 RS-232C 串口通信、工业现场总线通信等方式通信。其本质是计算机与具有数控装置的机床群使用计算机网络技术组成的分布在车间中的控制系统。DNC 信息采集模块作为 DNC 系统的重要组成部分，用来采集、分析加工过程中的各种实时信息。DNC 系统示意图如图 2-43 所示。

DNC 信息采集技术采用软件和硬件结合的方式实现加工状态信息的采集，包括软件和硬件两部分。其中软件部分以开放式数控系统为基础，硬件部分主要指的是实时监测检测设备。软件部分包括控制、信息采集、数据通信、数据存储、数据查询和数据处理模块；硬件部分则依据采集指令获取加工中的实时信息。

1)控制模块

控制模块是基于 DNC 技术的加工过程信息采集的核心模块,用于管理控制其他模块的运行。

2)信息采集模块

采集模块用于采集加工中的实时信息。信息的采集包括两部分：软件采集和硬件采集。软件采集主要是基于开放式数控系统接口读取数控系统信息，获取机床运行、加工时间、当前加工程序等信息；硬件采集则是通过传感器获取加工实时信息。

3)数据通信模块

基于 DNC 技术的加工过程信息采集指通过软件和硬件两部分来完成加工过程信息的采集。为了将硬件采集的信息传输到 CNC 系统，需要通过数据通信模块实现软硬件间的数据通信。

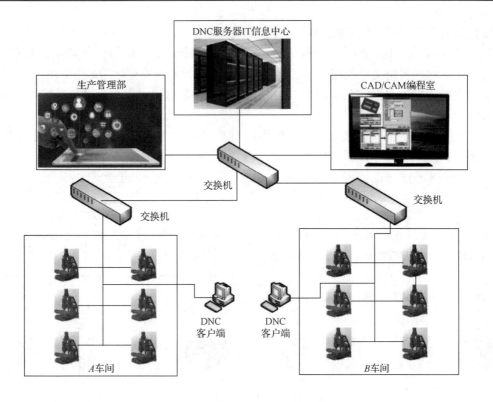

图 2-43　DNC 系统示意图

4)数据存储模块

数据存储模块用于保存采集到的特征中间状态信息，并将这些信息同特征中间状态建立关联关系。

5)数据查询模块

数据查询模块方便用户查询同特征中间状态相关的实时信息。

6)数据处理模块

数据处理模块主要是对采集的信息进行分析。通过对数据的处理可以计算机床相关的载荷和利用率，如机床负荷率、加工效率等。

典型的 DNC 系统主要包括的功能如下：数控机床的通信与联网；DNC 代码管理；DNC 机床数据采集；DNC 统计分析；机床状态的可视化监控。

2.6.3　CPS

自"中国制造 2025"提出以来，越来越多的中国制造企业开启了探索制造业升级的道路，其中的一个核心是信息物理系统(CPS)。

1)信息物理系统的概念

信息物理系统是一个综合计算、网络和物理环境的多维复杂系统，通过计算(Computation)、通信(Communication)和控制(Control)技术的有机融合与深度协作，实现大型工程系统的实时感知、动态控制和信息服务。信息物理系统实现了计算、通信与物理系

统的一体化设计，可以使系统更加可靠、高效、实时协同，具有重要且广泛的应用前景。信息物理系统通过人机交互接口实现和物理进程的交互，使用网络化空间以远程的、可靠的、实时的、安全的、协作的方式操控一个物理实体。

2) 物联网是物理系统和信息系统的纽带

在制造领域，信息世界(Cyber)是指工业软件和管理软件、工业设计、互联网和移动互联网等；物理世界是指能源环境、人、工作环境、工厂以及机器设备、原料与产品等。这两者一个属于虚拟世界，一个属于实体世界；一个属于数字世界，一个属于物理世界，将两者实现一一对应和相互映射的是物联网，因其是在工业中应用，又称其为工业物联网。我们通常又将其等同于美国提出的工业互联网。

从本质上来说，CPS 和工业互联网(工业物联网)并无本质的区别，只是表述的角度不同而已，其根本的目的就是智慧制造。

工业物联网是物理系统和信息系统的纽带，也是实现物理和信息系统一一对应和相互映射的关键。

3) CPS 是虚拟数字世界和实体物理世界的融合

随着物联网技术的发展，虚拟数字世界成为我们深切感知的现实。CPS 实现了信息世界与物理世界的融合，创造出了一个真正的虚实结合的世界。通过物联网技术实现了物理系统和信息系统的互联，通过传感器、射频识别(RFID)等对物体的感知，将感知信息经过物联网关转化为计算机可以读取的数字，以各种数字传输的手段汇集到云平台转化为可以利用的数据，实现数字感知，经过算法等人工智能处理，再通过网络通信向生产设备传达如何采取正确操作。

2.6.4　多源异构数据同步关联

在数控加工过程中，常常需要处理来自多个不同传感器的数据，采样频率不同，数据的结构也不同，各传感器信号的采样点匹配出错可能导致错误的关联关系。针对多种重要信息互相耦合、多源信息异构和难以实时同步等问题，实现多源数据同步可以保证信息交互的实时性、准确性和高效性。

数控加工过程中的采集数据包括外置传感器数据和数控系统内置传感器数据。首先基于 RTSI 总线和 OPC 通信协议分别实现数控加工外置传感器数据和数控系统内置传感器数据的同步采集，然后利用 LabVIEW 的 DAQmx 驱动，以共享触发和时钟的方式将两者融合到系统框架中，实现多源数据的同步采集。

1) 数控加工外置传感器数据同步方法

数控加工过程中产生的信号需要保持严格的实时同步，以输出有效的信息，例如，多个信号源同时产生数据，要求各采样点在时间序列上能一一对应。但是由于采样频率等存在不同，可能需要设计专用的电路或进行专门的软件编程才能达到目的。目前，可以通过在各数据采集卡和仪器模块中嵌入 RTSI 总线解决这一问题，从而实现多板卡的精确同步。

图 2-44 是采集过程实现同步的流程图。首先确定主设备的触发源，通过 MAX 配置和 LabVIEW 的函数编程将触发信号连接到 RTSI 总线上，初始化各项参数，然后开始循环执行数据采集过程，直到采集全部完成，断开设备与 RTSI 总线的通信，对数据进行分析处理。通过软硬件同时控制数据采集的整个过程，保证了采集的实时性和精度。

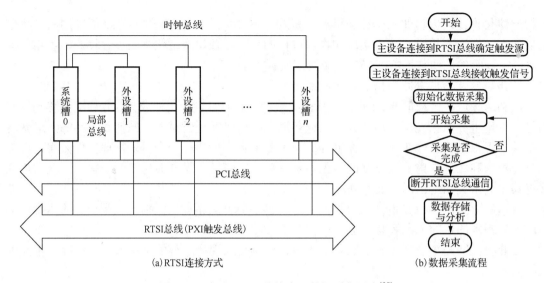

(a) RTSI 连接方式　　　　　　　　　(b) 数据采集流程

图 2-44　嵌入 RTSI 总线实现数据采集同步[35]

2) 数控系统内置传感器数据同步方法

数据采集系统使用 OPC 读取数控系统中的 PLC 寄存器数据。OPC 的数据访问机制见图 2-45。加工过程中,数控系统内置传感器输出的实时数据经数控机床的控制系统传输到 OPC 服务器,通过专门的 OPC 客户端软件或 LabVIEW 的 DSC 模块传输至上位机的显示器。OPC 服务器还可以通过本地控制或远程控制实现与不同应用程序的交互以及现场信息的共享。

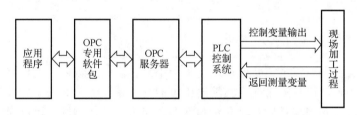

图 2-45　OPC 客户端在控制系统中的访问结构

在访问过程中,客户端通过接口浏览 Server 结构建立自己所需要的 Group。因为 Item 在服务器和客户端内的结构不同,所以在访问过程中服务器依然保持客户端登录的结构不变。

3) 多源监测信息同步方法

结合多领域用户的需求,信号采集系统摒弃了可读性差的代码形式,采用不同的 LabVIEW 工具包进行统一的图形化编程,实现了数控加工过程数据的实时监测与采集的可视化,降低了程序开发的标准,简化了硬件连接步骤,便于实现信号采集。系统支持的测量信号包括温度、压力、振动、声音、电压、电流、频率、光、电阻、脉冲、周期和数字信号等。DAQmx 为用户和设备提供了多种数据采集模块。在 LabVIEW 编程环境下,将数控加工外置传感器数据和数控系统内置传感器数据的采集模块添加到同一个项目中,使用对应的 VI 同时读取多张采集卡的缓存信息和机床内部的 PLC 寄存器信息,将获得的多源信息绑定。在统一的时基下,采用相同的触发方式、采样模式和采样频率,搭建多任务并行处理程序,实现了多源数据采集的同步触发和存储。多源数据同步采集架构如图 2-46 所示。

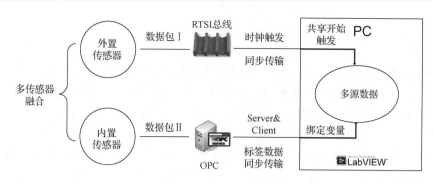

图 2-46　多源数据同步采集架构

2.6.5　数字孪生

数字孪生（Digital Twin），也称为数字映射、数字镜像、数字双胞胎，它利用物理模型、传感器信号、运行历史等数据信息，集成多学科、多物理量、多尺度、多概率的仿真过程，实现将实体装备映射在虚拟环境中，从而反映实体装备的全生命周期过程。

1)数字孪生的起源

美国空军研究实验室结构力学部门的 Pamela A. Kobryn 和 Eric J. Tuegel 在 2011 年 3 月的演讲 *Condition-based Maintenance Plus Structural Integrity (CBM+SI) & the Airframe Digital Twin*（"基于状态的维护+结构完整性和战斗机机体数字孪生"）中首次明确提到了数字孪生。国家发展改革委和中央网信办在 2020 年 4 月首次指出数字孪生技术是七大新一代数字技术之一，同时还单独提出了"数字孪生创新计划"。

简而言之，数字孪生就是在虚拟环境中创造一个与实体设备相应的数字版"孪生体"，其依据本体的物理模型、传感器采集的数据以及历史运行数据，将本体的实时状态和外界环境条件在孪生体上进行实时复现。数字孪生可以贯穿于产品的整个生命周期，包括设计、研发、制造、维护等多个阶段。通过数字孪生技术可以建立本体和孪生体之间的实时双向联系，本体将实时数据传送至孪生体，孪生体也可通过对整个系统进行分析预测向本体反馈信息，帮助本体进行决策和优化。此外，工程师也可以通过在孪生体上进行虚拟实验，对系统或产品进行设计优化，避免了在本体上进行实验的昂贵成本。

2)数字孪生的价值

工业制造领域是数字孪生的主要应用场景。数字孪生可以构建产品的数字化虚拟模型，对产品进行仿真测试和验证。在产品制造阶段，虚拟模型可以模拟设备的运转情况，并且可以调整设备参数。数字孪生技术可以有效提升产品的可靠性和实用性，降低产品研发成本和制造工艺确定成本。在产品维护阶段，数字孪生技术通过对设备运行数据进行实时采集和分析，可以预测设备运转状态，为维护人员提供关于故障发生或维护周期的参考依据。数字孪生技术为工业制造带来了显著的效率提升和成本下降，吸引了国内外众多工业企业和制造领域学者的广泛关注。美国国防部最早利用数字孪生技术建立了真实飞机的数字模型，用于飞机的健康维护与保障。美国通用电气公司号称已经可以为引擎、涡轮、核磁共振仪构造一个数字孪生体。

2.6.6　工业互联网

美国通用电气公司在 2012 年 11 月首次提出工业互联网 (Industrial Internet) 的概念，GE 的尹斯梅尔认为工业互联网，就是开放、全球化的网络，将人、数据和机器连接起来。工业互联网的目标是升级那些关键的工业领域。这是一个庞大的物理世界，由机器、设备、集群和网络组成，能够在更深的层面和更强的连接能力将大数据、数字分析相结合。这就是工业互联网革命。德国"工业 4.0"战略和"中国制造 2025"都将工业互联网作为第四次工业革命的基础设施。根据中国科学院对工业互联网最新的定义，即工业互联网是通过新型网络、人工智能、大数据等新一代信息技术在工业中的深度融合和创新应用，建立广泛连接人、机、物等各类生产要素的全球性网络，形成贯彻全产业链的实体联网、数据联网、服务联网的开发平台，是重塑工业生产制造与服务体系，实现产业数字化、网络化、智能化发展的重要基础设施[36]。

1) 工业互联网的关键要素

工业互联网的关键要素包括智能机器、高级分析和互联。智能机器将现实世界中的机器、设备、团队和网络利用各种各样的传感器、控制器和应用软件相互连接。高级分析集成了自动化、材料科学、电气工程等多个关键学科的深厚专业知识，使用基于物理或数据的分析方法、预测算法等手段来分析机器与大型系统之间的运作方式。此外，通过建立工作人员之间，以及工作人员与设备之间的实时连接，连接各种工作场所下的工作人员及设备，用于支持更为智能的设计、操作、维护以及高质量的服务与安全保障。

2) 工业互联网的架构

工业互联网的基本架构可细分为四层，即边缘层、基础设施 (IaaS) 层、平台 (PaaS) 层和应用 (SaaS) 层。

(1) 边缘层：也称边缘计算层。作为连接工业互联网和底层物理设备的桥梁，它主要负责对接不同厂商、不同协议设备，开展从物理层到平台层的数据采集与传输、异构设备协议解析与转换以及多元数据分析与处理，降低网络传输负载和云端计算压力。

(2) IaaS 层：也称基础设施层。主要包含一些与硬件服务器、数据存储、5G 网络及虚拟化技术相关的基础设施，可以为工业互联网平台的安全、稳定运行提供硬件支撑。

(3) PaaS 层：也称平台层，相当于一个开放的、可扩展的工业操作系统。基于底层通用的资源、流程、数据管理模块，建立与开发工具、大数据和数据模型库相关的微服务组件，将不同行业、不同场景的工具/技术/知识/经验等资源，封装形成微服务架构，供各类开发者快速地定制、开发、测试和部署各类 APP。

(4) SaaS 层：就是软件应用层。一方面，基于 PaaS 层的工业操作系统，将传统的工业软件部署到工业互联网平台中，这个过程称为"云化"；另一方面，吸引更多的第三方软件开发企业入驻到工业互联网平台中，提供一系列与工业互联网服务相关的 APP，有效促进工业互联网在实际工业系统中落地。

通过工业互联网，工业软件企业将传统的软件能力转化为 PaaS 及 SaaS，以更低的成本和灵活的交付优势吸引更多客户。

3）工业互联网的应用场景

工业互联网目前的主要应用包括利用传感器对数据进行感知与采集、通过总线等传输数据、利用机器学习算法对多源数据进行预处理、基于大数据建模与分析技术的云端大数据处理以及基于产品全生命周期的生产流程优化、排产调度、智能控制及故障诊断等。

目前工业互联网在应用方面主要存在以下难题。

（1）在边缘计算层方面，面临工业设备种类繁多、数量巨大，通信协议多样、数据格式各异以及企业数字化发展水平参差不齐等问题。

（2）在大数据分析方面，数据分析深度不够，深层次的资源调度、决策优化方面的产品和服务少，并且缺乏成熟的数据建模与分析模块。

（3）在数字孪生技术方面，由于工业机理复杂度各异，虚拟数字平台与物理产线生产过程映射比较粗糙，且基于特定场景的虚实协同有待进一步加深。

（4）在工业服务能力方面，目前工业互联网平台衍生出的产品和服务过于单一，无法满足多元化的行业需求；资源配置优化和生产过程管控方面的产品少，缺乏依托工业互联网平台的现代运作管理体系。

2.6.7　云制造

云制造（Cloud Manufacturing）是一种基于网络面向服务的智慧化制造新模式，云制造实现了信息化制造技术与云计算、物联网、服务计算及智能科学等新兴信息技术的融合式发展。云制造实现了各类制造资源和制造能力的虚拟化、服务化，创建了制造资源和制造能力的服务云池，进而实现了统一、集中的优化管理和经营。用户通过云端即可便捷地获取制造资源与制造能力服务，进而智慧地完成制造全生命周期的各类活动。

1）云制造运行模式

知识对云制造体系具有核心支撑作用：制造资源和制造能力的接入过程中，知识为智能化嵌入和虚拟化封装提供支持；制造云管理过程中，在知识的支持下实现云服务的智能查找等功能；制造全生命周期应用中，知识服务于系统的智能协作。云制造运行模式如图 2-47所示。

云制造系统的用户角色包括资源提供者、制造云运营者及资源使用者等。其中，资源提供者对产品全生命周期过程中的制造资源和制造能力进行感知、虚拟化接入，以服务的形式提供给制造云运营者；制造云运营者根据资源使用者的应用请求，实现对云服务的高效管理、运营；在制造云运营平台的支持下，资源使用者能够动态按需地使用各类应用服务，并能实现多主体的协同交互。

2）云制造体系架构

（1）物理资源层（P-layer）：该层基于嵌入式云终端技术、RFID 技术、物联网等，将各类物理资源接入网络中，实现物理资源的全面互联，进而为云制造虚拟资源封装和云制造资源调用提供接口支持。

（2）虚拟资源层（V-layer）：该层将接入网络中的各类制造资源汇聚成虚拟制造资源，基于云制造服务定义工具将虚拟制造资源封装成云服务，并发布到云层中的云制造服务层。

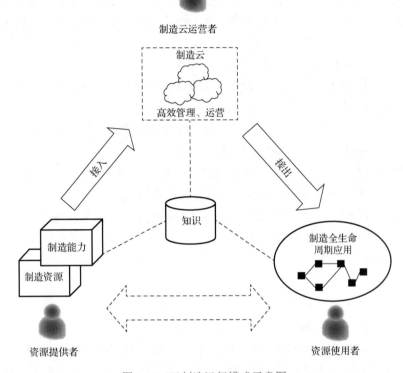

图 2-47　云制造运行模式示意图

(3)云制造服务层(C-layer)：该层的主要功能为汇集虚拟资源层发布的各类资源服务，从而搭建各类云制造中心。

(4)核心服务层(K-layer)：该层主要面向 CSP、CSU 及云服务运营商三类用户，提供的服务包括：针对 CSP 提供云服务标准化与测试管理、接口管理等服务；为 CSU 提供云任务管理、高性能搜索及调度管理等服务；为云服务运营商提供用户、系统、云服务、数据、云服务发布的管理服务。

(5)应用接口层(A-layer)：该层面向特定制造应用领域，为不同的专业应用以及用户注册、验证等提供接口服务。

(6)用户层(U-layer)：该层面向制造业的不同领域及行业,用户仅需通过云服务门户网站、各种用户界面,即可使用云制造服务中心的云服务。

3)云制造特征与关键技术

为实现云制造的资源共享和服务模式，云制造融合了云计算、物联网、高性能计算、服务计算、智能科学等信息技术与信息化制造(信息化设计、生产加工、实验、仿真、经营管理、集成)等多种新兴技术。

云制造面向定制化制造、不确定性制造及用户参与的制造等，关键技术主要包括制造资源和制造能力的虚拟化与服务化、多主体云制造服务全生命周期管理技术、多主体云制造服务平台的应用和运营技术、云制造资源调度、标准化技术及保密技术等。

2.7　本　章　小　结

智能数控加工技术是数控加工技术与智能技术结合的先进技术，涉及大量的人工智能基础技术和数字化网络化智能化基础技术。本章围绕智能数控加工技术涉及较多的人工智能技术的数学基础、人工智能关键技术、智能数控加工感知技术、数据处理与分析技术、数字化制造技术基础、网络化制造技术基础展开，为后续介绍智能数控加工关键技术奠定基础。

2.8　课　后　习　题

2-1　什么是人工智能，人工智能的基础技术是什么？

2-2　人工智能包括哪些关键技术，这些关键技术有哪些联系？

2-3　数控加工状态感知对保证加工质量有哪些作用？

2-4　数字化制造技术是什么，能够为制造带来哪些效益？

2-5　网络化制造的基础是什么，能够解决哪些问题？

参　考　文　献

[1]　李忠范, 高文森. 应用数理统计[M]. 北京: 高等教育出版社, 2009.

[2]　韩刚. 从欧几里得空间到拓扑空间[J]. 高等数学研究, 2015, 18(4): 8-10.

[3]　HINTON G E, OSINDERO S, TEH Y W. A fast learning algorithm for deep belief nets[J]. Neural computation, 2006, 18(7): 1527-1554.

[4]　LECUN Y, BOTTOU L, BENGIO Y, et al. Gradient-based learning applied to document recognition[J]. Proceedings of the IEEE, 1998, 86(11): 2278-2324.

[5]　周志华. 机器学习[M]. 北京: 清华大学出版社, 2016.

[6]　马骋乾, 谢伟, 孙伟杰. 强化学习研究综述[J]. 指挥控制与仿真, 2018, 40(6): 68-72.

[7]　刘全, 翟建伟, 章宗长, 等. 深度强化学习综述[J]. 计算机学报, 2018, 41(1): 1-27.

[8]　郭宪, 方勇纯. 深入浅出强化学习: 原理入门[M]. 北京: 电子工业出版社, 2018.

[9]　SUTTON R, BARTO A G. Reinforcement learning: an introduction[M]. Cambrige: MIT Press, 2017.

[10]　SCHULMAN J, LEVINE S, MORITZ P, et al. Trust region policy optimization[C]. Proceedings of the 32nd International Conference on Machine Learning, Lille, 2015.

[11]　SILVER D, LEVER G, HEESS N, et al. Deterministic policy gradient algorithms[C]. Proceedings of the 30th International Conference on Machine Learning, Beijing, 2014.

[12]　PAN S J, YANG Q. A survey on transfer learning[J]. IEEE transactions on knowledge and data engineering, 2010, 22(10): 1345-1359.

[13]　YOSINSKI J, CLUNE J, BENGIO Y, et al. How transferable are features in deep neural networks?[C]. Neural Information Processing Systems, Montreal, 2014: 3320-3328.

[14]　FINN C, ABBEEL P, LEVINE S. Model-agnostic meta-learning for fast adaptation of deep networks[C]. International Conference on Machine Learning, PMLR, Sydney, 2017: 1126-1135.

[15] 李凡长, 刘洋, 吴鹏翔, 等.元学习研究综述[J]. 计算机学报, 2021,44（2）: 422-446.

[16] CHEN M Y, ZHANG W, ZHANG W, et al. Meta relational learning for few-shot link prediction in knowledge graphs[C]. Proceedings of the 2019 Conference on Empirical Methods in Natural Language Processing and the 9th International Joint Conference on Natural Language Processing（EMNLP-IJCNLP）, Hong Kong, 2019: 4216-4225.

[17] LIU F. Meta-learning and ensemble methods for deep neural networks[D]. Boca Raton: Florida Atlantic University, 2020.

[18] HWANGBO J, LEE J, DOSOVITSKIY A, et al. Learning agile and dynamic motor skills for legged robots[J]. Science robotics, 2019, 4（26）: 1-14.

[19] LUTTER M, RITTER C, PETERS J. Deep Lagrangian networks: using physics as model prior for deep learning[C]. International Conference on Learning Representations, New Orleans, 2019: 1-17.

[20] MENG X H, KARNIADAKIS G E. A composite neural network that learns from multi-fidelity data: application to function approximation and inverse PDE problems[J]. Journal of computational physics, 2020, 401: 109020.

[21] 乔纳斯·彼得斯, 多米尼克·扬辛, 伯恩哈德·舍尔科普夫. 因果推理: 基础学习算法[M]. 李小和, 卢胜男, 程国建, 译. 北京: 机械工业出版社, 2019.

[22] 王东明, 陈都鑫. 因果推断: 起源和发展[J]. 控制工程, 2022, 29（3）: 464-473.

[23] HUA J Q, LI Y G, LIU C Q, et al. A zero-shot prediction method based on causal inference under non-stationary manufacturing environments for complex manufacturing systems[J]. Robotics and computer-integrated manufacturing, 2022, 77: 102356.

[24] 邹定国, 朱心雄. 参数化设计[J]. 航空制造工程, 1994（1）: 26-29.

[25] 李启炎, 郑邑, 智明. 基本图形交换规范 IGES 的分析与实现[C]. 全国第五届 CAD 与图形学学术会, 成都, 1988.

[26] 杨晟院, 舒适, 朱少茗. 基于 STL 文件的三角形表面网格的特征线提取[J]. 计算机工程与应用, 2008, 44（4）:14-19.

[27] 徐毅, 孔凡新. 三维设计系列讲座（3）: 计算机辅助工程（CAE）技术及其应用[J]. 机械制造与自动化, 2003,32（6）:146-150.

[28] 张振明, 许建新, 贾晓亮, 等. 现代 CAPP 技术与应用[M]. 西安: 西北工业大学出版社, 2003.

[29] 张旭梅, 但斌, 刘飞. 企业信息化工程[M]. 北京: 科学出版社, 2003.

[30] 刘华昌. 基于 MBD 的集成式 CAPP 技术研究与系统开发[D]. 镇江: 江苏科技大学, 2014.

[31] 李春燕, 刘军, 韩海群, 等. MBD 技术在机床行业中的应用[J]. 机械设计与研究, 2012, 28（1）:68-71.

[32] 王红伟. 基于 MPI 的注塑模计算机辅助分析及 CAx 集成技术研究[D]. 昆明: 昆明理工大学, 2005.

[33] 周刚. 基于 STEP-NC 的数控系统体系结构及其关键技术研究[D]. 杭州: 浙江大学, 2008.

[34] YUAN M Z, WANG Z, REN X D, et al. Function block-based pipelined controller[C]. 29th Annual Conference of the IEEE Industrial Electronics Society, Roanoke, 2003.

[35] 李晶晶, 李迎光, 刘长青, 等. 数控加工过程多源数据实时采集与同步方法[J]. 工具技术, 2019,53（7）:106-110.

[36] 许雪荷. 我国工业互联网技术路线与发展趋势研究[J]. 中国工业和信息化, 2021（4）: 58-64.

第3章 智能数控编程技术

智能数控编程技术是在数控加工工艺数据和工艺知识数字化表达的基础上，结合智能算法，实现高效高质量数控编程的技术。大型复杂产品的制造常常是一代装备一代工艺，即每研制一代新产品，便需要一代新的制造装备和制造工艺。新的装备只有在拥有相应工艺的情况下才能生产出合格的产品，而工艺编程的过程就是工艺生成的过程。数控编程大致经历了手工编程、APT 语言编程、交互式图形编程、智能编程四个发展阶段。基于特征的数控编程技术以加工特征为信息载体，能有效集成加工知识和经验，是实现智能编程的一种有效手段，也是智能编程技术发展的重要趋势。本章围绕智能数控编程技术，系统介绍加工特征定义、加工特征自动识别、工艺参数自动决策、驱动信息获取、加工轨迹规划技术和智能数控编程系统与实例等内容。

3.1 引　　言

国内各大型航空航天企业投入数百亿元的巨额资金购买大量先进的数控机床，但设备有效利用率低，其主要原因在于数控编程效率低、质量不稳定。随着整体件、薄壁件及特种材料构件的增多，数控编程工作量大幅度增加，结构件的数控编程日益成为影响飞机研制周期的重要瓶颈之一。目前航空航天结构件数控编程的主要问题如下。

(1)航空航天结构件尺寸大，结构复杂，加工特征多，包含大量自由曲面、相交特征和特殊加工区域，零件 CAD 模型数据量大，例如，飞机典型整体框长 3m 左右，宽 2m 左右，含有几百个加工特征，上千个子加工特征。

(2)数控编程过程中需人工选取大量几何参数和设置大量参数，重复性工作量大，效率低。航空航天结构件包含大量自由曲面、相交特征和特殊加工区域，如曲顶筋、阶梯槽、下陷等，数控编程过程中需创建大量辅助线、面等辅助几何，辅助性工作量大，效率低。

(3)数控编程在独立的 CAD/CAM 系统和 CAPP 系统间进行，编程过程中需在不同的系统间反复切换，效率低。

(4)数控编程质量依赖于编程人员的个人经验，缺乏统一的编程规范，不能有效集成加工知识和经验，程序编制质量不稳定。

对设计和制造过程中产品信息的产生、转换、存储、流通、管理进行分析和控制所用到的信息处理系统，统称为 CAX 系统，其中包括计算机辅助设计(CAD)、计算机辅助工艺规划(CAPP)和计算机辅助制造(CAM)这三个主要系统，也是进行数控编程的核心系统。

目前比较有影响力的数控编程软件系统有达索(Dassault)的 CATIA 系统、Siemens PLM Software 公司的 NX 系统、DelCAM 公司的 FeatureCAM 系统以及 Geometric 公司的 CAMWorks

系统。基于特征的数控编程技术以特征为信息载体，能有效集成加工知识和经验，是数控编程系统的主流技术。德国 Siemens 公司收购 UGS 后组建了 Siemens PLM Software 公司，大力推行"阿基米德计划"，其当时发布的 NX 6 系统中的 FBM 模块可实现加工特征识别、工艺决策和自动编程。英国的 DelCAM 公司在基于特征的加工技术上研究较早，FeatureCAM 系统也被认为是目前应用最为成功的基于特征的数控编程软件，具有加工特征自动识别和自动数控编程的功能。Geometric 公司的前身是 GSSL 公司，CAMWorks 系统与 Dassault Systems 公司的 SolidWorks 无缝集成，实现了加工特征的自动识别和自动数控编程。国内外多位学者也分别在 NX 平台、CATIA 平台、I-DEAS 平台、AutoCAD 平台等开发了自动数控编程软件模块，实现了刀轨自动生成。国内某航空企业在 20 世纪 90 年代与国内高校和研究机构合作对特征技术进行了研究，开发了基于特征的 FA-CAD/CAPP/CAM 系统，实现了 3C 集成环境下的自动数控编程。

国外各商品化的 CAM 软件可以通过不同方式进行一定的加工特征定义和加工参数选择，国内同类软件仅支持指定简单加工特征的几何参数和加工操作定义，应用范围有限。由于航空航天结构件几何和工艺的复杂性，目前尚未出现专门面向航空航天复杂结构件的商品化特征自动编程系统。

3.2　加工特征定义

数控编程是保证数控加工质量和效率的基础，对于复杂结构零件来说，工艺知识的重用能很好地提高数控编程效率，传统以零件为载体的方法难以实现单件小批量生产零件的工艺知识重用。研究表明，以加工特征作为复杂结构件加工工艺的载体，可以将大量相似的几何形状抽象出来，并可使用相似的加工工艺，有效地对加工工艺知识进行积累和重用，提升数控编程的规范性，有效缩短数控加工的准备周期。加工特征定义作为特征技术的基础，是影响加工特征识别及加工特征应用的重要因素。近年来，国际标准化组织、学术界和商业界对加工特征的具体解释及表达进行了大量的研究。

3.2.1　加工特征定义的基本方法

加工特征是具有一定加工语义的几何实体和相关信息。国际标准化组织在 ISO 10303 AP224 中[1]对加工特征的定义是：为了获得零件最终的几何形状，从原始毛坯中去除的那一部分材料体积。STEP AP224 按照固定的几何形状将加工特征定义为 17 种类别，其中有些类别还定义有子类别。STEP AP224 中定义的 17 类加工特征如图 3-1 所示。

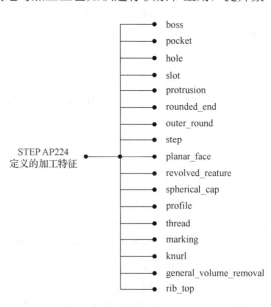

图 3-1　STEP AP224 中定义的 17 类加工特征

随着数字化设计制造技术的发展，现有的很多商业软件在 STEP 标准的基础上也对加工特征进行了定义，不同的商业软件对加工特征的定义也有所不同。

Siemens PLM Software 公司的 NX 软件主要采用加工模板的方式定义加工特征，一种特征对应一种加工模板，特征的几何和加工工艺都一一对应，主要包括铣削加工模板和孔加工模板。达索的 CATIA 软件针对一些形状和参数比较固定的特征进行了定义，包括槽特征、孔特征、倒角特征和狭槽特征等，并能够对特征进行识别。MasterCAM 软件也定义了槽特征、凸台特征、孔特征等，同时部分特征也包含子类特征，例如，槽特征包括通槽、封闭槽和开口槽等。FeatureCAM 软件提供了自动特征识别功能和交互特征识别功能，能够自动识别零件中的孔、槽和凸台等特征。同时，FeatureCAM 软件支持形状比较简单的特征由用户自定义。

迄今为止，国内外许多学者针对不同的应用领域，对特征的定义和表达进行了大量的研究，提出了不同的研究思路，同时特征的定义范围也扩大到产品的整个生命周期。通常将加工特征的定义与加工操作进行关联、与材料去除相关联或与工艺语义关联。目前有研究基于全息属性邻接图表达加工特征几何信息，进而实现加工特征用户自定义。历史数据中隐含了加工工艺，利用历史数据以及无监督聚类方法，在学习加工特征模式的基础上可以实现加工特征的定义。

3.2.2　典型加工特征定义方法

飞机结构件是构成飞机机体骨架和气动外形的重要组成部分，主要包括框、梁、壁板等多种类型，图 3-2 为几类典型飞机结构件。特征的概念已经被广泛应用于各个领域，由于特征定义与其应用领域相关，不同领域所考虑的产品的基本元素不同，因此对特征的定义和分类也往往截然不同。本节以飞机结构件为例，介绍飞机结构件典型加工特征的定义方法，主要包括筋特征、槽特征、孔特征和轮廓特征。

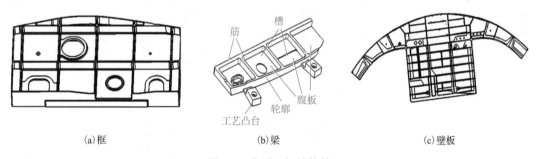

| (a)框 | (b)梁 | (c)壁板 |

图 3-2　典型飞机结构件

1. 筋特征

筋是飞机结构件中最常见的形状之一。飞机结构件中的筋形状各异，数量多，常位于槽腔、轮廓之间或槽腔内部，筋的类型也多，如图 3-3 所示，有开口筋、独立筋、耳片筋等。筋通常起加强结构件强度的作用，也有部分筋有一些特殊的功用。筋的形状是由结构件本身的设计以及工艺等诸多因素决定的。由于飞机结构件本身要求零件在保证强度的情况下尽可能轻，因而通常情况下筋的宽度只有 2～4mm，属于薄壁结构，这导致筋的加工必须采用合理的工艺，防止加工时产生变形。筋特征的主要几何元素包括主拓扑面集、拓扑边集、侧拓扑面集、约束面集和底面集，筋特征的结构如图 3-4 所示。

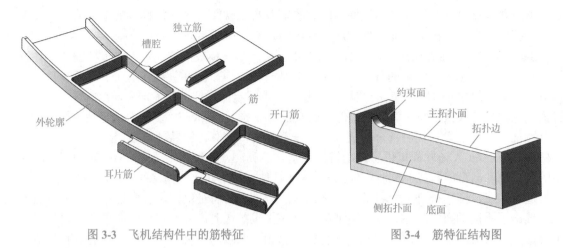

图 3-3 飞机结构件中的筋特征   图 3-4 筋特征结构图

筋特征的各拓扑结构详细介绍如下。

主拓扑面，指筋顶面，通常由平面、圆柱面或自由曲面组成，是筋特征的主要加工区域。

筋顶面常使用带圆底角的圆柱形铣刀进行加工。由平面构成的筋顶面最为常见，如图 3-5(a)所示，其加工工艺也较为简单，采用端铣加工。由圆柱面构成的筋顶面分为两类：一类是下层筋顶面与上层筋顶面的过渡圆弧面，如图 3-5(b)所示，采用点铣加工；另一类是刀具铣削筋顶面至约束面时，其底角部位切削材料后自然形成的圆弧面，如图 3-5(c)所示。由自由曲面构成的筋顶面是平面筋顶面与其他面的过渡区域，如图 3-5(d)所示，该区域常与另一零件具有配合要求，多采用行切以达到精度要求。

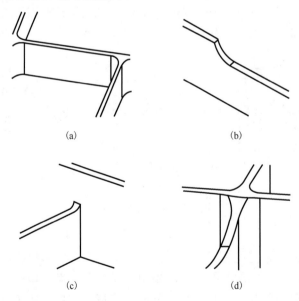

(a)   (b)

(c)   (d)

图 3-5 筋顶面示意图

拓扑边，指筋边，由主拓扑面与侧拓扑面相交的两条凸边列组成，是筋顶面加工刀轨计算的原始驱动几何元素，也是筋特征合并的依据。

侧拓扑面，指筋的侧面，通常由平面、圆柱面或曲面组成，同时也可能构成槽腔侧面或轮廓侧面，因此其加工受到所处部位的影响。

约束面，为筋两端的端面，它对筋顶面两端的加工边界起到约束作用，也可称为限制面。约束面通常为槽腔的侧壁面，其在筋特征两端上方的区域，不在槽腔侧壁的加工中完成，常常需要单独进行加工。约束面一般为一些平面或直纹面。约束面并非筋特征必须具备的几何结构，在一些筋中不存在约束面。

底面，通常为平面，筋底面限定了筋侧面加工的范围。

2. 槽特征

槽是飞机结构件中最常见的结构之一，其加工时间占整个飞机结构件加工时间的 80%以上。飞机结构件中的槽形状各异，常位于筋特征之间，由筋特征包围而成。槽的形状是由飞机结构件本身的设计以及工艺等诸多因素决定的。飞机结构件的等强度设计形成了大量复杂槽腔。由于飞机结构件本身要求零件在保证强度的情况下尽可能轻，因而通常情况下腹板厚度仅有 2～5mm，筋厚也仅为 4mm，属于薄壁结构，这导致槽的加工必须采用特殊的加工工艺，防止加工时产生变形。

为了研究槽特征的数控加工，本节给出了槽特征的定义。

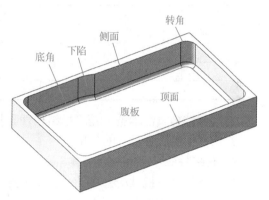

图 3-6　槽特征结构图

1) 飞机结构件槽特征的几何属性定义

飞机结构件中，槽特征是依据几何形状和加工工艺的特点而划分的一类特征。如图 3-6 所示，槽特征的主要几何元素包括腹板、底角、侧面、转角、下陷和顶面等。

2) 飞机结构件槽特征的非几何属性定义

飞机结构件槽特征的分类复杂，其复杂特殊性主要由以下几类结构属性构成：槽腹板面类型，槽侧面类型，附着元素情况，是否与轮廓相邻，是否为开口槽，是否为单层槽。槽特征的分类情况如表 3-1 所示。

表 3-1　槽特征的分类

槽腹板面类型	槽侧面类型	附着元素情况	是否与轮廓相邻	是否为开口槽	是否为单层槽
平底	直壁	子槽	否	否	否
斜底	开角	凸台	是	是	是
曲底	闭角	下陷			
	变角				

这几类结构属性本质上是飞机结构件包含大量自由曲面、复杂拓扑和相交特征等特点在结构上的具体体现：曲底、开闭角槽侧面与变角槽侧面等是自由曲面的具体体现；附着元素与开口槽等是复杂拓扑和相交特征的具体体现；与轮廓相邻的槽侧面容易受外轮廓自由曲面的影响，因而也是自由曲面的具体体现。

3. 孔特征

孔特征是飞机结构件中常见的一种形状。飞机结构件中孔形状各异，数量多，常位于槽腔侧壁、轮廓侧壁、槽腔内部或者凸台中，孔的类型多，有一般圆孔(通孔和非通孔)、非圆孔、锥孔、沉头孔等。孔一方面起装配定位的作用，另一方面作为飞机后期装配过程中一些电路或者管路的通道，也有部分孔用于特殊用途。

孔的形状和大小是由结构件本身的设计以及加工工艺等诸多因素共同决定的。由于飞机结构的严格要求，飞机结构件中的孔特征大小和加工精度的要求各不相同，这导致孔的加工必须采用合理的工艺，以满足加工要求。孔特征的主要几何元素包括入口面、壁面、有效底面和过渡面。孔特征的结构表示如图 3-7 所示。

飞机结构件孔特征的分类复杂，其复杂特殊性主要有以下几类：首先是一般孔和沉头孔的区别，其次是不同的几何元素类型。孔特征的分类情况如表 3-2 所示。

表 3-2　孔特征的分类

孔特征	孔入口面类型	孔壁面类型	孔底面类型	是否为通孔
一般孔	平面	圆柱面	平面	否
沉头孔	斜面	圆锥面	圆锥面	是
	圆弧面			
	自由曲面			

这几类结构属性本质上是飞机结构件孔特征结构特点的具体体现。不同的孔特征类型在飞机结构件中都具有自身的功用。

4. 轮廓特征

轮廓特征是飞机结构件中的一种特殊形式。飞机结构件中的轮廓一般由其最外侧的一圈包络面组成，包络面包括平面、圆弧面、自由曲面等。由于飞机结构件本身要求零件在保证强度的情况下尽可能轻，飞机结构件中的轮廓通常属于薄壁结构，这导致轮廓的加工必须采用特殊的加工工艺，防止加工时产生变形。

轮廓的形状一般和与其相连的槽特征相关，槽特征存在开闭角的情况，轮廓特征相应地会出现非 3 轴加工的情况。同时轮廓特征的加工需要考虑加工过程中的装夹情况和工艺凸台，这导致轮廓的加工必须采用合理的加工工艺，以满足加工要求。如图 3-8 所示，轮廓特征包括起始边、轮廓面、终止边。

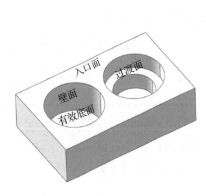

图 3-7　孔特征结构表示

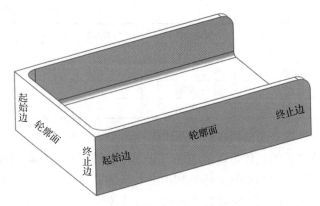

图 3-8　轮廓特征结构图

3.2.3　加工动态特征定义与建模

国际标准 ISO 10303 AP224 定义的通用加工特征只考虑了加工最终状态的几何形状和典型工艺方案，称为静态特征，应用于复杂结构件数控加工时面临以下难题。

(1)特征加工中间状态几何形状与工艺参数间的复杂迭代和传递关系难以表达和求解。典型工艺方案映射至具体的复杂加工特征时往往引起大量过切、欠切状态，工艺参数的调整需要结合特征加工中间状态几何形状反复进行人工迭代，还需进一步考虑所有过切、欠切状态在整个加工过程中的传递约束。

(2)特征加工中间状态几何形状与监测、检测动态信息难以关联。由于事前缺乏准确的特征加工中间状态几何形状，即使获取到加工过程中的监测、检测信息，也仅能用于事后离线工艺分析，无法支持工艺的在线自适应调整。

针对以上难题，还需引入加工动态特征，建立加工全过程几何形状、工艺、监测及检测间的交互作用和演化关系。

1)特征中间几何状态

特征中间几何状态包括理论中间几何状态和实际中间几何状态。理论中间几何状态指由加工操作对应的刀轨所形成的状态几何形状，是中间状态检测点生成的依据。与理论中间几何状态对应的实际中间几何状态指实际加工形成的状态几何形状。由于受到加工过程中系统因素与随机因素的影响，实际加工状态几何形状与理论加工状态几何形状具有一定的偏差，实际中间几何状态是分析中间加工状态是否合格以及调整刀轨的基础。

2)特征中间几何状态与加工过程动态信息映射机理

引入位形空间理论，将特征加工中间状态几何形状与工艺参数间的复杂迭代和传递关系的表达和求解难题转化为非加工位形空间相交及自交区域自动消除问题的求解。首先，以刀具尺寸及加工余量等工艺参数为约束，将每一个加工操作的区域定义为一系列加工和非加工位形空间的集合，给出任意过切、欠切状态的迭代终止条件，即对应的非加工位形空间自交或相交区域为空，从而将特征加工中间状态几何形状与工艺参数间的复杂迭代转化为非加工位形空间相交及自交区域的自动消除，如图 3-9 所示。

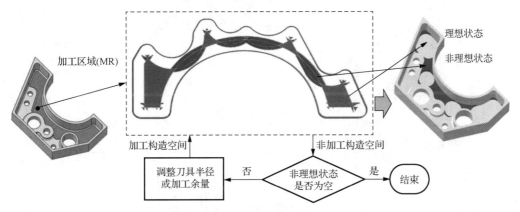

图 3-9　中间状态几何位形空间构建方法

其次，基于非加工位形空间自交或相交区域间的几何空间关系构建加工全过程过切、欠切状态关联网络，实现对欠切、过切状态在复杂特征不同加工操作间传递的表示。不同于传统过切、欠切状态"出现即消除"的工艺参数局部迭代思路，该方法在非加工位形空间相交及自交区域的消除过程中考虑前序加工操作中的过切、欠切状态在后续加工操作中的自然消除，生成优化的工艺参数和准确的特征加工中间状态几何形状，如图 3-10 所示。

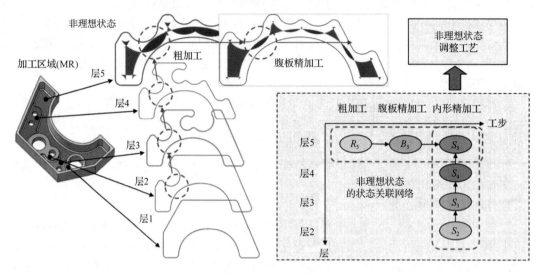

图 3-10　基于状态关联网络的中间状态传递关系

3）几何形状与监测、检测信息之间的关联关系建立

基于时序法可建立特征加工全过程准确的几何形状与监测、检测信息之间的同步关联关系，基于功能模块（Function Block）的事件驱动触发机制可实现加工全过程几何信息、工艺信息、实时监测信息和在机检测信息间的动态关联，如图 3-11 所示。其中工艺信息是指与形成相应中间加工状态几何相关的机床、刀具、刀轨、切削参数、加工余量以及公差等信息，是

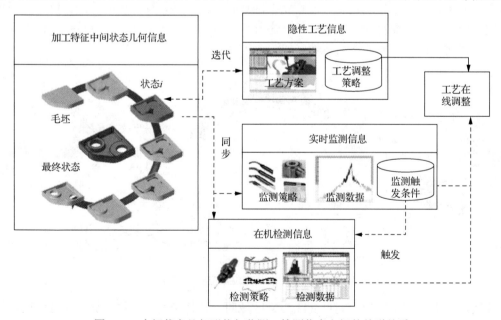

图 3-11　中间状态几何形状与监测、检测信息之间的关联关系

创建特征中间几何状态并对其进行分析的依据。同时，特征中间几何状态也是进行加工工艺优化的依据。当制造资源发生变化时，需要根据特征中间几何状态与加工工艺之间的关联进行加工工艺优化。随着工件材料的去除，特征的几何尺寸与结构都在发生变化，从而引起特征刚度的变化，刚度对于薄壁件的数控加工非常重要，数控加工工艺与过程控制都必须考虑刚度的变化。

3.2.4　同一加工特征的定义

现有的加工特征定义方法中，基于几何拓扑和加工工艺定义出的加工特征都较为固定，只适用于一部分零件，并且已有方法都是基于人为经验进行定义的，人工工作量大，且难以形成一个固定的定义标准，定义标准的不同导致结果会对工艺决策部分有不同程度的影响。

如何将具有相似几何形状和加工工艺的特征进行归类是加工特征定义的重要基础。相似性要求定得太高将严重降低每类加工特征的适用范围，导致加工特征类别过多，增加工艺知识积累和重用的工作量和复杂度；反之若相似性要求定得太低，则每类加工特征的典型加工工艺又难以适应具体加工特征的要求，降低工艺知识重用的质量。一直以来，几何和工艺相似到何种程度才能定义为同一类加工特征缺乏理论依据，主要依赖专家经验，严重制约了加工特征技术在复杂零件数控加工领域中的应用与推广。

针对以上问题，本节引入了一种基于过程能力指数的加工特征定义方法，即两个加工特征在几何形状和拓扑结构相似、材料相同的情况下，若公差等级相同的各质量特性值标准差与公差之比在置信区间内相等，即过程能力指数相等，则说明这两个加工特征具有统一可行的工艺方案，可定义为同一类加工特征，如图 3-12 所示。

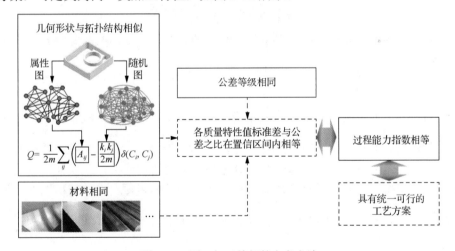

图 3-12　同一加工特征的定义方法

针对上面关于同一加工特征定义中几何形状与拓扑结构的相似性问题，下面介绍一种基于模块度的加工特征拓扑结构相似性度量方法。

加工特征分类时首先需要对加工特征间的拓扑结构相似性进行度量。基于模块度的特征几何相似性度量方法的具体思路为：首先将加工特征表示为图，进而计算图的模块度，通过比较不同特征之间的模块度指标来衡量其拓扑结构间的相似性。

加工特征的几何形状由一系列面与边组成，它们及其之间的拓扑连接关系决定了特征的结构，而面、边及其之间的拓扑连接关系可以使用图进行表达，这是一种具有高自由度的数据结构，被广泛地用于复杂系统建模与描述中。图也称网络，是一种用于表示对象及其之间关系的数据结构，由节点的边组成，一般表示为 $G = (V, E)$，其中 V 代表节点的集合，E 代表边的集合，表达了网络节点之间是否连接，V 和 E 共同决定了图的拓扑结构。对于无向图，常用邻接矩阵 $A \in \mathbb{R}^{n \times n}$ 表示 V 和 E 之间的关系，其中 n 代表网络中节点的个数。对于 A 而言，其中的元素 A_{ij} 遵循以下规则：

$$A_{ij} = \begin{cases} 1, & 节点i和节点j有边相连 \\ 0, & 节点i和节点j无边相连 \end{cases} \tag{3-1}$$

特征的几何结构信息可以使用无向图进行表示：图中的每一个节点代表特征上的每一个面，图中的每一条边则代表特征上的边，即特征中两个面相邻对应于图中两个节点之间存在边相连；特征中两个面不相邻对应于图中两个节点之间不存在边相连。

模块度是衡量图结构的典型指标，两个图拓扑结构的相似度与其模块度差异直接相关。因此能够用两个特征结构图的模块度差异表征其结构相似度，并据此衡量这两个零件特征的几何结构差异。模块度的计算依赖于图上的社区划分。其中，社区是图中具有相似性质的节点组成的团体或子图，通常具有内紧外疏的结构。在特征结构图中，社区表现为组成同一子特征的节点簇，如槽特征的腹板、侧面、顶面等面的集合。模块度直接衡量了网络中同类(社区)节点的连接程度，数学上表达为在同一社区中边所占的比例与对这些边进行随机分配得到的概率期望之差，表达式如下：

$$Q = \frac{1}{2m} \sum_{ij} A_{ij} \delta_{ij} - \frac{1}{2m} \sum_{ij} \frac{k_i k_j}{2m} \delta_{ij} \tag{3-2}$$

其中，m 表示特征图中边的总数；A_{ij} 是邻接矩阵中的元素，$A_{ij} = 1$ 代表 i 和 j 有边相连；δ_{ij} 量化了两个节点的社区情况，$\delta_{ij} = 1$ 代表这两个节点属于同一个社区。因此 $\frac{1}{2m} \sum_{ij} A_{ij} \delta_{ij}$ 表示同一社区中的边占所有边的比例。k_i 和 k_j 表示节点 i 和节点 j 拥有的边的数量，$\frac{k_i k_j}{2m} \delta_{ij}$ 表示对节点 i 和 j 随机分配后仍然在同一个社区中的期望，具体体现为：对原有特征图的所有边进行随机分配，其中 m 条边产生了 $2m$ 个末梢点，对这些点进行随机连接，在保证原有的每一个节点的边数不变的情况下得到了一个和原有特征图相对应的随机图。在该随机图下，任意两个节点 i 和 j 连接边数的期望为 $\exp_{ij} = \frac{k_i k_j}{2m}$，而在同一个社区中的边数的期望即为 $\frac{k_i k_j}{2m} \delta_{ij}$。模块度最终表示为

$$Q = \frac{1}{2m} \sum_{ij} \left(A_{ij} - \frac{k_i k_j}{2m} \right) \delta_{ij} \tag{3-3}$$

如图 3-13 所示，在计算得到了两个特征结构图的模块度之后，基于欧氏距离对这两个图的相似度进行衡量。设这两个特征结构图的模块度为 Q_α, Q_β，相似度 s 表示为

$$s = \text{Distance}(Q_\alpha, Q_\beta) = \frac{2}{3} \sqrt{(Q_\alpha - Q_\beta)^2} \tag{3-4}$$

其中，Q_α, Q_β 为两个特征结构图的模块度，取值范围为 $[-0.5,1)$；s 的取值范围为 $[0,1)$，s 的值越靠近 0 代表两个特征结构图的相似度越高，从而代表两个特征的结构越相似。

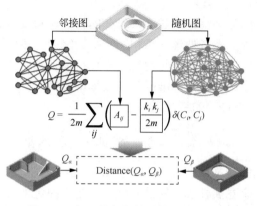

图 3-13　加工特征拓扑结构相似性度量

3.3　加工特征自动识别

3.3.1　加工特征自动识别的基本方法

加工特征自动识别是对零件的设计模型数据结构进行重新解释的过程，通过加工特征识别器(程序)从零件的模型中提取出具有一定意义的数控加工所需的信息，以便下游制造活动的应用。加工特征识别作为 CAD 系统与其他 CAX 系统之间的智能数据接口，对 CAD/CAM/CAPP 的集成具有重要作用[2]。现在多款商业软件已提供加工特征识别功能，包括 FBMach、FeatureCAM、NX 等。

多年来加工特征识别一直是相关领域的研究热点，国内外研究学者对加工特征的识别进行了深入的研究，主要方法概括如下。

1) 基于图匹配的特征识别方法

基于图匹配的特征识别方法[3,4]主要是以构成零件模型的面和边之间的连接关系的面边图为基础，在整个零件模型构成的面边图中查找能够与所定义的加工特征构成的面边图相似的结构，如果查找到匹配的结构，则对该结构所包含的几何元素和特征参数信息进行提取，构造完整的加工特征，完成加工特征的识别。

2) 基于体分解的特征识别方法

基于体分解的特征识别方法是将零件的最终形状和毛坯之间的切削体积进行细分，使其成为一个个小的切削体，然后将一个个切削体按照一定的方式进行组合，将组合好的实体与预定义的加工特征进行匹配，如果能够匹配，则组合好的实体为一个加工特征，否则重新进行组合，最后完成整个零件的加工特征识别。

3) 基于痕迹的特征识别方法

特征痕迹是指加工特征在零件 CAD 模型中所留存的信息[5]。基于痕迹的特征识别方法主要是从零件的 B-Rep 模型中拾取特征痕迹，然后依据几何推理，判断每一个特征痕迹与所定义的加工特征的相关性，保证加工特征的痕迹与所定义的加工特征能够一一对应，最后通过特征痕迹和实体模型构造出所对应的加工特征。

4) 基于混合系统的特征识别方法

随着零件和识别算法的复杂性越来越高，现在的特征识别技术面临多个约束条件，因此为了减少计算的复杂性，提高系统处理任意相交特征的能力，多位国内外研究学者提出了基于混合系统的特征识别方法。该类方法将现有的多种特征识别方法进行混合，发挥各种特征识别方法的优势，从而提高特征识别的准确率和效率，该类方法主要包括基于图和体分解、基于规则和图、基于 STEP-NC 等的特征识别方法。

3.3.2　基于全息属性邻接图的加工特征自动识别

基于全息属性邻接图的特征识别方法将基于图匹配的特征识别方法与基于痕迹的特征识别方法相结合，在定义了全息属性邻接图的基础上，定义痕迹搜索规则，通过统一的算法处理自由曲面、边特征、相交特征、凸特征的特征识别，实现复杂加工特征的自动识别。

目前特征表示方法大体分为两类：边界表示和实体表示，其中以基于图的边界表示法研究得最多。通常在基于图匹配的特征识别方法中，最常用的特征或零件的边界表示方法有两种：属性邻接图（Attributed Adjacency Graph，AAG）和扩展属性邻接图（Extended Attributed Adjacency Graph，EAAG）。AAG 能无歧义地表示平面组成的特征和零件。EAAG 属性更丰富，能较好地处理平面和规则二次曲面组成的特征和零件。这两种图表示方法在特征识别的发展史上，都曾经引起了广泛的关注。但是，它们难以表达飞机结构件富含的自由曲面以及边特征。因此，面向飞机复杂结构件的特征识别需求，本章引出了全息属性邻接图（Holistic Attributed Adjacency Graph，HAAG）的概念，并介绍一种基于全息属性邻接图的加工特征自动识别方法[6]。

AAG 由节点和边组成，图的节点表示零件的面，边表示面的连接关系，AAG 的边与且只与两个节点相连，边具有凸和凹两种属性，如表 3-3 所示。

表 3-3　AAG 的属性表

AAG 中边的属性	AAG 中节点的属性
Convexity：边的凸凹性	无

EAAG 是对 AAG 属性上的一种扩充，一方面它继承了 AAG 中边的凹凸性这个属性，另一方面它扩充了一些新的属性，如 Blend type、Num of loops 等，详细属性见表 3-4。

表 3-4　EAAG 的属性表

EAAG 中边的属性	EAAG 中节点的属性
Convexity：边的凸凹性	Source：面是否是毛坯面
Existence：指出是实边还是虚边	Convex hall：面是否为零件的凸包面
Loop type：边是在内环上还是在外环上	Num of loops：指出这个面的环的个数
Geometry：是曲线还是直线	Split status：面是否可以和别的面合并
Blend type：是不是平滑连接两个面	Geometry：是平面还是曲面

HAAG 是对 AAG、EAAG 的继承和发展。一方面，它继承了两者用面边拓扑关系表达特征和零件的思想；另一方面，它适应了飞机结构件复杂加工特征的需求，具有更强大的特征表达能力。它与 AAG、EAAG 的根本区别在于：①增加了"面的主法向"的概念；②抛弃了粗略的"边的凹凸性"这个属性，代之以精确的"面夹角""边夹角"属性；③赋予面边图中"边"和"面"节点相同的地位，在以往的面边图中边仅仅是一种连接关系；④增加了"边长度"和"面面积"属性，扩展了面边图的几何属性。

针对飞机复杂结构件的特征识别需求，考虑传统特征识别方法很难处理飞机结构件中大量的自由曲面、碎面、相交特征和边特征的情况，基于全息属性邻接图的特征识别算法是一种有效的方法。

在介绍基于全息属性邻接图的特征识别算法之前，下面首先介绍两个概念：特征的痕迹和特征的种子面。

(1)特征的痕迹：在特征相交时，一个特征的完整边界模式已不复存在，但是只要它确是零件的一个特征，就一定在零件的 CAD 模型中留有痕迹，因此基于痕迹的特征识别方法可以用来识别一般的相交特征。

(2)特征的种子面：特征的种子面是指该类特征中最能表现其特点的关键面及该面关键邻接边的组合，结构紧凑。种子面是基于全息属性图提出的，信息丰富。

如图 3-14 所示，典型槽特征的种子面是腹板面及其上的所有边，筋特征的种子面是筋顶面及其上两条主边列，孔特征的种子面是任意孔壁面及其上所有边。在种子面的表示中，面属性表中的第一项为面的类型，第二项为面主法向，第三项为中心点相对于分型面的高度；而边属性表的第一项为边夹角，第二项为面夹角，第三项为边长度。

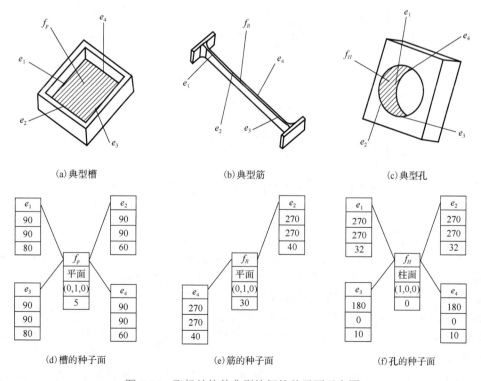

图 3-14　飞机结构件典型特征的种子面示意图

基于全息属性邻接图的特征识别算法将基于图匹配的特征识别方法和基于痕迹的特征识别方法相结合，以全息属性邻接图为零件特征表示基础，以种子面为痕迹，能有效地识别飞机结构件的典型加工特征，图 3-15 为基于全息属性邻接图的特征识别算法流程。该算法基于痕迹库、扩展规则库、组合规则库等，用统一算法进行飞机结构件各类典型加工特征的识别。

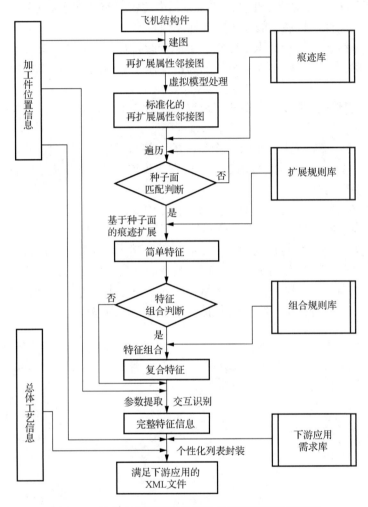

图 3-15　基于全息属性邻接图的特征识别算法流程图

飞机结构件加工特征自动识别的关键环节有碎面抑制、基于种子面的痕迹检索(种子面的匹配)、基于种子面的痕迹扩展、特征组合和参数提取，具体如下。

(1)碎面抑制：虚拟分面的难点是如何建立适当的分面标准。分面太碎，将增加很多无意义的拓扑元素，增加模型的不良信息，影响特征识别的效率和准确度；反之，分面太大，则所分面仍曲率变化较大，不能清晰表达自由曲面，将被视为无效分面。碎面抑制的关键是碎面识别、碎面剔除。错误的识别有可能漏识别碎面，也可能将一些完整面误识别为碎面，这都达不到抑制不良信息的目的。同时，不妥当的剔除有可能影响局部拓扑关系，将不良信息转化为错误信息。

(2)基于种子面的痕迹检索：为了提高效率，一般采用条件匹配法则。匹配用的条件必须能够有效表示出特征核心区域的关键信息。以飞机结构件的三类主要特征为例，槽的核心区域是腹板面与侧面；筋的核心区域是筋顶面、主边列和侧面；孔的核心区域是孔壁面。种子面提取方法就是以这些信息为判断依据的条件匹配。以槽特征的种子面为例，它的匹配条件就是：平面、面主法向与进刀方向成 $180°$，面积超过碎面判断的阀值，种子面中心点相对于分型面的高度必须小于最高拓扑面高度的 $1/2$，邻接边的面夹角不能全大于 $180°$，同时角度小于 $135°$ 的边长度之和相对于整个周长所占的比值必须大于一定比例。

（3）基于种子面的痕迹扩展：就是通过特定方法以痕迹为起点进行特征重建的过程。它是基于痕迹进行特征识别成败的关键所在。基于种子面的痕迹扩展主要分为面扩展和边扩展两类。

面扩展算法是一种定向的扩展算法。值得注意的地方有以下方面。

① 初始化。本算法中初始化包括以下几个方面的工作：第一，数据结构的初始化，包括种子边栈、待扩展边栈、种子面列。其中种子面列初始元素为种子面本身，其余两栈置空；第二，算法控制开关的初始化，预设定起始扩展元素类型标识、扩展方向标识、扩展方式标识、终止条件标识、新种子元素提取规则标识。

② 提取起始扩展元素。起始扩展元素指的是从种子面中提取的可用于有效扩展的边元素。其提取规则受起始扩展元素类型标识的影响。

③ 是否可扩展判断。对扩展面进行检验，判断该面是否可以扩展。其判断方法受扩展方向标识和扩展方式标识的共同影响。

④ 是否扩展到终止元素。对扩展面进行二次检验，判断其是否为预识别特征的边界，其判断标准受终止条件标识的影响。

⑤ 提取可扩展边。从扩展面中提取可用于扩展的边。其提取方法受扩展方向标识、扩展方式标识、新种子元素提取规则标识的影响。

（4）特征组合：其过程就是简单特征融入复杂特征、新特征代替旧特征的过程。不同类特征组合的大体流程是一样的。

（5）参数提取：是特征识别的重要工作。特征识别提取的参数是否足够多，是否足够可靠，都将直接影响到下游应用系统的自动化程度。目前，CAD/CAM 软件可以直接计算一些标准的特征参数，如边长、面积、点到面的距离等。但是，对下游应用同样重要的一些非标准特征参数却很难直接获得，最常见的有非规则曲面的中心点位置、非柱面的近似半径、两空间自由曲线的距离等。这些参数的提取方法则需要在实践中进行归纳总结。

针对飞机结构件典型槽、筋、孔和轮廓特征，通过分析各类特征的典型几何拓扑规则，并结合全息属性邻接图的几何表达模型，实现飞机结构件典型加工特征的自动特征识别，如图 3-16 所示。

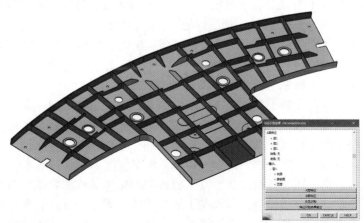

图 3-16　基于全息属性邻接图的飞机结构件特征自动识别结果

3.3.3　数据驱动的加工特征定义与识别

由于人工神经网络在模式识别与分类方面的优异性能以及良好的鲁棒性，其在特征识别领域也得到了重视。人工神经网络在三维模型的特征识别领域的运用始于 20 世纪 90 年代后期，被认为是实现特征识别的最有前景的方法之一。本节重点介绍一种基于图神经网络实现相交特征识别的方法，首先将加工特征识别问题转化为图学习问题，进而通过构建图神经网络模型从历史工艺数据中学习出特征识别规则，实现加工特征自动识别。

基于图匹配的加工特征识别问题定义将零件模型首先表示成属性图，即把零件上的面看成节点，面和面之间的连接看成边，以此构建图数据。零件模型上的加工特征也随之表示为属性图的一个特征子图。图 3-17 为加工特征和加工特征子图的关系，零件上序号为 1~3 的筋顶特征分别对应了属性图中标有相应序号的三个孤立特征子图，而零件上序号为 0 的槽腔特征则对应了属性图上序号为 0 的相交特征子图。因此，基于图匹配的加工特征识别问题，转化为加工特征子图的识别问题；相交特征识别分解为孤立特征集合的问题，转化为相交特征子图分解为孤立特征子图集合的问题。

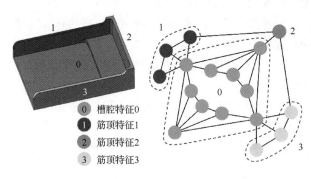

0　槽腔特征0
1　筋顶特征1
2　筋顶特征2
3　筋顶特征3

图 3-17　加工特征和加工特征子图的关系

数据驱动的加工特征自动识别分为两个阶段：第一阶段，数据驱动的加工特征分离阶段，从零件模型上分离出孤立特征和相交特征；第二阶段，数据驱动的相交特征识别阶段，进一步将相交特征分解为一系列孤立特征的集合，实现相交特征识别。

1) 数据驱动的加工特征分离

加工特征分离是指从零件中分离出孤立特征和相交特征，得到的孤立特征直接作为特征识别结果的一部分，而相交特征则作为下一步识别操作的输入。在零件表示成属性图之后，孤立特征和相交特征分别对应了属性图中孤立特征子图和相交特征子图。因此对于属性图而言，要分离孤立特征子图和相交特征子图，只需要打断不同特征子图之间连接的边，保留相交特征子图以及孤立特征子图内部的边即可。基于图神经网络的特征分离模型，实现了对零件上的边进行分类，进而实现孤立特征和相交特征的分离。基于图神经网络的特征分离模型包含了聚集层、表示层、全连接层。模型的结构如图 3-18 所示，输入一张属性图，输出边的分类结果。

2) 数据驱动的相交特征识别

在孤立特征和相交特征分离的基础上，进一步对相交特征进行识别。将相交特征识别分为痕迹生成和痕迹补全两个步骤：第一步，将相交特征子图分解为痕迹特征子图；第二步，补全痕迹特征子图中缺失的面，得到完整的孤立特征子图，至此相交特征子图成功分解为一系列孤立特征子图的集合，实现了相交特征识别，其基本流程如图 3-19 所示。

基于图神经网络的痕迹生成模型的整体结构和特征分离模型类似，即基于图神经网络建立边的二分类模型，区别在于超参数的设置不一样，如聚集层的层数等。痕迹生成模型的输入为相交特征子图，通过图神经网络模型处理输出边的分类结果，根据边的分类结果，使用连通子图算法将相交特征子图分解为一系列痕迹特征子图。

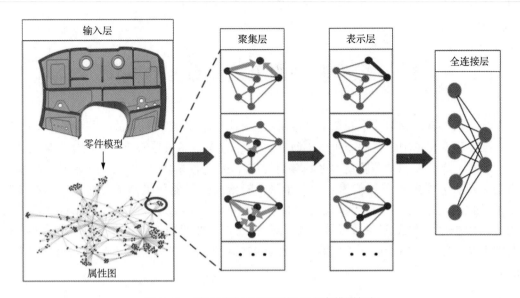

图 3-18 基于图神经网络的特征分离模型框架

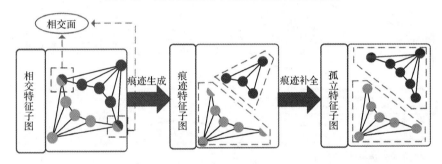

图 3-19 相交特征识别流程

相交特征子图分解为一系列痕迹
特征子图后, 进一步对痕迹特征子图中
缺失的面进行补全, 从而得到完整的孤
立特征子图, 实现相交特征的识别。补
全痕迹特征子图的思路为: 对于相交特
征子图分解出的每个痕迹特征子图, 遍
历相交特征子图中的节点, 依次判断每
个节点和当前痕迹特征子图的关系, 如
果节点属于当前痕迹特征子图, 那么将
节点划分给当前痕迹特征子图。基于全
连接神经网络建立痕迹补全模型, 对面
进行二分类。判断面是否需要补全, 实
现痕迹特征子图缺失面的补全, 最终得
到完整的孤立特征子图, 完成相交特征
的识别, 其基本架构如图 3-20 所示。

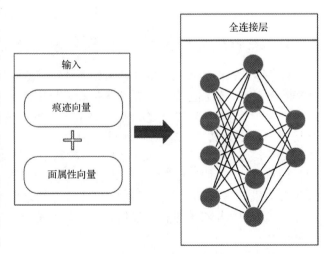

图 3-20 基于图神经网络的痕迹补全模型结构

3.4　数据驱动的工艺参数自动决策

工艺参数决策是为零件不同加工区域所对应的加工操作设置合适的工艺参数,包括切宽、切深、进给速度和主轴转速等,如图 3-21 所示。工艺参数将直接影响零件质量、加工效率以及生产成本。工艺参数决策需综合考虑零件结构、刀具性能等因素,工作量大、难度高,一直是工业界和学术界关注的重点。近年来,随着人工智能和机器学习的发展,数据驱动的工艺参数自动决策成为工艺参数决策的一个新思路。该类方法主要基于机器学习模型从历史工艺数据中学习工艺参数设置的知识和规则。只要模型训练完成便可以高效地进行工艺参数决策,此外,由于历史工艺数据已经通过了实际加工的检验,因此可以保证决策参数的质量。

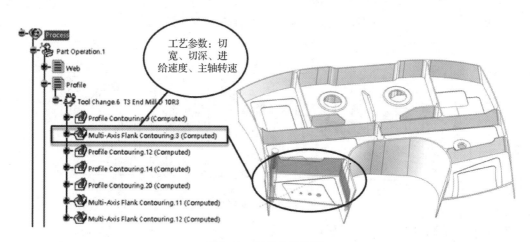

图 3-21　工艺参数决策

3.4.1　基于属性图的零件工艺参数样本特征表示

数据驱动模型的样本特征通常需要考虑对预测结果有影响的各种因素,就工艺参数而言,其影响因素可分为加工要求、工艺条件和零件属性。加工要求包括加工效率、加工质量和生产成本等。考虑到同一个制造企业历史工艺数据中的加工效率、加工质量和加工成本变化波动较小,因此暂不在数据驱动模型中考虑。工艺条件则包括机床性能、刀具属性和刀轨策略等,可直接基于 one-hot 编码(一种基于二进制向量表示分类变量的编码方式)对其进行向量化表示并输入模型中。零件属性包括零件材料和加工区域等,其中加工区域同时包含构成该区域的几何元素属性和几何元素之间的拓扑连接关系,难以直接使用向量、矩阵等常规的数据结构进行向量化表示。而图是一种通用且自由的数据形式,能够对零件模型进行表示。

1) 零件模型的属性图表示

零件的三维模型可以看作由若干面所围成的封闭实体,面与面之间的拓扑连接关系可以基于图来描述。其中零件上的面对应于图 G 上的节点,零件上的边则对应于图 G 上节点之间的边,如图 3-22 所示。此外,考虑到零件上的面具有一定的几何属性,如法向量、面积与周长之比以及是否有内环等,表 3-5 列举了常见的面的 10 种典型几何属性,因此零件的三维模型可以表示为属性图,而零件模型上的每一个局部结构则对应于属性图中的子图。

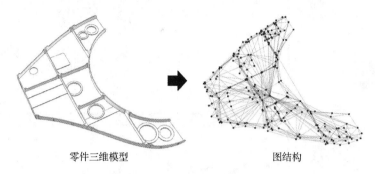

零件三维模型　　　　　　　　图结构

图 3-22　零件三维模型的图表示

表 3-5　零件模型上面的典型几何属性

序号	面属性的符号表示	描述	维度
1	$n=(i,j,k)$	法向量	3
2	$f_{type}\in\{(0,0,1),(0,1,0),(1,0,0)\}$	面类型:自由曲面/平面/圆柱面	3
3	$f_{inner\_loop}\in\{(0,1),(1,0)\}$	面是否有内环:有内环/无内环	2
4	$r=A/P$	面积与周长之比	1
5	$h=(h_{min},h_{max})$	距离零件底面的最小/最大高度	2
6	l_{min_edge}	面中最短边的长度	1
7	N_{edges}	面的边数	1
8	$n_c=(N_{convex},N_{concave})$	面之间的凹/凸连接数量	2
9	$n_t=(N_{tangent},N_{non\text{-}tangent})$	面之间的相切/不相切连接数量	2
10	$n_e=(N_s,N_a,N_f)$	面中直线/圆弧/自由曲线数量	3

注:内环:具有内环的面通常含有孔或凸台。相切/不相切连接:若由某条边连接的两个面在该条边处相切,则为相切连接;否则为不相切连接。凹/凸连接:若两个相连面的夹角为 $0°\sim180°$,则为凹连接;若夹角为 $180°\sim360°$,则为凸连接。

2) 工艺参数与属性子图的关联

零件上每一个加工操作分别对应了相应局部区域的加工,需要独立设置加工参数。在将零件表示为属性图的基础上,加工区域则对应于属性图中的子图。此外,加工操作还包括工艺条件信息,如机床性能、刀具属性、刀轨策略和装夹方式等,以上信息决定了该加工操作的工艺参数,通常包括切宽、切深、进给速度和主轴转速。因此需要首先将加工区域与相应的属性子图进行关联,图 3-23 展示了一个零件槽特征中的 3 个加工操作及其对应的加工区域组成的属性子图。然后从加工操作中提取工艺条件信息,并将提取的信息编码为向量。最后将加工操作的属性子图和工艺条件编码向量组成样本特征,将工艺参数作为标签数据,实现标签和样本特征之间的关联。此时,工艺参数决策问题被转化为标签和样本特征之间的映射求解问题。

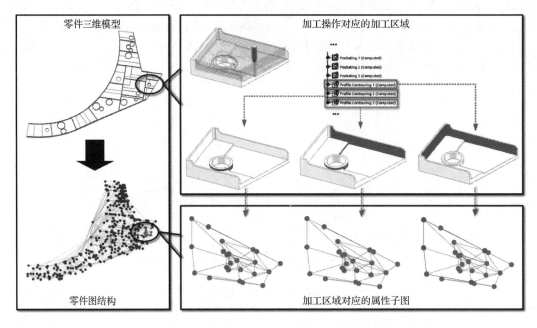

图 3-23　加工操作的加工区域与属性子图之间的关系

3.4.2　基于图神经网络的工艺参数决策模型

图神经网络(Graph Neural Networks，GNN)是一类专门针对图数据的神经网络，近年来在图学习任务上取得了优异的效果，是目前处理图数据的良好模型。由于使用了属性图表示零件模型，因此图神经网络是首选的机器学习模型，其主要流程可以概括为：首先从零件属性图中对每个加工操作对应的子图进行特征提取，然后和相应的工艺条件信息向量进行组合实现加工操作的向量化表示，最后使用全连接神经网络进行预测，如图 3-24 所示。模型的输入为零件属性图和工艺条件信息编码向量，输出为零件所有加工操作对应的工艺参数。

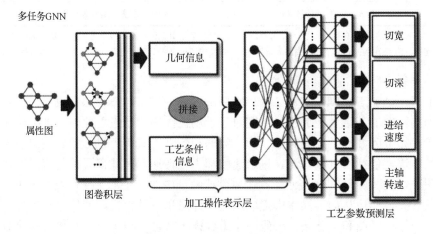

图 3-24　图神经网络模型架构

3.5　自动数控编程驱动信息获取

自动数控编程旨在获得高质量的零件数控加工刀轨，而数控加工刀轨的生成依赖一系列驱动信息。特征识别结果和工艺参数决策结果为加工刀轨的自动生成提供了关键信息，然后依据一定的加工工艺知识，通过一定的自动化处理便可实现加工刀轨的自动生成。

3.5.1　自动数控编程驱动信息需求分析

通过对刀轨自动生成所需驱动信息的分析，将零件信息模型中的加工特征信息分为几何、加工方式及参数、进给方式及参数三类，其中飞机结构件的加工特征几何信息如表 3-6 所示。

表 3-6　飞机结构件的加工特征几何信息

特征	特征示意图	特征几何
槽特征	 （特征示意图）	$\text{Geo} = f_{\text{Bottom}} \cup f_{\text{Side}} \cup f_{\text{Corner}} \cup f_{\text{Top}} \cup f_{\text{Sag}} \cup f_{\text{BottomCorner}}$ 槽腹板：$f_{\text{Bottom}} = f_{20} \cup f_{26}$ 槽侧面：$f_{\text{Side}} = f_3 \cup f_7 \cup f_{15} \cup f_{21}$ 槽转角：$f_{\text{Corner}} = f_2 \cup f_{11} \cup f_{18}$ 槽顶面：$f_{\text{Top}} = f_1 \cup f_{12} \cup f_{14} \cup f_{17}$ 槽下陷面：$f_{\text{Sag}} = f_5$ 槽底角面：$f_{\text{BottomCorner}} = f_4 \cup f_6 \cup f_8 \cup f_{10} \cup f_{13}$ $\cup f_{16} \cup f_{19} \cup f_{22} \cup f_{23} \cup f_{25}$
筋特征	（特征示意图）	$\text{Geo} = f_{\text{Top}} \cup f_{\text{Relimiting}}$ 筋顶面：$f_{\text{Top}} = f_1 \cup f_3 \cup f_4$ 约束面：$f_{\text{Relimiting}} = f_2$
孔特征	（特征示意图） 小孔　大孔	$\text{Geo} = f_{\text{Top}} \cup f_{\text{Side}} \cup f_{\text{Bottom}}$ 入口面：$f_{\text{Top}} = f_1$ 壁面：$f_{\text{Side}} = f_2$ 底面：$f_{\text{Bottom}} = f_3$
轮廓特征	（特征示意图） TechBoss	$\text{Geo} = f_{\text{Profile}} \cup \text{TechBoss}$ 轮廓：$f_{\text{Profile}} = f_1$ 辅助工艺凸台：TechBoss

加工方式及参数有走刀方式(Tool Path Style)、切削方向(Direction of Cut)、加工精度(Machining Tolerance)、刀轨封闭(Close Tool Path)、刀具(Tool)、刀具直径 D、刀具底角半径 R_c、刃长 L_c、刀柄直径 D_b、刀长 L、切宽(Radial Distance between Path)、切深(Axial Maximum Depth of Cut)、精加工模式(Finishing Mode)、末层切深(Bottom Finish Thickness)，圆角半径(Corner Radius)、圆角圆弧圆心角(Limit Angle)、圆角切向延长部分长度(Extra Segment Overlap)、过渡圆弧半径(Transition Radius)、过渡角(Transition Angle)、过渡线长(Transition Length)等。

进给方式及参数有进刀方式(Approach)、退刀方式(Retract)、退刀速度(Retract Feed Speed)、加工速度(Machining Feed Speed)、主轴转速(Spindle Speed)、转角减速速率(Reduction Rate)、转角最小圆心角(Minimum Angle)、转角最大半径(Maximum Radius)、减速预置距离(Distance before Corner)、减速撤销距离(Distance after Corner)等。

3.5.2　自动数控编程驱动几何信息处理

驱动信息的自动获取过程称为加工特征重构，其中驱动几何重构是加工特征重构中的重点和难点，不同特征加工刀轨生成算法所需的驱动几何不同。本节仅以典型槽腹板加工为例，详细阐述加工特征的重构过程。精铣槽腹板重构包括加工方式及参数重构、进给方式及参数重构、驱动几何重构三部分。

1. 加工方式及参数重构

精铣槽腹板的加工方式及参数如表 3-7 所示。

表 3-7　槽腹板的加工方式及参数

参数项	参数值
走刀方式(Tool Path Style)	Outward Helical
切削方向(Direction of Cut)	Climb
加工精度(Machining Tolerance)	～mm
刀具(Tool)	刀具标号
刀具直径 D	～mm
刀具底角半径 R_c	～mm
刃长 L_c	～mm
刀长 L	～mm
切宽(Radial Distance between Path)	～mm
切深(Axial Maximum Depth of Cut)	～mm
圆角半径(Corner Radius)	～mm
圆角圆弧圆心角(Limit Angle)	～°
圆角切向延长部分长度(Extra Segment Overlap)	～mm
过渡圆弧半径(Transition Radius)	～mm
过渡角(Transition Angle)	～°
过渡线长(Transition Length)	～mm
转角减速速率(Reduction Rate)	～%
转角最小圆心角(Minimum Angle)	～°
转角最大半径(Maximum Radius)	～mm
减速预置距离(Distance before Corner)	～mm
减速撤销距离(Distance after Corner)	～mm

2. 进给方式及参数重构

精铣槽腹板的进给方式及参数如表 3-8 所示。

表 3-8　槽腹板的进给方式及参数

参数项	参数值
进刀方式（Approach）	Ramping
螺旋直径（Horizontal Safety Distance）	～mm
螺旋高度（Vertical Safety Distance）	～mm
螺旋角（Ramping Angle）	～°
进刀速度（Approach Feed Speed）	～mm/min
退刀方式（Retract）	Circular
退刀圆弧圆心角（Angular Sector）	～°
退刀圆弧朝向（Orientation）	～°
退刀圆弧半径（Radius）	～mm
退刀速度（Retract Feed Speed）	～mm/min
加工速度（Machining Feed Speed）	～mm/min
主轴转速（Spindle Speed）	～r/min

3. 驱动几何重构

驱动几何重构是加工特征重构的重点，下面以腹板加工为例，分析腹板特征加工驱动几何的重构。腹板加工的驱动几何重点是腹板面，腹板面可以通过特征识别获取。

得到腹板面后，重点是获取面的边界。面的边界（Boundary）由环（Loop）组成，环分为内环（Inner Loop）和外环（Outer Loop），外环有且仅有 1 个，内环可以有多个，如图 3-25 所示。在槽特征中，外环构成面的外轮廓；内环构成孔特征的轮廓或岛屿的轮廓，如图 3-26 所示。

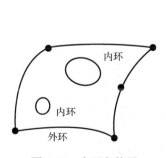

图 3-25　内环和外环

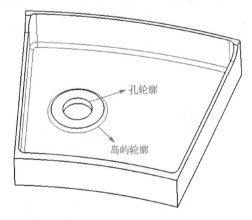

图 3-26　孔轮廓和岛屿轮廓

飞机结构件的槽腔形状复杂、封闭性不一，槽腔侧面包含大量自由曲面、开闭角并存，腹板面自身外环不能直接作为等距线的偏置依据。因此，必须对外环进行修正，以保证刀具在切削过程中既不与侧面发生干涉，也不会产生切削残留。

根据面组成边的凹凸性可将边分为硬约束边（Hard Edge）和软约束边（Soft Edge）两种，如图 3-27 所示。

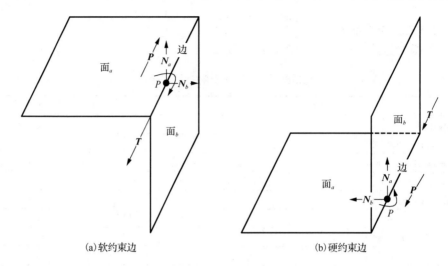

(a)软约束边　　　　　　　　　　(b)硬约束边

图 3-27　软约束边和硬约束边

　　经过软约束边的偏置处理和侧面最小包络区轮廓线的自动生成，得到修正后的外环。槽腹板的加工区域由外环与构成岛屿轮廓的内环围成，如图 3-28 示，填充有斜线的区域为加工区域。

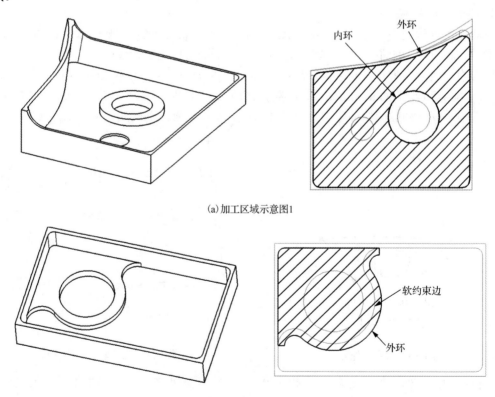

(a)加工区域示意图1

(b)加工区域示意图2

图 3-28　加工区域示意图

3.6　智能数控加工轨迹规划技术

刀具运动轨迹是描述刀具在加工过程中的位置和姿态的一组空间轨迹。通常以刀具底部中心点为基准刀位点，将刀具在运动过程中该点的轨迹作为刀位点轨迹。对于五轴加工，还需定义各刀位点对应的刀轴矢量来表征刀具在加工过程中各刀位点处的姿态，以此来完整描述刀具的运动过程。轨迹规划是数控加工的核心技术，轨迹质量直接决定了刀具与工件的相对运动状态，进而直接影响零件的加工质量和加工效率。

3.6.1　数控加工刀具轨迹规划基本概念与方法

从毛坯到最终零件通常可以分为三个加工阶段，即粗加工阶段、半精加工阶段以及精加工阶段，如图 3-29 所示。以加工阶段为划分依据可将刀具轨迹分为粗加工刀轨、半精加工刀轨以及精加工刀轨。不同阶段对应的加工参数、余量要求以及刀轨策略存在较大差异。例如，在粗加工阶段，其目的是在短时间内高效去除大量材料以获得零件近似轮廓，因此优先选用直线往复运动作为刀具轨迹的主要构成，如常见的行切刀轨；对于叶轮叶盘等具有复杂深腔几何结构的零件，多采用深度优先的插铣法进行粗加工操作；而在以表面质量为主导目标的精加工阶段，则会优先采用多轴联动形成的空间曲线作为刀轨，虽然多轴联动的加工效率有所降低，但刀具运动形成的包络面能够更好贴合零件目标曲面，实现更好的零件表面质量。

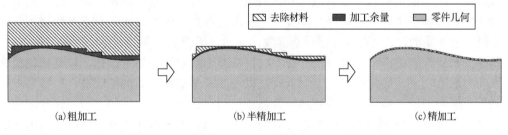

图 3-29　三个加工阶段

刀具与工件的接触位置不同会带来不同的加工类型，例如，最为通用的端铣通过刀具端部与工件的点接触配合近似垂直刀轴方向的运动轨迹进行材料去除，可贯穿三个加工阶段；侧铣通过刀具侧刃与工件线接触，通常用于类直纹曲面零件的精加工；插铣则通过刀具端部与工件的面接触配合平行刀轴方向的运动轨迹进行材料去除，适用于具有深槽结构零件的粗加工，如图 3-30 所示。不同的加工类型对应的刀轨类型完全不同，其背后的轨迹生成算法也存在较大差异，本节重点针对以端铣加工为主的刀具轨迹规划方法展开介绍。

传统轨迹规划方法大多仅考虑零件驱动几何约束，即在用户定义的驱动几何中依照刀具尺寸和加工类型生成对应的运动轨迹以填充驱动几何，完成刀轨规划。针对平面加工特征，如飞机结构件的型腔、阶梯槽等，传统以图形为载体的方法根据型腔边界的几何定义直接生成型腔刀具轨迹。现有的刀轨生成方法中，主要采用直接偏置法和基于 Voronoi 图的生成方法。直接偏置法通过直接偏置型腔边界曲线，检测自相交并消除无效环来生成环切刀轨。当处理无效环时，该算法效率低且不稳定。通过双边偏置算法可以解决传统的直接偏置法存在的数值不稳定和计算效率低下等问题。与此同时，此类方法也可扩展应用于带岛屿型腔，并通过生成额外刀具轨迹消除残余区域。Voronoi 图，又名泰森多边形或 Dirichlet 图，是计算几何中处理空间剖分的经典算法。在刀轨生成领域，利用该算法能够有效处理偏置过程中产生的自相交环，算法效率高，是目前环切刀轨生成的最常用方法[7]。这一概念由 Persson 首次引入，以生成无岛屿曲线多边形的环切刀轨。

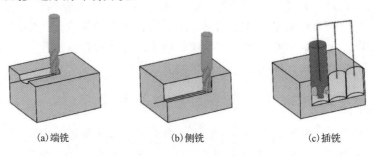

（a）端铣　　　　　　　（b）侧铣　　　　　　　（c）插铣

图 3-30　三种常见的加工类型

　　复杂曲面加工特征规划刀轨时不仅需要考虑刀位点轨迹，还需要对刀轴矢量进行优化。前面已对刀位点进行了定义，通常以刀具中心轴与底部的交点作为基准刀位点。曲面加工时，刀位点与目标曲面之间的位置关系难以直接给定，通常需要首先确定刀具与曲面的接触点，即刀触点，再根据得到的刀轴矢量计算得到刀位点坐标，如图 3-31 所示。针对刀触点轨迹生成，根据不同的曲面表达形式采用不同的方法。对于具有完整参数域的参数化复杂曲面，其刀触点轨迹生成方法主要分为等参数法和等残高法[7]。对于三角网格表达的曲面，通常采用等截面法生成刀触点轨迹，或是将其参数化并生成等参数刀触点轨迹。对于参数域不规则的裁剪曲面与复合曲面，则先对其进行重新参数化并通过等参数法和等残高法生成刀触点轨迹。在此基础上，研究者提出了多种方法针对不同目标对刀触点轨迹进行优化，包括优化机床运动特性的刀触点轨迹、优化切宽的刀触点轨迹以及基于势能场的刀触点轨迹，以提高机床的加工效率。针对刀轴矢量规划，其基本要求是避免与已成形工件之间的干涉。在此基础上，针对刀具运动过程中姿态的平顺性确定合适的刀轴方向。对于球头刀具，考虑切削刃不同点的切削线速度不同，选取合适的刀轴方向可以有效提高切削效率，改善零件表面质量。

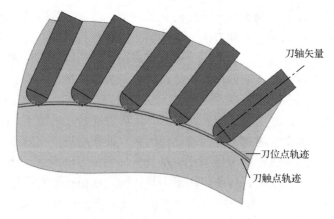

图 3-31　复杂曲面零件数控加工刀轨表征

　　随着航空航天器的设计复杂程度、制造精度要求不断提升，新型高端数控机床不断涌现，其复杂的工艺耦合问题给数控加工刀轨规划带来挑战。以镜像铣为例，为实现飞机复杂蒙皮加工过程中的壁厚精确控制，镜像铣刀轨需满足等步距、无交叉、无抬刀且无残留等苛刻要求。现有的数控编程软件均以图形为载体进行轨迹规划，原理上无法对刀轨与曲面进行同构表达，难以实现多约束耦合下的刀轨整体优化。现阶段严重依赖人工经验的手动划线创建满足要求的镜像铣数控加工刀轨，需多次仿真优化迭代，导致刀轨编制效率低，且优化性难以保证。

　　综上可知，对于航空航天复杂零件的数控加工，在加工轨迹规划阶段往往受制于几何结构、物理性能、装备特性等多约束的共同制约，采用传统基于图形操作的轨迹规划方法仅能实现轨迹的局部优化，难以同时兼顾上述约束条件。因此，如何对刀具轨迹进行整体调控以实现多约束耦合下的轨迹优化生成，是智能数控加工需要进一步探明的重要问题。本节围绕多约束耦合的轨迹规划问题，针对飞机蒙皮、结构件等复杂零件，介绍一种基于数字图像表征的轨迹整体规划方法。

3.6.2　驱动几何的数字图像参数域构建方法

　　在介绍具体内容之前，首先需阐明图形和图像这两个基本概念的内涵与区别。图形和图像是计算机科学中的两个基本概念，均用于实体的数字化表征。其中，图形一般指用计算机绘制的画面，通常包括点、线、面等基本几何元素的数学解析表达以及邻接关系。图像则是一种由数组或矩阵表示的像素集合，可实现任意图形的数字化存储和显示。由于图形具有存储空间小、可无损缩放等优势，现阶段的计算机辅助设计/制造（CAD/CAM）内核均采用以图形为载体的定义方式。例如，空间曲面、曲线的定义通常采用非均匀有理 B 样条（NURBS）实现，目前已被国际标准化组织（ISO）列为定义工业产品几何形状的唯一数学方法。现有的CAD/CAM 中涉及的几何算法，特别是轨迹规划方法均是以图形为载体进行设计的。

　　然而，图形化定义的几何形状的输出仍然需要进行离散化操作，这样才能在数字化载体上对离散后的信息进行处理，例如，刀轨需要离散为顺序排列的坐标点才能被数控系统识别并执行。对几何形状的离散通常包括图形离散和图像离散，分别对应网格化与栅格化操作。网格化操作后的几何形状仍然是以点、线、面及其邻接关系构成的图形，栅格化操作后的几何形状则是由矩阵表示的信息集合，可等效为一张数字图像。

　　数控加工刀具轨迹通常以图形离散的形式进行表征，将刀轨离散为顺序排列的刀位点，得到的刀位点坐标序列即可表示数控系统中的刀具轨迹，如图 3-32 所示。这类表征方法具有很强的几何通用性，然而原理上难以刻画刀位点的空间邻接关系，其轨迹生成须依赖启发式算法，即确定初始刀轨坐标序列后，根据工艺需求依次推算出后续刀轨，最终转化为数控系统可识别的 G 代码。基于图形离散表征的刀轨最终结果极大程度上依赖于初始刀轨的选取，导致此类刀轨生成算法仅能实现贪婪式局部优化，难以实现多个约束条件耦合下的整体优化。

　　针对以上难题，本节介绍一种基于数字图像表征的刀轨规划方法，通过建立驱动几何的图像表征以及从驱动几何图像到刀轨图像的直接映射，通过与驱动几何同构的图像对刀轨信息进行整体刻画，原理上保留了刀轨和曲面的同构关系，可利用图像处理方法对刀轨形态进行全局优化，解决了基于图形离散表征的空间邻接信息丢失造成的刀轨全局优化难题。在该原理的基础上，介绍基于图像卷积、图像变形以及图像分割的刀轨整体规划方法，在典型特征上实现了刀轨的整体优化，具有显著效果。

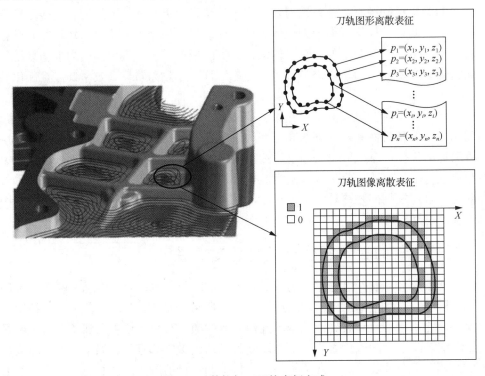

图 3-32　数控加工刀轨表征方式

给定目标曲面，如图 3-33 所示，建立图像坐标系用于描述复杂曲面与图像的映射关系。曲面沿垂直于图像所在平面方向 Z_I 进行投影，形成曲面所在空间坐标与图像坐标间的单射关系。由于图像为离散栅格化数据，所以图像尺寸与其设定分辨率相关。若曲面在图像坐标系下的长、宽分别为 h 和 w，给定图像分辨率为 σ（即单位长度的像素点个数为 σ），图像尺寸大小则为 $\sigma(h+2\varDelta)\times\sigma(w+2\varDelta)$。以此为基础构建 Z 向图、法向图以及测地距离图三种图像表征方法对型面几何信息进行表征。

1) Z 向图表征

在图像坐标系内建立 Z 向图用于表征曲面上任一点在图像平面的相对高度。如图 3-34 所示，曲面上点 $P_{i,j}$ 沿 Z_I 方向投影至图像平面形成像素点 $I_{i,j}$，投影距离为 $D_{i,j}$，则该像素点的灰度值设为 $I_{i,j}=w_k(D_{i,j}-B)$，其中常量 w_k 和 B 分别为权重系数和偏置量，用于将最终图像灰度值正则化至 0~255 内。

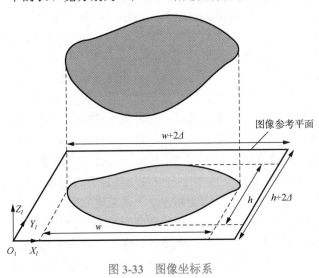

图 3-33　图像坐标系

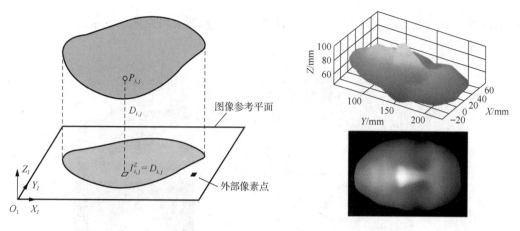

图 3-34　Z 向图表征示意图

Z 向图可用于表征复杂型面的高度变化趋势，如图 3-34 所示案例，图像中高亮区域表示该像素点对应实际型面的高度值相对较大。该表征方式可用于快速加工仿真以检查刀具在加工过程中的过切/欠切情况。

2) 法向图表征

法向图用于表征曲面中任一点的法向量信息，采用 RGB 三通道分别表征像素点对应法向量的 X、Y 以及 Z 坐标值，如图 3-35 所示。由于法向量通常采用单位向量进行表征，RGB 三通道的数值与法向量坐标的对应关系如图 3-35 所示。尽管对 Z 向图进行数值微分也可间接求得逐点法向信息，然而其精度随图像分辨率变化而变化，难以保证。因此，法向图的构建可用于直接查询每一像素点对应的精确法向量信息，且采用 RGB 图像进行表征更加直观。该法向图可用于五轴数控加工中的刀轴方向规划。

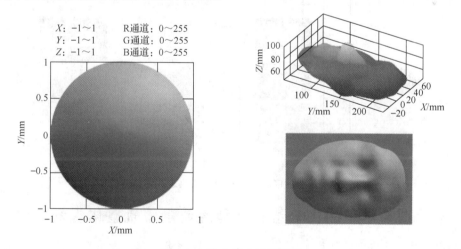

图 3-35　法向图表征示意图

3) 测地距离图表征

测地距离图用于表征待加工曲面上任一点到该型面边界上的最短测地距离，如图 3-36 所示，曲面 Ω 上点 $P_{i,j}$ 到该型面边界 $\partial\Omega$ 上的最短测地距离为 $\delta_{i,j}$，则该点对应的像素点灰度值为 $I_{i,j} = w_k \delta_{i,j}$。测地距离图通过灰度值变化反映出曲面内蕴几何信息，且具有边界一致性，即曲面边界对应的像素灰度值恒为 0。通过构建等灰度值线，可直接快速生成刀具运动轨迹，并用于后续的轨迹整体优化。

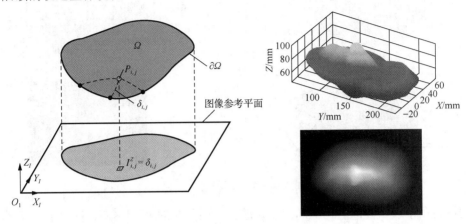

图 3-36　测地距离图表征示意图

4）基于图像的初始刀轨生成与加工仿真

以上三种图像表征方法可直接用于刀轨生成、优化以及加工仿真的全过程工艺编程，总体思路如图 3-37 所示。首先将待加工型面及刀具几何信息转化为图像信息进行存储，然后利用图像处理技术直接生成刀位点轨迹以及五轴加工中对应的刀轴方向，最终结合刀具的图像表征信息，利用图像生成技术重构出加工后的表面形貌，完成加工仿真。

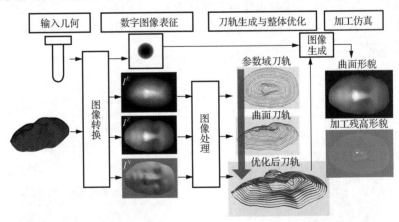

图 3-37　基于数字图像的数控加工轨迹规划总体框架

3.6.3　基于图像卷积的飞机结构件型腔铣削刀轨整体规划方法

飞机结构件、蒙皮零件往往需要满足轻量化设计需求而存在大量型腔特征。标准的行切或环切刀轨模式（图 3-38），存在大量尖锐转角特征，机床运动轴经过此处会经历严重的减速再加速过程，影响加工效率和加工质量。另外，由于刀具经过转角处时其切削宽度发生了突变，故若标准切宽设定过大，在转角处容易产生加工残留，需要编制额外刀轨进行去除。标准的螺旋刀轨模式能较好地避免出现尖角，然而难以应用于实际复杂型腔，且难以保证切削宽度。目前存在大量基于环切刀轨进行局部优化的研究，在转角处做平滑处理以满足高速铣削要求。然而，经过局部平滑的刀轨在转角处由于其切宽突变效应增大，更易产生加工残留。为保证加工无残留，大量研究通过对刀轨添加额外不规则几何形状来消除转角处残留，而这又进一步破坏了转角处的光滑性，两者互相矛盾。

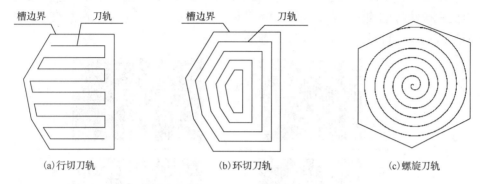

图 3-38 型腔铣削标准刀轨模式

根据前面定义的测地距离图，针对本案例，可以转化为对二值图像所包含的内部像素点灰度值进行求解的问题。令二值图像中的 1 值像素点为 $\{pb_i\}$，任意被 $\{pb_i\}$ 包围的内部像素点 q 到 $\{pb_i\}$ 的最短距离 SED 可以采用最短欧氏距离进行表征：

$$\mathrm{SED}\left(q,\{pb_i\}\right) = \min_i \|q - pb_i\| \tag{3-5}$$

因此，构建该型腔对应的测地距离图需要求解出所有内部像素点的 SED 值。穷举法的算法复杂度高，不适用于高分辨率图像表征。本节介绍一种"向内推进"迭代算法，如图 3-39 所示，从而快速求解出测地距离图。该算法从型腔边界像素点 pb_i^0 出发，找到其内侧相邻像素点 p 并计算其最短距离向量 $v_{\mathrm{SED}}(p)$，该向量模长 $\|v_{\mathrm{SED}}(p)\| = \mathrm{SED}\left(p,\{pb_i^0\}\right)$，方向指向最短距离对应的边界像素点。而后，基于新边界像素 pb_i^1 继续向内寻找相邻像素点 p，并计算其最短距离向量，公式为

$$v_{\mathrm{SED}}(p) = v_{\mathrm{SED}}(pb_i^k) + pb_i^k - p \tag{3-6}$$

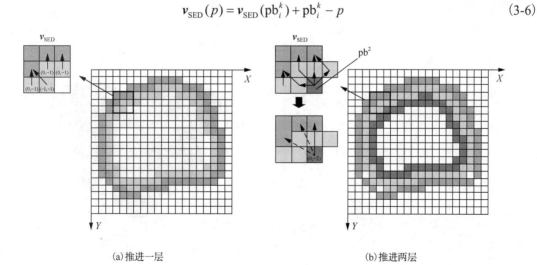

图 3-39 向内推进迭代算法示意图

以此不停地向内迭代计算，直至遍历所有内部像素点。最终，内部像素点的灰度值 $I_{\text{SED}}(p) = w_k \|v_{\text{SED}}(p)\|$，其中常量 w_k 为归一化权重。采用该算法构建测地距离图可实现线性算法复杂度。图 3-40 举例说明了复杂型腔轮廓线最终计算生成的欧氏距离图，其中白色像素点代表该点到轮廓边界的测地距离较大，因此呈现出从中轴线到轮廓线灰度渐变的效果，利用该算法稍加改动同样可以提取出该型腔几何的中轴线。

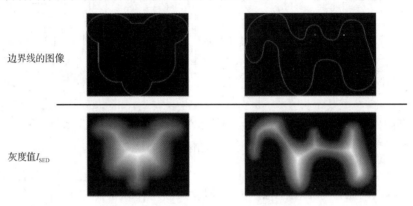

图 3-40　测地距离图计算示例

利用上述算法计算得到的测地距离图进行等值线提取即可立即生成初始环切刀轨，如图 3-41 所示，通过给定的偏置量进行计算可实现图像到刀轨的直接映射。该环切刀轨的几何属性与标准环切刀轨无异，存在尖角，且经过切削仿真后发现存在加工残留，如图 3-42 所示。为解决该问题，引入图像卷积方法直接对测地距离图进行模糊和锐化处理，最终实现刀轨优化。

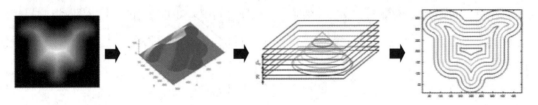

图 3-41　图像法生成初始环切刀轨

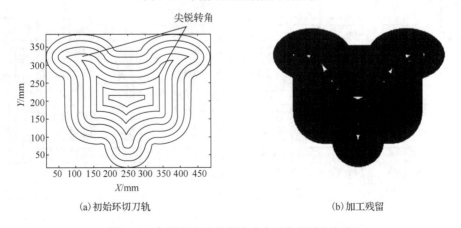

(a) 初始环切刀轨　　　　　　　　　　(b) 加工残留

图 3-42　初始环切刀轨存在尖角及加工残留问题

针对图像模糊处理，采用如下高斯模糊卷积核对图像进行卷积操作：

$$G^{\sigma}(h,v) = \frac{1}{2\pi\sigma^2}e^{-\frac{h^2+v^2}{2\sigma^2}} \tag{3-7}$$

其中，参数 σ 为高斯分布中的标准偏差；h 和 v 代表距离当前像素点的相对坐标值。经过高斯模糊后的图像可表达为原始图像与高斯核的卷积结果：

$$I'_{\text{SED}}(x,y) = G^{\sigma} * I_{\text{SED}}(x,y) \tag{3-8}$$

经过高斯模糊后的图像理论上会形成更加平滑的等值线，通过控制 σ 值可对等值线的平滑度进行定量控制。图 3-43 展示了经过高斯模糊后的图像以及对应生成的刀轨，可明显看出刀轨转角处增加的平滑度。

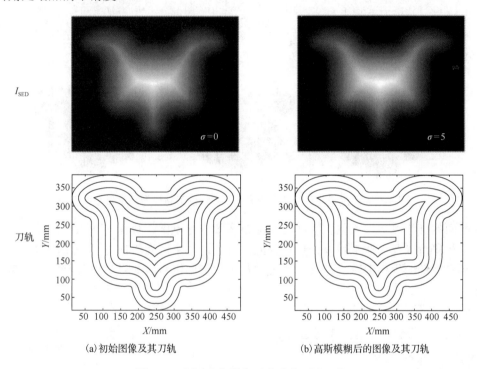

图 3-43　经过高斯模糊后生成的平滑刀轨

另外，刀轨平滑后会加大转角处的切削宽度，造成更显著的加工残留。为消除加工残留，引入图像锐化操作来生成无加工残留刀轨。图像锐化可理解为图像模糊的逆操作，目的是增加图像的高频特征，凸显其细节。常用的图形锐化操作为采用锐法增强算法(Unsharpen Mask，USM)技术，通过给定高斯核 G^{σ} 以及锐化度 δ 对图形进行如下修正：

$$I'_{\text{SED}} = I_{\text{SED}} + (I_{\text{SED}} - G^{\sigma} * I_{\text{SED}}) \cdot \delta \tag{3-9}$$

经过锐化后的图像纹理更加突出，且通过合理设置参数 σ 和 δ，最终生成的刀轨能够成功消除加工残留，如图 3-44 所示。然而，由于锐化操作凸显了图像的高频纹理，从图中也能明显看出其生成的刀轨在转角处更加尖锐。因此，考虑通过对图像进行模糊和锐化的叠加处理来达到同时满足平滑性和加工无残留的多目标优化。经过叠加处理形成的图像可表示为

$$I'_{\text{SED}} = G^{\sigma_2} * \left[I_{\text{SED}} + (I_{\text{SED}} - G^{\sigma_1} * I_{\text{SED}}) \cdot \delta \right] \tag{3-10}$$

其中，σ_2、σ_1 以及 δ 为三个待优化参数，σ_2 用于表征刀轨平滑度，可事先确定，σ_1 和 δ 用于消除加工残留，可基于确定的 σ_2 进一步优化获得。

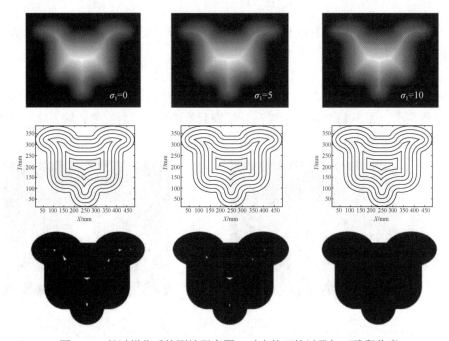

图 3-44　经过锐化后的测地距离图、对应的刀轨以及加工残留仿真

　　由前面的推导可知，对型腔特征的测地距离图进行模糊、锐化的卷积操作，可分别对环切刀轨进行平滑以及无加工残留处理。因此，将上述两个图像操作进行叠加，理论上可生成同时满足多目标的优化刀轨。该操作的关键在于如何确定相应的卷积核参数以实现多目标全局优化。

　　首先可事先确定 σ_2 以达到相应的平滑度指标，再根据给定的 σ_2 对 σ_1 和 δ 进行梯度下降优化，生成相应刀轨，并基于图像进行加工仿真，以仿真后的白色像素点个数作为优化目标，最终找到符合条件的 σ_1 和 δ，并生成优化刀轨。选取了如图 3-45 所示的结构件槽腔特征作为测试案例进行工艺编程的案例分析。优化后的参数及结果分别呈现在图 3-46 和图 3-47 中。可以看出，相比于标准环切刀轨，采用图像卷积优化后的刀轨可消除加工残留，且转角处更加平滑。

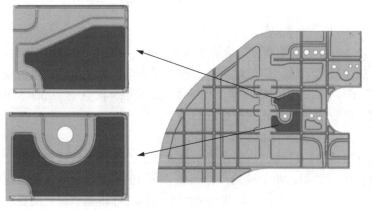

图 3-45　飞机结构件中典型槽腔特征

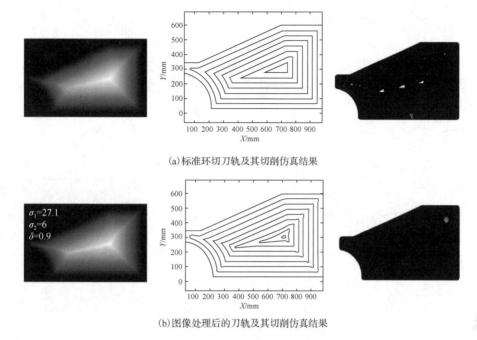

(a)标准环切刀轨及其切削仿真结果

(b)图像处理后的刀轨及其切削仿真结果

图 3-46　案例 1 的标准环切刀轨与图像卷积优化后的刀轨

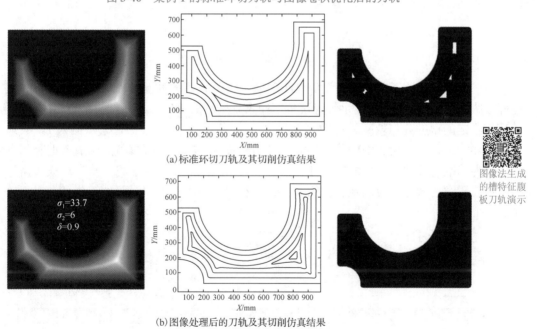

(a)标准环切刀轨及其切削仿真结果

(b)图像处理后的刀轨及其切削仿真结果

图 3-47　案例 2 的标准环切刀轨与图像卷积优化后的刀轨

图像法生成
的槽特征腹
板刀轨演示

3.6.4　基于图像变形的镜像铣高速铣削轨迹整体规划方法

镜像铣通过在薄壁零件镜像侧添加随动支撑装置，保证了零件加工过程中的局部刚度。同时在镜像位置通过超声测头进行零件壁厚的实时检测和工艺自适应调整，以达到高精度的加工需求。如图 3-48 所示，在镜像铣加工过程中测头与刀具镜像随动，为了防止超声测头信号紊乱而造成干扰，在进行工艺编程时，刀轨步距 d 需要满足以下要求：

$$R+r \leqslant d \leqslant 2R \tag{3-11}$$

其中，R 和 r 分别为刀具和测头的半径。若刀轨步距 d 大于 $2R$ 则会产生加工残留，小于 $R+r$ 则会造成加工过程中测厚传感器信号紊乱。同时在加工过程中应尽量避免抬刀，从而减少测头标定次数。

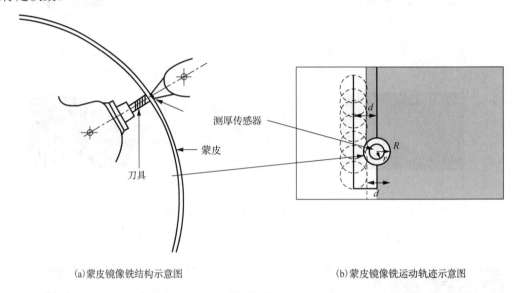

(a)蒙皮镜像铣结构示意图   (b)蒙皮镜像铣运动轨迹示意图

图 3-48　蒙皮镜像铣原理示意图

为了生成满足该工艺约束的型腔铣削刀轨，本节介绍一种基于图像变形的环切高速刀轨编程方法。该方法能够生成满足镜像铣步距约束且平滑的刀轨。方法总体路线如图 3-49 所示，首先将给定的型腔几何轮廓转化为二值图像，其中几何轮廓经过的像素点值为 1，其他像素点值为 0。提取该图像的中轴线，并根据步距约束对中轴线进行修剪，生成该型腔的骨架。以骨架为基准向外偏置，生成初始环切刀轨。其次利用图像变形法将刀轨变形成所需形状，满足加工要求的同时也应满足工艺约束。最终利用形态学对刀轨进行加工仿真，对刀轨进一步进行平滑处理。

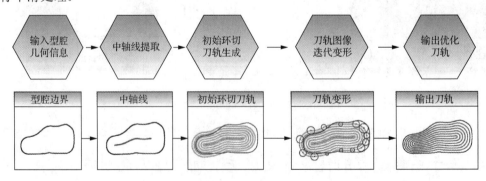

图 3-49　基于图像变形的镜像铣刀轨规划总体路线

初始环切刀轨基于中轴线向外等距偏置得到，其轨迹等步距、无抬刀、无交叉、平滑度好，能够适用于镜像铣工艺。然而，该初始刀轨往往与目标型腔形状差异较大，需要进一步将其变形回待加工区域内以满足实际加工需求。理想刀轨应该满足平滑度要求且步距满足约束条件，如果采用图形算法对单根刀轨进行局部调整会导致其与相邻刀轨间的步距发生变化，进而影响其他刀轨，牵一发而动全身，难以实现刀轨步距的整体调控。针对以上问题，基于图像的几何表征方法，将待加工型腔以及初始刀轨均栅格化为图像，进而利用图像形态处理思路，采用移动最小二乘(Moving Lest Squares，MLS)算法对刀轨图像进行最大刚性变形[8]，使其整体变形回型腔内部区域并与之贴合。

MLS 算法基于控制点或控制线对图像实施变形，使其整体变形至目标控制点位置。根据 MLS 算法中使用的不同类型的线性函数，图像的变形可以分为三类：仿射变形、相似变形和刚性变形。与仿射变形和相似变形相比，刚性变形可以在很大程度上缓解原始图像的缩放和剪切效应，从而最好地保留原始图像的局部特征(如本书中的刀具轨迹区间)。在此基础上，将刚性变形应用于刀具轨迹图像，可以最大限度地保持其局部特征。

假设 $\{p_i\}$ 是原始图像上的控制点，$\{q_i\}$ 是 $\{p_i\}$ 变形后的对应点，对于图像 I 和每一个控制点 $\{p_i\}$，都有一个权重 w_i，其有如下形式：

$$w_i = \frac{1}{|p_i - I|^2} \tag{3-12}$$

加权质心 p_c 与 q_c 可以分别计算出：

$$p_c = \frac{\sum_i (w_i + p_i)}{\sum_i w_i} \tag{3-13}$$

$$q_c = \frac{\sum_i w_i q_i}{\sum_i w_i} \tag{3-14}$$

变形后的像素点记作 $\boldsymbol{f}_r(I)$，其中 r 表示刚性变形，f 表示像素点的变形方程：

$$\boldsymbol{f}_r(I) = |I - p_c| \frac{\boldsymbol{f}_r(I)}{|\boldsymbol{f}_r(I)|} + q_c \tag{3-15}$$

为了减少计算时间，向量 $\boldsymbol{f}_r(I)$ 可以提前计算出：

$$\boldsymbol{f}_r(I) = \sum_i \hat{\boldsymbol{q}}_i A_i \tag{3-16}$$

其中，A_i 是标量；$\hat{\boldsymbol{q}}_i$ 是向量。

$$A_i = (I - p_c) \left(\sum_j \hat{\boldsymbol{p}}_j^{\mathrm{T}} w_j \hat{\boldsymbol{p}}_j \right)^{-1} w_i \hat{\boldsymbol{p}}_i^{\mathrm{T}} \tag{3-17}$$

$$\hat{\boldsymbol{p}}_i = \boldsymbol{p}_i - \boldsymbol{p}_c \tag{3-18}$$

$$\hat{\boldsymbol{q}}_i = \boldsymbol{q}_i - \boldsymbol{q}_c \tag{3-19}$$

利用 MLS 算法求解变形后刀轨图像，输入为控制点集以及刀轨图像，输出即为变形后的刀轨图像。为了保证加工后型腔的形状，最外层刀轨 C (如图 3-50 中 C 所指曲线所示)与型腔边界间的距离必须恒为 R。因此，将 C 定义为初始刀轨图像 I_{Path}^n 的变形目标形状，如图 3-50 所示。值得注意的是，在变形过程中，只是改变 I_{Path}^n 上像素点的相对位置，并没有增加任何额外刀轨。

如图 3-50 所示，第一次变形需要将初始刀轨的最外层 $\text{path}_{\text{initial}}\{n\}$ 变形成 C 的形状，因此需要在 $\text{path}_{\text{initial}}\{n\}$ 上的像素点均匀采样作为变形控制点 p_i，而对应的 q_i 就是 C 上离 p_i 最近的像素点，为了找到 q_i，以 p_i 为圆心作圆，不断增大圆的半径，直至圆与 C 有交点，这个交点就是所求的点 q_i。一旦 p_i 和 q_i 确定，就可以计算出变形后的刀轨图像。

第一次变形后，优化后刀轨 path_{opt} 的最外层就是加工所需的 C，因此将最外层刀轨固定，将余下的内层刀轨 $\text{path}_{\text{opt}}\{1,2,\cdots,n-1\}$ 整体视作新的图像 I_{Path}^{n-1} 继续优化。但此时变形目标形状不再是单个轮廓线，而是一个由 C_u^{n-1} 和 C_l^{n-1} 构成的公差带区域 St_{n-1}，如图 3-51 所示。C_u^{n-1} 和 C_l^{n-1} 是 C 分别向内偏置 $d_{\min}$ 和 $d_{\max}$ 得到的轮廓线，$d_{\min}$ 和 $d_{\max}$ 分别为步距约束的下限与上限。在这个带状区域内的像素点到 $\text{path}_{\text{opt}}\{n\}$ 的距离满足步距约束。而优化目标就是要把刀轨图像 I_{Path}^{n-1} 上的最外层刀轨 $\text{path}_{\text{opt}}\{n\}$ 变形到这个带状区域中，以此满足步距约束。

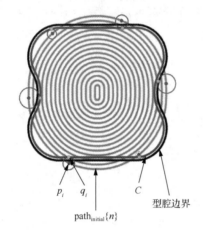

图 3-50　初始变形

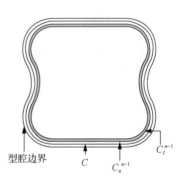

图 3-51　变形目标区域确定

为了确定变形控制点集，需要计算 $\text{path}_{\text{opt}}\{n-1\}$ 上每一个像素点与 $\text{path}_{\text{opt}}\{n\}$ 间的距离 d，并且根据 d 的大小将 $\text{path}_{\text{opt}}\{n-1\}$ 上的像素点分为三类：如果 $d>d_{\max}$，这将导致加工残留的出现，这些像素点分为 p1 类，这些点需要向靠近 $\text{path}_{\text{opt}}\{n\}$ 的方向移动，减小它们之间的距离。如果 $d<d_{\min}$，这些像素点分为 p2 类，这些点与 $\text{path}_{\text{opt}}\{n\}$ 间的距离太小，需要移远。如果 $d_{\min}<d<d_{\max}$，这些像素点已经满足步距要求，因此不需要移动。

所以属于 p1 类和 p2 类的像素点构成了变形控制点 p_i，类似地，以 p_i 为圆心的圆半径不断增大，直至与 St_{n-1} 产生交点，生成对应的目标变形点 q_i。通过这种方法生成变形控制点集，这也是刀轨变形优化的基础。

类似地，内层刀轨 $\text{path}_{\text{opt}}\{1,2,\cdots,n-1\}$ 变形后，获得满足工艺约束的 $\text{path}_{\text{opt}}\{n-1\}$，再把 $\text{path}_{\text{opt}}\{n-1\}$ 固定，对更内层的刀轨再次变形，如此迭代直至初始刀轨 $\text{path}_{\text{opt}}\{1\}$ 也满足要求，最终优化后的刀轨满足步距要求，且采用 MLS 算法保证了其平滑度。图 3-52 展示了迭代变形刀轨的流程图。

为了分析该方法的优势，选择了具有代表性的几何形状作为案例研究。图 3-53(a) 和 (b) 分别展示了本节方法和传统基于局部优化方法生成的刀具轨迹。图中所示的几何形状是从蒙皮及飞机结构件中提取的一些典型几何特征，图中虚线曲线勾勒出了型腔边界。可以看出，在平滑度方面，该方法的刀具轨迹因基于向外偏置算法生成，具有更加平滑的几何特性，能够更好地应用于蒙皮镜像铣以及型腔高速铣削。

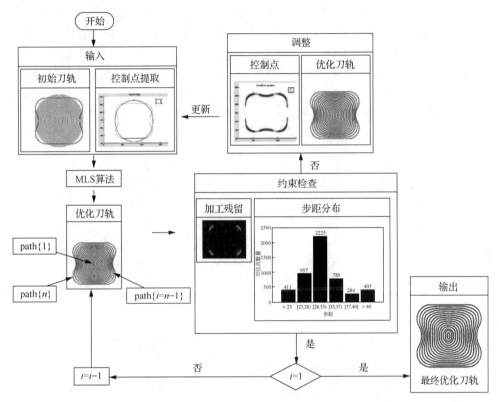

图 3-52　迭代变形刀轨的流程图

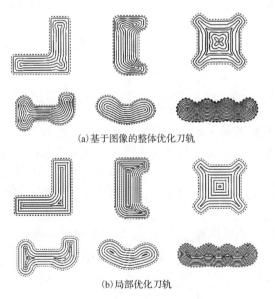

(a)基于图像的整体优化刀轨

图像法生成的整体优化加工刀轨演示

(b)局部优化刀轨

图 3-53　典型几何特征的刀具轨迹

　　同时，该方法生成的刀具轨迹满足步距约束，且无抬刀、无交叉、轨迹平滑，满足了镜像铣工艺约束。为了进一步评估刀具轨迹的优化性，图 3-54 展示了不同方法生成刀轨的步距变化。镜像铣加工约束要求步距限制在给定范围内，该范围通常与刀具尺寸以及超声测头尺寸相关，其上限是刀具直径，以避免在加工过程中出现加工残留，由于测头尺寸相比刀具较小，因此将步距下限设置为刀具直径的 60%，来确保加工效率并满足实时测厚需求。如图 3-54 所示，该方法的步距变化严格限制在上下限内（两条水平线）。观察发现对照组有部分刀位点的步距过小，影响加工效率及镜像铣超声测厚质量，难以实际应用于蒙皮镜像铣加工中。右侧的热力图通过灰度变化显示步距的变化趋势。从热力图中可以看出，该方法生成的刀轨步距变化相对平缓，而传统基于局部优化方法生成的刀轨步距变化剧烈，难以胜任镜像铣工艺要求，同时也易产生剧烈的切削负载，影响加工质量。

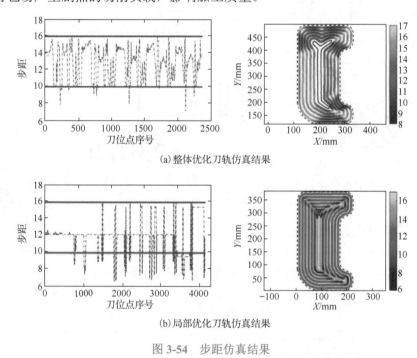

图 3-54　步距仿真结果

3.6.5　基于图像分割的曲面高速铣削轨迹分区规划方法

　　随着计算机辅助设计技术的不断发展，复杂曲面被广泛应用于航空航天、汽车能源领域的零件设计中，以达到优异的气动性能和能耗特性。在复杂曲面特征加工过程中，精加工刀轨编程往往举足轻重，其加工质量影响零件最终的使用性能。为避免产生局部过切情况的发生，复杂曲面通常采用球头刀进行精加工过程。然而，由于球头刀的几何特性，在高速旋转时其切削刃线速度随位置不同而变化，在刀尖点处线速度为 0，若该点参与切削，则易在工件表面形成明显的刀痕，影响零件性能。因此，为保证零件表面质量，在精加工复杂曲面时，通常采用五轴联动机床，在曲面不同位置改变旋转轴坐标，从而改变刀轴矢量以达到最佳切削效果，如图 3-55(a) 所示。

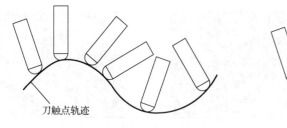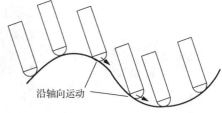

刀触点轨迹

沿轴向运动

(a)变刀轴矢量刀轨　　　　　　　　　　　　(b)固定刀轴矢量刀轨

图 3-55　变刀轴矢量刀轨和固定刀轴矢量刀轨示意图

如图 3-56 所示的 BC 摇篮转台机床，其刀轴矢量由机床侧倾轴 B 的侧倾角 β 和旋转轴 C 的旋转角 γ 唯一确定。前期的大量相关研究给出了最佳刀轴矢量的确定方法，保证了高质量曲面加工。然而在实际加工过程中，由于五轴联动机床的两个转动轴(特别是侧倾轴)在保证定位精度的前提下运动性能相对较差，形成瓶颈，其联动加工效率大打折扣。因此，如何实现高质量、高效率的五轴联动加工编程，是自由曲面数控加工需要关注和解决的重要问题。以下主要从曲面图像表征及其区域划分方法、基于图像分割的曲面刀轨生成两个方面进行介绍。

在加工曲面的过程中，由于最佳刀轴矢量与曲面法向之间存在某种关联关系，因此首先关注曲面法向的变化规律，定义了图 3-57 所示的倾斜角 θ 用于衡量曲面法向与参考轴间的夹角。通过对前面定义的 Z 向图进行 Sobel 卷积，再进行反正切计算，可直接求得倾斜角分布图像：

$$I^{\theta} = \arctan \sqrt{(I * \boldsymbol{S}_x)^2 + (I * \boldsymbol{S}_y)^2} \tag{3-20}$$

其中，$\boldsymbol{S}_x = \begin{bmatrix} -1 & 0 & 1 \\ -2 & 0 & 2 \\ 1 & 0 & 1 \end{bmatrix}$ 和 $\boldsymbol{S}_y = \begin{bmatrix} -1 & -2 & -1 \\ 0 & 0 & 0 \\ 1 & 2 & 1 \end{bmatrix}$ 为 Sobel 算子，用于求解图像梯度分布情况。倾

斜角图 I^{θ} 反映出曲面法向的变化规律，其灰度值用于正则化表征法向倾斜角 θ，如图 3-58(c)所示。根据曲面倾斜角的变化规律，在倾斜角相似区域可采用相同的刀矢侧倾角进行加工，从而在加工该区域时机床的侧倾轴固定，仅需要四轴联动即可完成该区域加工，实现 4+1 轴联动，可显著提高加工效率。

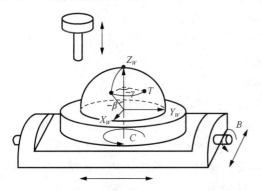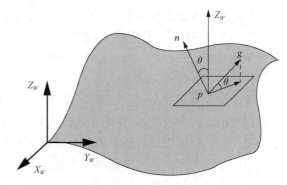

图 3-56　BC 摇篮转台机床构型及刀轴矢量　　　　　图 3-57　曲面倾斜角定义

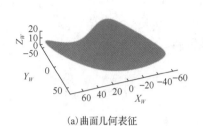
(a) 曲面几何表征

(b) Z 向图表征

(c) 倾斜角图表征

图 3-58　曲面的图像表征

　　为实现上述目标，需要对曲面进行区域划分，将倾斜角相似区域进行合并，并设定合适的刀矢倾角。因此，本节介绍一种基于灰度 K 均值聚类的图像分割方法，如图 3-59所示，将倾斜角图按其灰度值分布划分为给定的 K 个区域，并映射回曲面，完成对曲面的几何划分。

(a) 曲面倾斜角图表征

(b) 分区结果

图 3-59　倾斜角图及其划分结果

　　五轴联动数控编程包括刀触点轨迹生成和刀矢确定两个步骤。根据图像的划分结果，首先对划分后的图像区域进行二值化表征，如图 3-60 所示，将曲面划分为三个独立区域并且表征为三幅二值图。

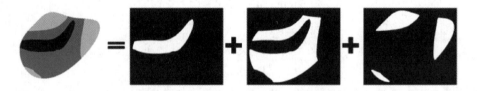

图 3-60　图像划分区域的二值化表征

　　接下来提取二值图轮廓线并且运用前面所述方法构建其测地距离图，如图 3-61 所示。该测地距离图将用于生成等值线作为刀触点轨迹。在精加工时需要控制加工残高 h 以达到预期的表面精度，因此在生成刀触点轨迹时需要首先求解出相邻步距 d_s。对于球头刀而言，步距可近似为 $d_s \approx \sqrt{8hR}$。根据图 3-62 所示的几何关系，当该区域的法向倾斜角在 θ 附近时，其图像步距可以由式 (3-21) 确定，其中 σ 为图像分辨率：

$$d_s' = \sigma d_s \cos\theta \tag{3-21}$$

　　根据确定的图像步距 d_s'，可直接在测地距离图上生成等值线，如图 3-63 (b) 所示，而后再根据曲面 Z 向图信息获得其高度值，从而映射回曲面，完成该区域的刀触点轨迹生成。对于给定的任一区域生成刀触点轨迹后，还需进行刀轴矢量 T 确定。由于刀矢 T 侧倾角 β 在每一区域内已事先固定，仅需要确定其旋转角 γ 即可确定刀矢。如图 3-64 所示，对于任一刀触点，找到合适的旋转角 γ 使得最终刀矢与该刀触点法向的夹角接近预设夹角 φ。

$$\gamma_i = \arg\min_{\gamma \in [0,2\pi)} \left(\arccos(n_i \cdot T_i) - \varphi_i \right) \tag{3-22}$$

(a)加工区域二值图

(b)加工区域边界提取

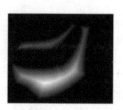
(c)距离灰度图

图 3-61　提取二值图轮廓线并构建测地距离图

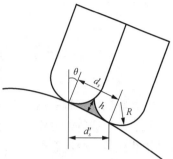

图 3-62　球头刀几何关系

(a)距离灰度图

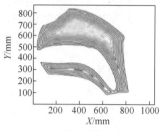
(b)等值线提取

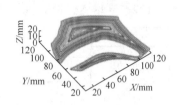
(c)曲面映射

图 3-63　确定图像步距、生成刀轨并且映射回原始曲面

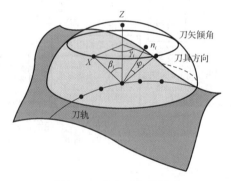

图 3-64　确定刀矢旋转角

图像法生成
的曲面加工
刀轨演示

　　而后沿刀触点轨迹对旋转角进行适度光顺，便可得到最终刀轨。该方法在多个复杂曲面上进行了测试，测试结果如图 3-65 所示。在完成曲面分区后，针对每个区域分别确定其刀矢侧倾角并生成相应刀轨。和传统不分区方法进行对比后，实际加工效率提升了 40%以上，实现了五轴联动高效率、高精度加工。

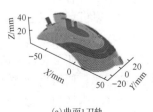
(a)曲面1刀轨

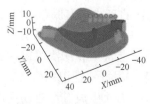
(b)曲面2刀轨

(c)曲面3刀轨

图 3-65　案例测试

3.7 智能数控编程系统与实例分析

　　智能数控编程系统一般由加工特征定义、加工特征自动识别、工艺参数自动决策和加工刀轨自动生成等部分组成。系统框架及信息流向如图 3-66 所示，零件 CAD 模型经工件预处理模块获得总体特征信息，在特征定义的基础上，通过特征识别获得加工特征几何及属性信息，特征识别模块将以 XML 文件表示的包含总体特征信息、加工特征几何及属性信息的零件特征模型输出至工艺决策模块，经工艺决策后，零件信息模型添加了特征加工信息并输出至数控自动编程模块，驱动其完成零件数控加工程序的编制。

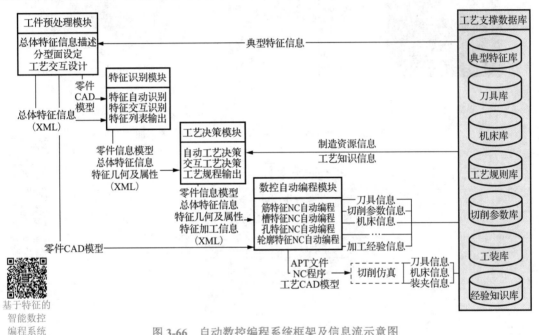

基于特征的
智能数控
编程系统

图 3-66　自动数控编程系统框架及信息流示意图

　　其中加工特征定义根据定义方式的不同，有隐式定义在系统内的，也有作为一个模块支持用户交互的，如图 3-67 所示，用户可通过交互界面定义特征的几何拓扑结构，并关联与特征对应的加工工艺，然后以半结构化的形式输出，以供后续特征识别使用。在加工特征自动识别过程中，一般需要先手动输入一些基本信息，如选择零件几何体、分型面、需识别的特征类型等，然后便可自动识别加工特征，如图 3-68 所示。在识别结果中可看到加工特征的列表以及总体信息，然后可以半结构化的形式输出保存，如 XML 格式，以供后续工艺决策和加工刀轨生成使用，如图 3-69 所示。在自动工艺决策部分，根据加工特征的识别结果和用户定义的工艺资源约束，便可通过自动工艺决策算法决策零件的加工工艺，如加工特征步骤、加工参数等，如图 3-70～图 3-72 所示。根据特征识别信息、工艺决策信息，便可自动重构加工刀轨生成所需的驱动信息，然后根据刀轨生成算法自动生成加工刀轨，典型加工特征的刀轨如图 3-73 和图 3-74 所示。

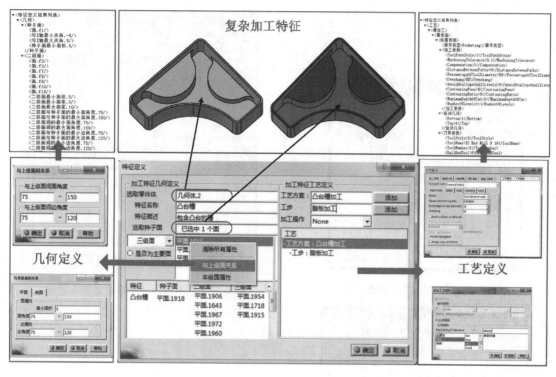

图 3-67　加工特征用户自定义

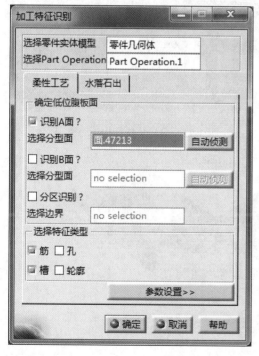

图 3-68　加工特征识别用户输入界面

图 3-69　加工特征识别结果

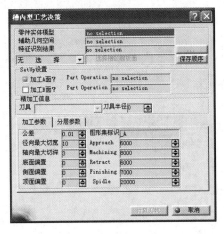

图 3-70 自动工艺决策信息输入界面

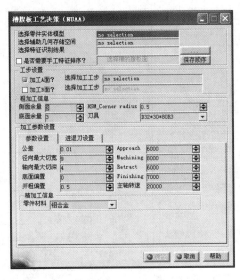

图 3-71 槽腹板工艺决策信息输入界面

图 3-72 槽内型特征工艺决策界面

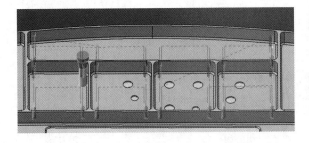

图 3-73 槽转角特征加工刀轨

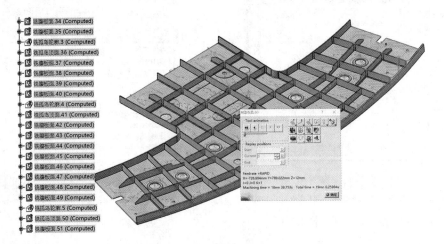

图 3-74 槽腹板特征加工刀轨

3.8　本章小结

数控编程是数控加工的重要环节，是零件加工质量和加工效率的重要保证。本章从基于加工特征的智能编程方法切入，围绕加工特征定义、加工特征自动识别、工艺参数自动决策、刀轨生成和智能数控编程系统等方面进行展开，阐述了智能工艺编程的基本原理和方法，进而结合最新的数据驱动技术，介绍了数据驱动的加工特征自动识别技术和工艺参数智能决策技术。针对复杂曲面和复杂结构零件数控加工刀轨生成需求，介绍了一种新颖的图像法加工刀轨自动生成技术。结合飞机结构件介绍了典型的智能数控编程系统，展示了典型特征的加工刀轨。

由于自动数控编程技术的复杂性，已有的数控编程系统主要是针对具体的应用领域，而通用的自动数控编程技术仍有很大挑战。数据驱动的智能编程技术能够从历史数据中学习加工特征的定义和工艺知识，目前已有很多前瞻性研究工作，是实现自动数控编程领域通用化的潜在有效方法，具有良好的应用前景。

3.9　课后习题

3-1　加工特征识别的常见方法有哪些，它们各自有什么优缺点？

3-2　数据驱动的工艺参数自动决策方法面临哪些挑战？

3-3　传统的加工轨迹规划方法有哪些，面临的主要挑战是什么？

3-4　基于图像变形的切削轨迹整体规划方法如何满足镜像铣削的刀轨约束？

3-5　思考未来的智能数控编程是什么模式。

参 考 文 献

[1] Industrial automation systems and integration-product data representation and exchange -application protocol: Mechanical product definition for process planning using machining features[S]. Geneva, Switzerland: International Standard. ISO 10303-224, 2006.

[2] 高曙明. 自动特征识别技术综述[J]. 计算机学报, 1998, 21(3): 281-288.

[3] 闫海兵, 李迎光, 韩雄. 飞机结构件拓扑不固定特征的自动识别[J]. 中国机械工程, 2010, 21(13): 1567-1571.

[4] GAO S, SHAH J J. Automatic recognition of interacting machining features based on minimal condition subgraph[J]. Computer-aided design,1998, 30(9): 727-739.

[5] 程少杰, 李迎光. 基于痕迹法的槽腔特征识别方法[J]. 机械制造与自动化, 2008, 37(2): 50-52.

[6] LI Y G, DING Y F, MOU W P, et al. Feature recognition technology for aircraft structural parts based on a holistic attribute adjacency graph[J]. Proceedings of the institution of mechanical engineers, Part B: journal of engineering manufacture, 2010, 224(2): 271-278.

[7] 程少杰. 飞机结构件加工特征识别技术研究与实现[D]. 南京: 南京航空航天大学, 2008.

[8] SCHAEFER S, MCPHAIL T, WARREN J. Image deformation using moving least squares[C]. ACM SIGGRAPH, Boston, 2006.

第4章 大型结构件加工变形智能控制技术

大型结构件加工变形智能控制技术是基于新原理工艺和加工装备,利用传感技术在零件加工过程中获得监测数据,融合加工变形机理和智能算法,实现大型结构件的加工变形精确控制和高效加工的技术。《中国制造 2025》将大型飞机等航空航天装备的制造列为其十大重点领域之一。框、梁等大型结构件是飞机的主承力件,直接影响飞机的综合性能和研制周期,其制造能力是衡量一个国家航空制造水平的重要标志。新一代飞机结构件更复杂、制造周期更短、精度要求更高,尤其是对加工变形提出了更高的要求。由于飞机性能的提高,新一代飞机结构件加工变形控制精度要求更高,加工变形精确控制已经成为新一代飞机研制的重要技术瓶颈。本章围绕浮动装夹自适应加工技术,系统介绍浮动装夹自适应加工基本原理、变形数据监测和加工变形自适应控制方法等。

4.1 引　　言

飞机大型结构件尺寸大、壁厚薄,材料去除率高达 90%以上,在毛坯初始残余应力和加工残余应力等因素的综合作用下,加工完成松开装夹后,工件极易发生弯曲、扭曲以及弯扭组合等复杂变形,如图 4-1 所示。零件发生变形只能带应力装配,将严重影响飞机的安全性和使用寿命。为此,欧盟和美国相继启动了"COMPACT(A Concurrent Approach to Manufacturing Induced Part Distortion in Aerospace Components,2005~2009 年)"项目和"MAI I-II(Metals Affordability Initiative,1999~2016 年)"计划,分别从不同角度开展了加工变形控制研究,取得了一定的成果。但在新机型、新材料的不断更新迭代中,加工变形控制依然是结构件制造的瓶颈问题,美国、欧盟等持续投入人力和物力进行深入研究,如美国空军研究实验室于 2016 年投入 3.3 亿美元开展的 MAI III 项目和 SBIR(Small Business Innovative Research)、USAF(United States Air Force)资助的大量项目,包括 A Multi-Scale Model for Large Aluminum Forging Parts(2020 年)、Innovative Multi-Physics-based Tool to Minimize Residual Stress/Distortion in Large Aerospace Aluminum Forging Parts(美国国防部重点资助项目,2022 年)等。采用目前方法,大型结构件加工变形控制仍然难以满足实际加工要求[1,2],而对多家航空制造企业的调研发现,新一代飞机结构件的加工变形控制精度提高了一个数量级,对现有制造技术提出了严峻挑战。

由于零件加工变形的影响因素存在不确定性,如材料属性不均匀、材料的本构关系[3]、切削温度及热应力导致的材料属性变化[4]等,加工变形的精确控制仍是尚未完全突破的世界性难题。目前,大型结构件的加工变形控制是材料领域、设计领域及制造领域等共同关注的研究热点。在制造领域,加工变形控制主要基于变形预测的结果进行工艺优化,从而实现加工变形控制。近年来，随着传感及信息技术的发展，基于监测数据的加工闭环控制成为提高复杂零件数控加工质量的一种有效手段[5]，然而传统固定装夹工艺方法将工件在整个加工过程中完全夹紧，无法监测工件的整体变形。

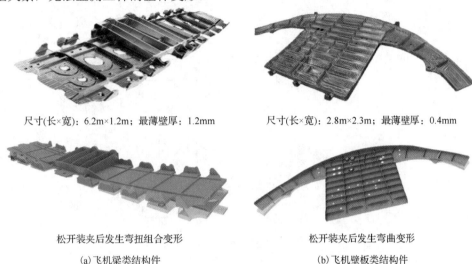

尺寸(长×宽)：6.2m×1.2m；最薄壁厚：1.2mm　　　尺寸(长×宽)：2.8m×2.3m；最薄壁厚：0.4mm

松开装夹后发生弯扭组合变形　　　　　　　　松开装夹后发生弯曲变形

(a)飞机梁类结构件　　　　　　　　　　　(b)飞机壁板类结构件

图 4-1　飞机大型复杂结构件及其加工变形

　　一方面，随着高性能、高附加值航空薄壁结构件的广泛应用，对仅具有定位和夹紧功能的传统装夹装置提出了更多的需求，如增强系统刚性、加工变形控制等。另一方面，传感器技术、驱动器技术、控制技术的发展促进了智能装夹系统的产生，使装夹系统能够监测加工过程的状态，控制并自适应调整加工过程，从而满足零件加工质量的要求。欧盟的第七框架计划中的"INTEFIX"项目专门针对航空结构件和航空发动机零件的加工变形和振动问题研究了智能装夹[6]。以装夹装置为载体进行加工变形控制，从而达到保证加工质量的目的。

4.1.1　定位与夹紧

　　定位的目的是使工件在夹具中相对于机床刀具占有确定的正确位置，并且夹具定位工件也是保证同一批工件在夹具中的加工位置具有良好一致性的基础。经典的定位方法如图 4-2 所示。

1) "3-2-1" 定位原理与方法

　　对于刚性零件，经典的"3-2-1"定位原理适用于所有的棱柱形零件，此方法用最少的定位元件限制零件的 6 个自由度[7]。自由状态的刚体零件具有 3 个平移自由度和 3 个旋转自由度，在"3-2-1"定位方法下，由工件 Z 方向上的 3 个定位点确定主定位面，第二基准由两个定位点建立在零件的一侧，第三基准由 1 个定位点建立在零件的另一侧，零件的 6 个自由度可由"3-2-1"定位方法充分限制，具体定位元件的选择则由零件形状决定[8]。

2) "N-2-1" 定位原理与方法

　　对于飞机蒙皮等弱刚性零件，在安装或加工过程中常常发生变形，因此除了限制零件的 6 个基本自由度，还需要在主定位面上增加定位点以辅助定位零件。本方法适用于弱刚性零件的定位。"N-2-1(N>3)"中的"N"即为在基础定位点之外设置的多个辅助定位点，限制弱刚性零件的多余自由度。有限元分析及非线性优化等方法都可应用于求解 N 的最佳数值及分布，从而最大限度地减小零件加工过程中的变形[9-11]。

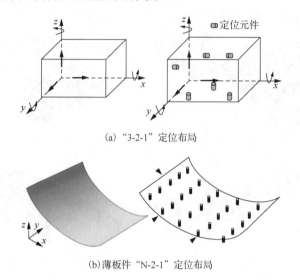

(a) "3-2-1"定位布局

(b)薄板件"N-2-1"定位布局

图 4-2　"3-2-1"定位原理与"N-2-1"定位原理

4.1.2　装夹装置

使工件在机床或夹具中占据某一正确位置并夹紧的过程称为装夹。装夹装置作为定位与固定工件，以及增强工件刚度的装置，是工艺系统的重要组成部分。

装夹装置对于工件质量和加工效率有重要影响。传统装夹方法及其装置在加工过程中夹紧力大小，夹紧位置、定位器布局等保持不变，如图 4-3 所示。但是工件在加工过程中的刚度、应力分布均在发生变化，因此当加工操作完成后松开装夹时，由于残余应力释放和重新平衡，工件会产生变形，严重影响工件的加工质量，传统装夹方法及其装置已难以适应易变形零件的高精度加工需求。

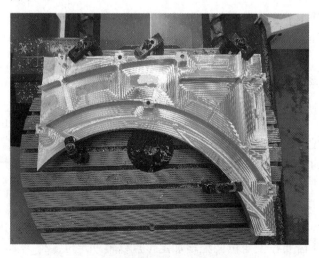

图 4-3　飞机典型结构件传统装夹方案

为适应弱刚性零件的加工，可调整的装夹方法与装置一定程度上能够起到增强刚性的作用，装夹方法与装置的调整主要是基于加工前的分析进行事前调整或者在线调整，从而达到增强工件刚度或者减小工件变形的目的。例如，为了增强大型蒙皮类弱刚性零件的刚性、减小振动，采用基于阵列式立柱的柔性装夹装置，可在加工过程中调整夹紧力与改变装夹位置。但是由于大型结构件的加工过程复杂，是一个强时变系统，工件自身的刚度随着材料的去除持续变化，而且加工过程中有大量随机因素事前难以准确预测，如材料内部残余应力的变化，因此仅依靠以上装夹方法与装置仍然难以满足大型结构件加工变形控制的需求。

自适应装夹装置将传感器技术、自动化技术及计算机技术融入装夹装置中，使装夹装置能够感知加工过程中工件夹紧的状态，自适应调整装夹装置，从而达到控制加工质量、提高加工效率的目的。自适应装夹装置不仅能够根据零件的形状调整装夹的位置，也可以根据加工状态调整夹紧力的大小，在加工过程中不仅起到了定位、夹紧工件的作用，也能够控制零件的加工变形，提高零件的最终加工质量。自适应装夹方法及装置是装夹领域研究的重点，尤其在航空制造领域得到了广泛关注。

4.1.3　加工变形控制方法

影响工件变形的因素很多，包括毛坯材料、初始残余应力、零件几何结构和加工工艺等。其中残余应力是在外力和热梯度消失后固留于材料内部的应力，是导致零件加工变形的根本原因，如图 4-4 所示。在材料成形和加工过程中都会引入残余应力，例如，材料成形过程中不均匀的温度场、不均匀的相变等因素造成残余应力场分布不均匀、分布复杂，且每个零件残余应力场分布各不相同。现有的残余应力测量方法可分为有损法和无损法。在有损法中，通过钻孔、裂纹等方法破坏材料释放残余应力，测量其引起的局部应变，进而计算得到残余应力，主要包括小孔法、裂纹柔度法、轮廓法等。然而为得到整个结构件的残余应力场，需要破坏整个工件，同时，其应变测量过程中的应力释放导致应力重分布，造成测量误差累积。无损法通过测量应变或相关材料属性计算残余应力，主要是一些射线类方法和超声法。然而对于结构件的残余应力场测量，无损法的测量次数多、效率低。另外，除中子衍射方法外，其余方法的测量深度有限，例如，X 射线法仅能测量表面 0.02mm 内的残余应力。另外，无损法的测量精度还受到难以制造的"零应力"基准样品的影响，测量精度难以保证。大型结构件的整体残余应力场测量仍然是个挑战。

(a)毛坯成形　　　　　　(b)毛坯残余应力场　　　　　　(c)零件残余应力场　　　　残余应力常用测量方法原理示意

图 4-4　材料残余应力场形成示意图

零件的残余应力包括初始残余应力和切削残余应力。毛坯材料、初始残余应力和零件结构是在数控加工之前确定的，因此加工过程中加工工艺的调整是控制加工变形的重要手段。零件数控加工过程中，随着材料的去除，毛坯初始残余应力场的平衡被破坏，在释放工件后，零件内部为了达到新的残余应力平衡，重新分配残余应力，从而导致工件变形。已有研究通过分析法或数值法建立毛坯初始残余应力、切削力、切削热等因素对加工变形影响的机理模型来预测加工变形,进而制定控制加工变形的工艺策略,常用的方法主要有调整加工顺序、优化切削参数和调整零件加工位姿等。

在已有的研究中,减少工件变形基于的是经验总结的分析方法和加工规则的离线预测数据,传统加工工艺规划是在加工之前完成的,并且在整个加工过程中保持不变,多局限于静态规划。然而,由于加工过程中存在诸多不确定性因素,加工变形不能准确预测,根据预测结果控制加工变形效果并不理想。加工过程中,在切削力、切削热和夹紧力的耦合作用下,零件残余应力场不断变化,预定的加工工艺无法应对变化的状况,难以达到控制变形的目的。因此,如何根据加工过程中工件的状态自适应规划加工工艺并进行变形控制是亟待突破的关键技术。

4.2　浮动装夹自适应加工方法与工艺装备

已有的加工方法在本质上都属于固定装夹,只能进行局部加工变形的监测或控制,难以实现整体加工变形的监测与控制。传统固定装夹加工模式下,工件在加工过程中整体始终处于夹紧状态,工件的整体变形难以监测。对于大型结构件而言,整体加工变形监测亟须突破。针对大型结构件加工变形监测与精确控制难题,浮动装夹自适应加工方法受到越来越多的关注,逐渐成为控制加工变形的一种有效手段。

4.2.1　浮动装夹自适应加工原理

浮动装夹自适应加工方法是一种能够在加工过程中自适应释放、监测并消除工件变形的加工工艺和方法。在切削加工的间隙,根据装夹装置监测到的装夹作用力,在保证定位基准的前提下松开装夹,释放工件的加工变形并监测工件的变形量,自适应调整装夹和加工工艺,然后夹紧工件,通过进一步加工消除工件变形。与传统预测方法相比,浮动装夹自适应加工方法将由不确定性因素导致的加工变形精确预测难题转化为基于夹紧力与加工变形监测数据等确定性因素的问题,为加工变形的精确控制提供了新的思路。

如图 4-5 所示,浮动装夹自适应加工方法通过浮动装夹装置将工件支撑起来进行加工,为工件在加工过程中释放变形提供空间,在装夹装置中嵌入压力传感器,实时监测由残余应力变化引起的工件和装夹装置之间的作用力变化,当夹紧作用力达到一定阈值时即松开装夹,释放工件变形。夹紧作用力的阈值可根据加工过程中工件的刚度设定,在加工初始阶段,工件的整体刚度较大,不易发生变形,而随着材料的去除,工件的刚性变弱,较易发生变形。各个加工阶段的阈值设定可在加工前进行仿真初步设定,并在加工过程中根据监测到的实际变形量进行调整。在工件释放变形的过程中,需要有一定数量的装夹装置保持夹紧,保证工件的整体相对位置,否则工件的整体基准发生变化,难以加工出合格的工件。

需要指出的是,在加工过程的间隙打开浮动装夹释放变形,根据变形的基本原理,工件的主要变形量可基本释放[12]。随着材料的去除,毛坯材料内的残余应力平衡状态遭到破坏,工件通过变形使残余应力达到新的平衡状态。已有研究表明,残余应力的再平衡在材料切除并且释放装夹后便会发生,即应力作用于零件产生弯矩。所以,零件的大部分变形是在释放装夹的时间发生的[13]。而由自然时效原因引起的残余应力水平逐渐发生变化的情况则不在本章讨论的范围，自然时效是常用的减小工件残余应力水平的一种方法。

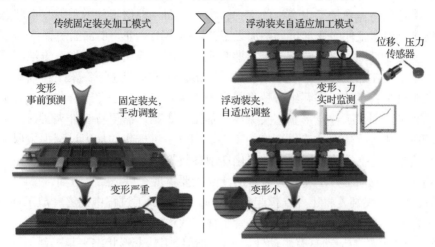

图 4-5　浮动装夹自适应加工方法

浮动装夹自适应加工的装夹原理如图 4-6 所示，中间三个固定装夹单元完全定位工件，保证加工的基准；周围的浮动装夹单元和辅助支撑单元则能够保证变形释放并重新装夹[14]。

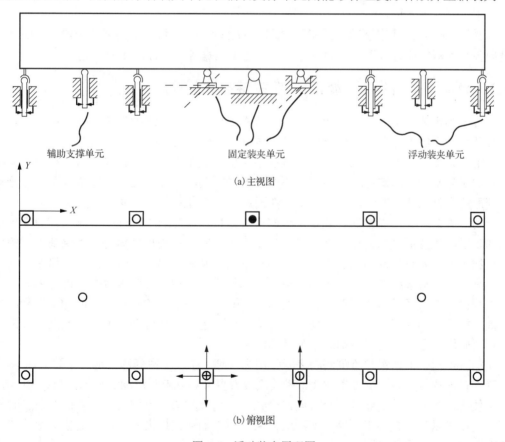

图 4-6　浮动装夹原理图

在装夹装置中嵌入位移传感器，在工件释放变形的过程中监测装夹点的变形量。通过监测工件的变形量，一方面，可以了解工件的整体变形状态，分析在当前变形状态下夹紧工件是否能够在毛坯包络体内加工出合格的工件；另一方面，根据工件的整体变形状态，分析工件变形的规律，根据工件的变形量调整加工工艺，减小工件进一步加工的整体变形。

通过以上分析可知，对监测量的分析非常重要。浮动装夹自适应加工方法不同于传统固定装夹方法，工件在加工过程中发生了一定的变形，在变形状态下夹紧工件需要分析变形后工件的加工余量是否足够，需要结合变形量、加工余量和加工公差综合分析。若工件变形后的加工余量充足，则在工件变形状态夹紧继续加工；否则，需要将工件夹紧在余量允许的范围内，保证在毛坯包络体内加工出合格的工件，同时在进一步的加工过程中采取使工件变形减小的工艺策略，包括调整加工顺序、优化切削参数等。

浮动装夹自适应加工方法和装夹装置的特点主要体现在以下三个方面。

(1)通过浮动装夹装置将工件支撑起来进行加工，在加工过程中能够释放工件变形，并且能够适应工件变形，在工件变形状态下夹紧工件，故称为浮动装夹。

(2)浮动装夹装置的运动具有主动性，在被动适应工件变形状态夹紧工件的同时，也能够根据工件的变形量自适应调整装夹，控制工件变形的释放量，为更多的主动变形控制策略奠定了基础。因此本方法可适用于加工的全阶段，在粗加工阶段可释放变形，并配合工艺优化，从而控制变形；在半精加工和精加工阶段主要根据前期的变形监测数据优化工艺或采用主动变形控制策略控制变形。

(3)能够在加工过程中监测夹紧作用力和工件的变形量，将由不确定性因素导致的加工变形精确预测难题转化为基于夹紧力、加工变形监测数据等确定性因素的问题。

4.2.2　浮动装夹自适应加工工艺关键技术分析

与传统固定装夹不同，浮动装夹工艺方法将工件支撑起来进行加工，并且可在加工的过程中打开装夹释放工件变形，整个加工工艺与控制过程发生了很大的变化。

在定位方面，浮动装夹由于在加工过程中需要释放变形，但是释放变形过程中又需要保证工件的定位基准，即定位基准要保证不变，这便需要既能保证工件定位基准又能充分释放工件变形的定位原理与方法，与传统将工件固定在工作台上定位有很大的差别。

浮动装夹自适应加工方法和装置一个非常大的特点是在加工过程中监测工件的变形量，中间加工过程的变形量为分析工件变形与加工工艺之间的相关规律奠定了重要基础。例如，对于对加工变形有较大影响的加工顺序，由于受变形监测的限制，传统的研究仅限于固定一个加工顺序，分析最终的加工变形，而有了中间加工过程的变形监测数据，便可以分析中间加工过程中加工顺序对加工变形的影响规律，如图 4-7 所示。如何根据中间加工过程的变形监测数据揭示不同加工工艺对加工变形的影响规律，进而自适应规划加工工艺是一个需要研究的重要问题，是加工变形控制的一个基础问题[15]。

在加工过程中根据实时监测到的夹紧作用力，何时释放工件变形也是一个问题。一方面，工件变形释放次数太多影响加工效率，释放次数太少又难以起到浮动装夹的效果；另一方面，由于工件的变形并非总是朝同一个方向，会在某一个时刻向反方向变形，若能在适当时机释放变形，便可以起到减小工件整体变形的效果。所以如何根据夹紧作用力的监测数据自适应释放变形也是一个重要问题。

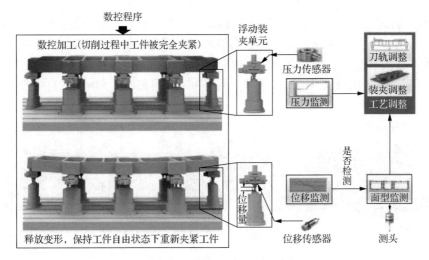

图 4-7 浮动装夹自适应加工关键步骤

在工件的加工变形释放以后，需要对变形量进行分析，判断工件所处的状态，即变形量与加工余量之间的关系。一方面，分析工件是否能够在变形状态下继续加工出合格的工件；另一方面，需要分析是否能够通过调整工件的位姿加工出合格的工件。由于变形释放后存在加工余量不均匀的情况，还需要调整刀轨。由于变形监测数据仅仅监测了装夹点的变形量，若要进行精细的工艺调整，则需要更多的面型信息，即需要触发在线检测，而在变形量达到多少的情况下才触发检测是需要进行深入研究的问题。在触发检测的情况下，如何规划检测轨迹，并根据监测、检测数据重构变形后工件的中间加工状态模型也是需要研究的问题。在得到工件的中间加工状态后，如何进行工艺调整，包括装夹的位姿调整、刀轨调整等，也是需要研究的问题。

由上述分析可知，浮动装夹自适应加工新原理和新方法带来了新的问题，也为加工变形控制研究带来了新的思路；对基于浮动装夹的加工变形控制，包含系列原理和关键技术，如浮动装夹装置的设计、浮动装夹模式下新的定位原理与方法、加工工艺自适应规划、浮动装夹打开的判定依据、监测触发检测的判定条件、检测轨迹规划及加工中间状态的创建、装夹位姿调整与刀轨调整等，以上原理和关键技术的突破对于实现浮动装夹具有重要意义。

4.2.3 浮动装夹模式下的定位原理

浮动装夹加工需要在保证加工基准的同时满足加工变形力、变形量的精确监测需求，而传统的"3-2-1"定位方法和"N-2-1"定位方法要求结构件在整个加工过程中位置和形状保持不变，因此均不适用于浮动装夹加工方法。同时，传统定位方法为了保持结构件的稳定性会将定位点之间的距离设置得尽可能远，对于浮动装夹加工，定位点之间的距离太远会限制变形和力的释放，而定位点之间的距离过近则会导致结构件失稳。因此，浮动装夹亟须一种新的定位原理和方法，既能保证结构件的加工基准，又能充分释放加工变形。

相比于传统定位原理，6+X 定位原理将结构件划分为固定装夹区域和浮动装夹区域，固定装夹区域通过三个固定装夹单元限制结构件的 6 个自由度，保证加工基准；结构件其余区域为浮动装夹区域，通过多个浮动装夹单元辅助定位，在结构件释放变形之后调整浮动装夹单元以适应结构件变形后的位姿，并在变形状态下再次辅助定位结构件。6+X 定位原理与传统"3-2-1"定位原理和"N-2-1"定位原理有着本质的不同，首先传统定位原理的目标是保持结构件位置和形状不变，其次传统定位原理在加工过程中定位元件是固定不动的。为了与传统定位方法有所区分，选择 X 来表达多个浮动装夹单元所限制的结构件的自由度，总称为 6+X 定位原理，如图 4-8 所示。

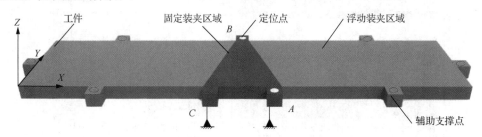

图 4-8　6+X 定位原理示意图

对于固定装夹区域，"3-2-1"定位是一种经典的定位原理，可通过多种定位元件的组合限制结构件的 6 个自由度，如长销、短销、菱形销等。在结构件的加工过程中，通常是在主定位面上设置三个基本定位点，考虑到结构件的尺寸较大，定位角偏差会引起较大的扭矩以及定位误差，因此一般不采用长销定位，而采用短销配平面的方式，6+X 定位方法采用三个基本定位点，其中一个集成短圆柱销、一个集成短菱形销。

三个基本定位单元（A、B、C）安装在结构件的水平底面上确定了 XY 平面，限制了 3 个自由度，包括绕 X 方向的旋转自由度、绕 Y 方向的旋转自由度和 Z 方向的平移自由度。定位单元 A 上安装一个垂直的圆柱销，限制了结构件的两个自由度，包括 X 方向的平移自由度和 Y 方向的平移自由度；定位单元 B 上安装一个垂直的短菱形销，限制了结构件绕 Z 轴的旋转自由度。因此三个定位单元结合可限制结构件的 6 个自由度。为了方便固定装夹单元的安装，固定定位点通常设置在结构件的边界上。

6+X 定位原理的重点是将结构件分为固定装夹区域和浮动装夹区域以及如何划分两个区域，在固定装夹区域采用"3-2-1"定位原理，在浮动装夹区域通过浮动装夹单元和辅助支撑单元进行辅助定位和夹紧。X 的具体数量和位置的确定主要考虑结构件加工时的稳定性和刚度要求，使用现有装夹布局方法，即可求得满足加工要求的浮动装夹点的数量和位置。

4.2.4　浮动装夹工艺装备

图 4-9 是一款面向变形控制的自适应浮动装夹装置。该装置由固定装夹单元、浮动装夹单元以及在加工过程中保证腹板刚性的辅助支撑组成。浮动装夹装置在加工过程中可以多次实现对工件的夹紧、松开，从而达到释放零件变形、消除变形的目的，实现了模块化、一体化设计。每个浮动装夹单元都可以实现夹紧、松开、支撑、调整工件位姿等功能；浮动装夹单元的每个模块都是可拆卸替换的，在某一部分出现故障之后，方便更换维修。

图 4-10 是针对航空双面结构件加工变形控制需求设计的一种双面连续加工装夹装置，能够实现一次装夹下对零件正反面进行持续交替加工及变形控制。该装置通过三个固定装夹单

元定位零件，在零件周围布置浮动装夹单元，加工过程中通过浮动装夹单元释放零件变形，并通过机床在机测量零件变形，装夹装置的实物与加工现场如图 4-11 所示。

图 4-12 是针对钛合金结构件加工变形控制中高夹紧力需求设计的浮动装夹装置。该装置采用模块化设计与液压驱动思想，通过模块化设计，可以根据零件的几何形状与装夹位置，灵活调整浮动装夹模块的装夹位置，从而满足一定范围内各种尺寸零件的装夹加工，装夹单元的每个模块都是可拆卸替换的，夹紧缸、支撑缸、传感器等一些元件采用企业标准件，在某一部分出现故障之后，方便更换维修。装夹装置有变形力在线监测与变形在线监测的功能，包括定位装夹模块、浮动装夹模块、辅助支撑模块、装夹控制模块、信号采集盒及控制软件。

图 4-13 是针对铝合金结构件加工变形监测、控制工艺需求研制的五自由度装夹装置，该装置由浮动装夹模块、定位装夹模块、配套控制箱和控制软件组成，其具有变形监测、变形力监测等功能，且可实现零件 5 个自由度的变形释放和任意姿态夹紧。

图 4-9　各装夹单元实物图

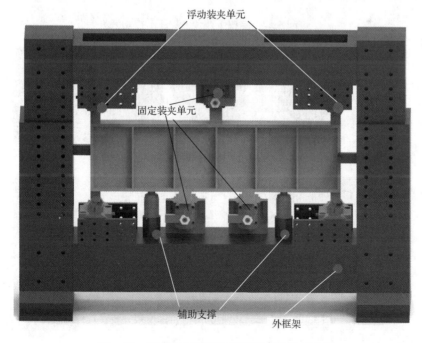

图 4-10　双面加工浮动装夹装置的设计示意图

图 4-11　双面加工浮动装夹装置与实际加工检测

装夹控制模块

信号采集盒

控制软件

定位装夹模块

辅助支撑模块

浮动装夹模块

浮动装夹
装置及其
功能演示

图 4-12　适用于钛合金加工的浮动装夹装置

浮动装夹
自适应加工
与智能监测

(a)浮动装夹模块

(b)定位装夹模块

(c)控制箱

浮动装夹
自适应加工
案例

(d)实际加工

(e)控制软件

图 4-13　面向变形力监测的五自由度装夹装置及控制软件

4.3　基于浮动装夹的结构件加工变形状态监测方法

结构件加工变形状态的准确获取是结构件加工变形精确控制的前提基础。为了准确获取结构件加工变形状态，本节从加工变形监测方法、加工过程中变形力的精确测量方法两方面展开介绍。

4.3.1　结构件加工变形监测方法

在线监测被认为是提高加工质量和效率的有效手段。结构件变形能直接反映结构件的残余应力分布和结构件不同区域的刚度。浮动装夹有两种不同的工作状态：加工状态和变形释放状态。在加工状态下，结构件通过浮动装夹装置固定。而在变形释放状态下，浮动装夹装置在加工的间隙打开以释放结构件变形。结构件的加工基准由固定装夹区域确定，该区域在整个加工过程中固定不动，以保持加工基准。释放变形的浮动装夹区域由带位移传感器的浮动装夹单元支撑，以监测变形释放状态下的结构件变形，如图 4-14 所示。在满足定位-夹紧要求的前提下排布浮动装夹单元，同时为了较好地获取结构件的整体变形状态，可在零件局部设置辅助支撑单元，以获取工件局部的加工变形量。

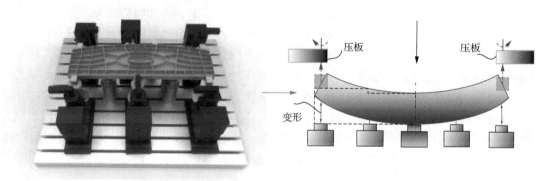

图 4-14　结构件加工变形监测示意图

4.3.2　结构件加工过程中变形力的精确测量方法

变形力是能够等效残余应力场对变形影响的一组力，是不平衡的残余应力通过工件作用于装夹装置的反力。变形力是既能感知不平衡残余应力场状态，等效材料内部残余应力场对加工变形的影响，又可在线监测的物理量。变形力监测数据可以作为加工工艺调整的一种有效数据支撑。

在零件加工过程中，随着零件材料的去除，内部残余应力场的平衡被破坏，零件产生变形趋势。然而由于零件被装夹装置约束，零件受到装夹装置的作用力与内部不平衡残余应力场保持力平衡，使结构件处于稳定状态。此时，装夹装置所受作用力即为变形力。根据叠加原理，在满足线弹性和小变形的假设下，变形力等效不平衡残余应力场对变形的影响。当装夹释放后，结构件残余应力再平衡发生变形。

　　监测结构件加工过程中的变形力，利用变形力监测结果反映残余应力场对变形的影响，从而以变形力为依据对加工工艺进行调整，这是加工变形控制的一个有效途径，而变形力精确测量是实现以上方法的前提。

　　加工过程中，零件残余应力场的平衡被打破，由于装夹装置的存在，不平衡残余应力场作用于装夹装置，使装夹装置产生作用力，抵抗变形，从而保持零件处于平衡状态。因此精确测量装夹装置作用力是实现变形力监测的关键。

　　由于不同的装夹约束形式下，零件受到的作用力形式不同，因此零件的约束形式是实现变形力精确监测的前提。在加工过程中，装夹装置是零件约束的主要组成部分。为实现加工过程中变形力的监测，作为定位与固定工件、增强工件刚度的装夹装置，不仅要满足变形力监测的约束条件，充分反映零件的变形状态，同时需要保证零件的加工基准。

　　为保证零件加工过程中的定位基准，并且使零件变形力充分等效零件变形，本节基于浮动装夹和 6+X 定位方法，将装夹约束区域分为固定装夹区域和变形力监测区域。固定装夹区域采用 3 个固定装夹装置约束，以保证工件的 6 个自由度，固定加工基准。若干变形力监测装夹装置分布于零件四周，构成变形力监测区域，用于监测零件变形力，如图 4-15(a)所示。

　　装夹装置对工件的约束形式决定了装夹装置的作用力形式。因此，选择结构件变形小的区域设置固定装夹点，形成固定装夹区域。固定装夹点约束零件的 6 个自由度，该区域对结构件的约束可视为固支约束，如图 4-15(b)所示；由于该区域的装夹装置受到力和力矩的共同作用，难以准确测量力。变形力监测区域的装夹装置需要精确测量变形力，因此需在结构件变形大的区域设置变形力测量装夹点，并通过装夹形式对结构件形成简支约束，使得装夹装置在该点仅受力的影响，减小力矩作用，从而提高测量力的准确性。装夹布局的理论受力状态分析如图 4-15(b)所示，在该装夹布局下测量结构件加工过程中由于不平衡残余应力作用于监测装置的力，其反力即为变形力。在使结构件局部变形量满足线弹性变形的条件下设置测量点的位置和数量，测量点的布局对象包括单点传感器、多个点形成的线列传感器和在面内布局传感器形成的面传感器，并采用优化算法对测量点的布局进行优化。

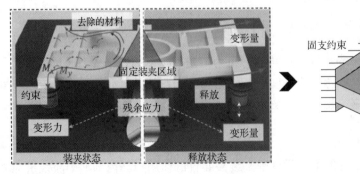
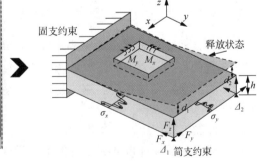

（a）零件实际加工受力状态　　　　　　　　　　（b）零件受力状态理论分析

图 4-15　零件实际加工受力状态及受力状态理论分析示意图[16]

4.4　监测数据驱动的加工变形控制工艺自适应调整方法

浮动装夹自适应加工方法是一种能够在加工过程中自适应释放、监测并消除结构件变形的加工工艺与方法。加工过程中监测的加工变形、变形力数据为分析结构件的加工变形规律、优化加工工艺提供了重要的基础。对于具有不同结构及加工变形控制需求的零件,通过变形监测数据建立变形控制工艺策略模型。针对结构简单、加工过程连续的零件,采用基于在线变形监测数据的主动预应力变形控制方法;针对结构复杂的零件,采用面向变形控制的零件余量动态分配方法动态调整零件精加工余量分配;针对正反双面具有加工特征的飞机结构件,采用面向双面结构件加工变形控制的加工顺序协同优化方法;对于仿真环境与实际环境存在差异导致数据驱动模型难以泛化的情况,采用元强化学习方法建立加工变形控制模型,实现跨环境的结构件加工变形精确控制。

4.4.1　基于在线监测数据的主动预应力变形控制方法

预变形加工方法是一种有效的变形控制手段,此方法通过在加工前预先对毛坯施加外力,迫使毛坯产生弹性变形,在已经产生变形的状态下进行加工,最终减少加工后零件的变形。预变形加工变形控制策略即根据零件最终的加工变形状态,通过预先使工件毛坯产生相同的变形,抵消零件最终的加工变形,以减小加工结束后零件的变形。其本质是通过预变形改变毛坯中的残余应力分布,使得零件几何内的残余应力为平衡状态,从而保证加工结束后零件不再产生新的变形。传统的预变形控制方法根据经验数据或预测数据在加工前对毛坯进行预变形调整,加工中不做任何控制调整,虽然能在一定程度上减小零件变形,但是由于基于离线预测的结构件变形精度难以保证,变形控制不稳定。

为解决上述问题,根据加工过程中的变形监测数据,采用主动预变形控制方法是实现结构件加工变形精确控制的一种有效工艺手段,其流程如图 4-16 所示。主动预变形控制考虑到工件每一层的变形释放是一个渐进过程,利用前一层由浮动装夹装置实时采集的可以间接反映不同区域残余应力分布和工件刚度的变形数据,基于数据拟合方法预测下一层变形,最后,根据变形预测结果,利用浮动装夹系统主动对工件进行预变形,进而执行下一层加工工步,从而实现零件的加工变形控制[17]。

主动预变形控制方法通过在某一层加工结束后,根据下一层的变形预测结果对工件进行预变形,在外力作用下,使其残余应力分布提前达到加工完下一层的状态,在忽略工件少量刚度变化对残余应力分布影响的情况下,加工后释放外力作用,零件不再发生变形。

根据预变形工件在加工前已经发生变形的特点,主动预变形控制方法在实施中必须要满足两个条件,即弹性变形条件和余量条件。当满足上述条件时,即可进行主动预变形控制。由于缺乏必要的监测数据进行变形预测,初始几层不进行预变形调整。当满足数据拟合曲线的数据要求时,每加工完一层,基于在线数据监测的变形预测方法预测工件加工下一层变形,随后根据每个监测点的下一层加工变形的预测值,将浮动装夹系统调整到相应位置,重新夹紧毛坯,进行下一层的加工,实际加工场景如图 4-17 所示。

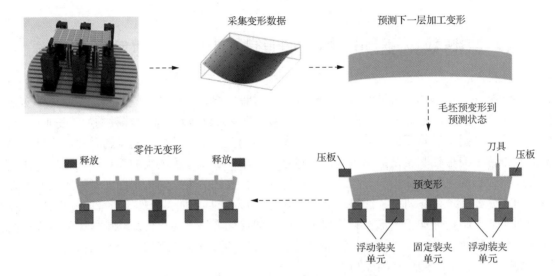

图 4-16　主动预变形控制方法总体思路

图 4-17　主动预变形控制实际加工场景

4.4.2　面向变形控制的零件余量动态分配方法

在加工过程中，工件内部残余应力场的不平衡导致了工件变形。当工件处于毛坯中不同位置时，零件几何体内的残余应力场分布不同，从而产生不同的加工变形。因此通过调整加工位置来控制加工变形是一种有效手段。

残余应力引起的弯曲力矩可以通过调整坯料中最终零件的相对位置来改变，如图 4-18 所示。零件变形主要归因于不平衡残余应力引起的弯矩，如式 (4-1) 所示，弯矩 M 取决于零件内部残余应力 $\sigma(z)$ 与其到零件中间层的相应距离 $t(z)$ 的积分，在整个零件区域中，当坯料中预期的成品零件的相对位置发生变化时，$t(z)$ 将相应地改变，因此由残余应力引起的弯矩也会发生变化，从而导致加工后零件变形的不同。

$$M = \int \sigma(z)t(z)\mathrm{d}V \tag{4-1}$$

因此，可以通过优化零件的余量分配，调整坯料中预期的最终零件的位置来控制零件的变形。

针对上述问题，基于加工变形在线监测数据进行动态余量分配，可以控制结构件的加工变形。如图 4-19 所示，首先将毛坯分为固定工艺层和动态调整层。利用浮动装夹装置监测加工过程中的变形数据，从而控制零件所处毛坯位置上下的动态余量分配。在加工过程中对零件变形进行释放和监测，并基于变形监测数据建立零件余量分配模型。根据该模型，动态调整零件上下面的余量分配，通过零件上下交替加工释放残余应力，从而平衡加工变形，达到控制变形的目的[18]。

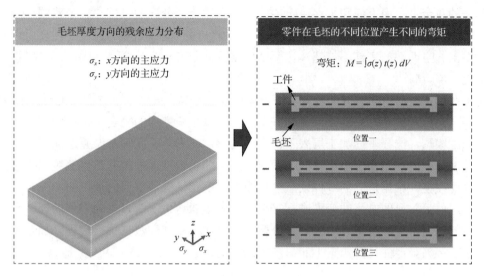

图 4-18　加工余量分配影响加工变形的力学原理

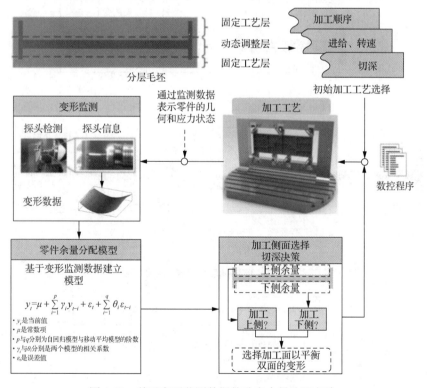

图 4-19　基于变形监测数据的动态余量分配方法

　　在固定工艺层，采用不变的加工参数去除该层的材料，并预定义余量，其中变形监测数据可用于变形预测模型；在动态调整层，上下部分余量按照动态余量分配方法进行动态分配，以达到控制变形的目的。

　　固定工艺层和动态调整层在毛坯中的比例分别根据零件和毛坯的尺寸和结构确定。由于上下部分的总余量是由毛坯和零件决定的，所以两边余量分配的调整有一个范围。当零件的上、下两个顶面处于坯料的上、下两个极端位置时，为了确保期望的最终零件被毛坯件包络住，零件上、下两端的底部不能超过这两个位置且需留有一定的余量。因此，可以根据上述原则制定分层策略。

　　为了在加工过程中动态分配零件上下方向的加工余量，采用以下方案：在动态调整层中，根据零件余量分配模型，先加工一侧的一个子层，以平衡完成的固定工艺层的变形；根据零件余量分配模型，选择下一加工层来平衡零件的整体变形，直到动态调整层加工完成。零件余量的动态分配方法是基于上下方向连续交替加工的。根据零件的变形监测数据，建立了零件余量分配模型。根据建立的零件余量分配模型，确定动态调整层的加工面和下一层对应的加工深度，然后对已经发生的变形进行平衡。通过多次迭代平衡，去除零件的加工余量，从而取得较好的变形控制效果。动态余量分配流程、加工工艺和数据采集过程、加工余量动态分配方法的装夹与零件几何如图 4-20～图 4-22 所示。

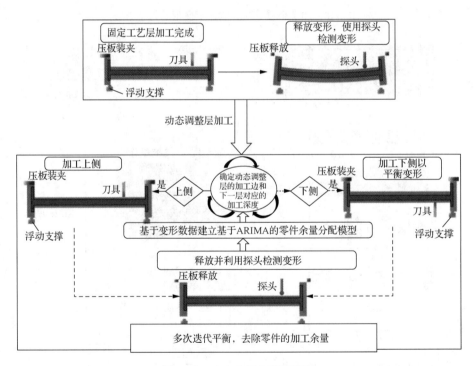

图 4-20　动态余量分配流程图

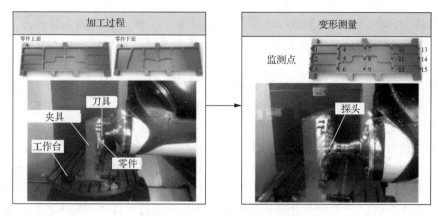

图 4-21　加工工艺和数据采集过程

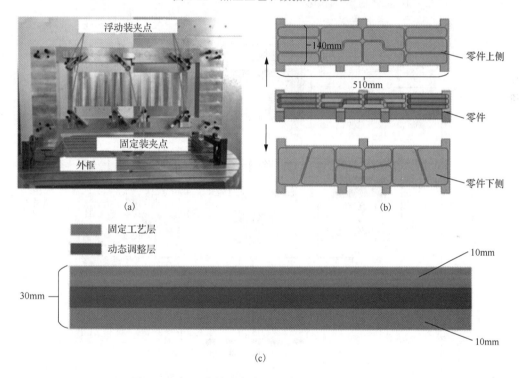

图 4-22　加工余量动态分配方法的装夹与零件几何

4.4.3　面向双面结构件加工变形控制的加工顺序协同优化方法

为了满足新一代飞机更高性能的要求，航空结构件的设计趋向于尺寸大型化、功能模块化、结构复杂化。同时，许多零件在设计时同时具有正反两面的加工特征，这给加工变形控制带来了很大的挑战。加工顺序影响初始残余应力的释放、重分布过程以及加工过程中的零件刚度，对最终变形有显著影响。正反面交替加工可以平衡工件两侧的残余应力释放，从而减少变形。因此，加工顺序的优化是实现双面零件加工变形控制的一个切入点。现有的加工顺序优化方法主要研究的是单面零件的变形控制，这些方法没有结合双面零件的双面加工特点进行加工顺序优化，不能满足双面零件整体变形控制的要求。与单面零件相比，双面零件在加工过程中的残余应力重分布和刚度变化更为复杂。同样，由于加工特征分布在双面零件的两侧，加工顺序协同优化更加困难。因此，在加工顺序协同优化过程中需要考虑更多的因素。

　　针对以上问题，本节介绍一种用于双面结构件加工变形控制的加工顺序双面协同优化方法。本方法将离线数值分析的相对剩余刚度与在线监测变形相结合，采用模糊综合评价法协同优化零件两面的加工顺序。图 4-23 展示了双面结构件加工顺序的调整策略。通过在加工过程中采集的变形数据实现重构零件的整体变形轮廓。然后，将整体变形轮廓投影到每个特征上，得到零件两面每个特征的变形；通过数值分析软件计算工件相对剩余刚度值；通过判断下一个加工特征与当前加工特征是否在零件同一面确定加工效率，即是否需要翻面来体现。综上可知，基于上述三个考量因素建立模糊综合评价模型以生成加工顺序，在实现零件加工变形控制的基础上，保证一定的加工效率[19]。

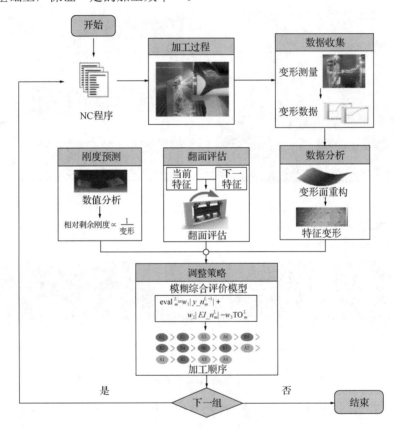

图 4-23　双面结构件加工顺序协同优化方法流程图

　　模糊综合评价法作为一种基于模糊数学的综合评价方法，适用于解决飞机结构件双面加工顺序确定这类难以量化的非确定性问题。本案例以零件变形作为优化目标，以零件单个特征为约束条件，构建了特征模糊综合评价模型。将变形、相对刚度和翻面三项数据作为模型的输入，并根据不同的加工阶段赋予不同的权值。由于零件加工中三个数组是动态变化的，每组加工中权值也是可调的，所以零件整体加工顺序的调整是一个动态调整的过程。双面结构件加工顺序协同优化方法的装夹与加工现场如图 4-24 所示。

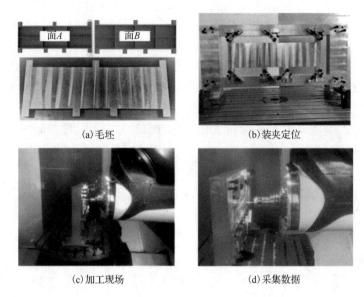

(a)毛坯　　　　　　　　　(b)装夹定位

(c)加工现场　　　　　　　(d)采集数据

图 4-24　双面结构件装夹与加工现场

4.4.4　基于元强化学习的精加工余量优化方法

精加工阶段是对零件进行变形控制的重要阶段,切削残余应力是该阶段变形的主要原因,精加工余量对切削力及切削温度有重要影响,而切削力及切削温度是切削残余应力产生的两个主要来源,因此精加工余量的优化对精加工阶段的变形控制至关重要。

在工件半精加工阶段,基于当前工件变形状态,以最小化工件精加工完成时的最终加工变形为目的,以每个槽区域的精加工余量作为优化变量,最后通过精加工得到最终最小化变形的零件。这个思路本质上是一个序贯决策问题,在与加工环境的交互中,获得工件的实时加工变形状态,从而智能体能连续地做出决策,为每个槽区域选择合适的精加工余量(即决策的动作)。强化学习是一类学习如何依据环境状态决策动作,通过不断地尝试,从经验中学习,最后找到最优的策略,从而实现奖励值最大的机器学习算法。为了能够快速、灵活、低成本地收集数据,从而最大限度地发挥强化学习的作用,往往在仿真环境中进行模型训练。在仿真环境下训练得到的模型,其特征与真实环境之间存在一定的误差,其中包括仿真设置和数值参数之间的误差,所以学习到的策略往往只在特定的仿真环境中有效,而转移到真实环境时却难以达到理想效果。

已有的仿真到实际环境的应用方法主要有域随机化方法、域适应方法以及系统识别方法。域随机化方法只能对已知的参数进行随机处理,且需对参数域分布有初步估计,否则会有较大偏差,而对实际情况中存在的部分未知参数的情况,难以做域随机处理;域适应方法对目标数据有需求,仍需要一定量的实际环境数据作为迁移依据,而实际加工情况往往难以满足要求;系统识别方法需要对真实环境的已知参数做到精准辨识,而且实际加工环境还存在部分未知参数,难以适应实际加工情况。因此以上三种仿真到实际环境的应用方法都不同程度造成了仿真到实际的差距,使得仿真到实际的应用难以满足实际需求。

如图 4-25 所示,在元强化学习(Meta-RL)中,小样本学习的目标是使智能体仅使用测试集中的少量经验(样本数据)就能快速获得新测试任务的策略。一项新任务可能涉及实现一个新目标，或者在一个新的环境中实现一个之前训练过的目标。例如，一个智能体可能快速学会如何在迷宫中导航，这样当智能体面对一个新的迷宫时，它就可以通过少量样本确定如何可靠地到达出口。对于精加工余量优化来说，在不同范围内采样初始残余应力并赋予工件，以该应力采样范围内工件的精加工余量优化作为一个任务，为每个不同任务的加工仿真环境建立一个强化学习模型，并在与仿真环境的交互中训练模型，通过一个元学习器学习不同任务模型的学习策略[20]。基于精加工余量优化方法的加工与变形量检测如图 4-26 所示。

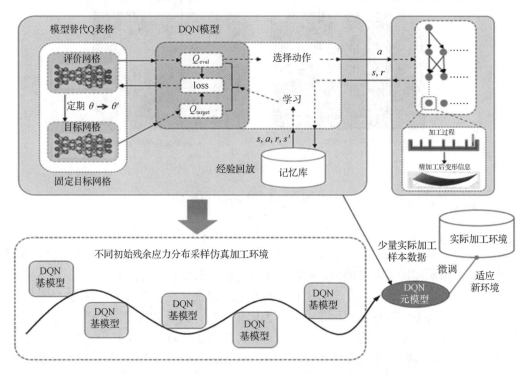

图 4-25 基于 Meta-DQN 的精加工余量优化模型

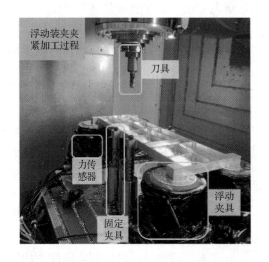

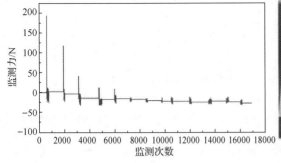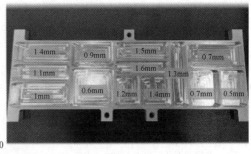

图 4-26　基于精加工余量优化方法的加工与变形量检测

4.5　本　章　小　结

（1）大型结构件加工变形的影响因素存在不确定性，如材料属性不均匀、材料的本构关系、切削温度及热应力导致的材料属性变化等，加工变形的精确控制仍是一个极具挑战的难题。在传统固定装夹加工模式下，结构件被完全固定，加工过程中无法释放结构件的整体变形，无法监测结构件的整体变形。浮动装夹自适应加工方法实现了在加工过程中自适应释放、监测并消除结构件的变形，为结构件加工变形的预测和闭环控制提供了数据基础。

（2）基于在线监测数据的主动预应力变形控制方法以及面向变形控制的零件余量动态分配方法，从本质上对零件残余应力的分布进行调控，实现了飞机结构件加工变形的主动控制。面向双面结构件加工变形控制的加工顺序协同优化方法基于变形监测数据，通过优化零件加工顺序、调整工件残余应力的释放过程，实现了双面结构件加工变形的精确控制。基于元强化学习的精加工余量优化方法通过学习不同环境下变形控制的策略，实现了基于新环境少量样本的零件变形控制。以上方法打破了传统基于机理模型控制加工变形的局限，为零件加工变形控制提供了新思路和新方法。

4.6　课　后　习　题

4-1　导致零件加工变形的原因有哪些？不同场景下的主要因素是什么？

4-2　浮动装夹系统的功能包括哪些，简单阐述如何基于浮动装夹系统控制加工变形。

4-3　简述传统的定位原理与方法应用于浮动装夹工艺的局限性。

4-4　阐述控制零件加工变形有哪些途径。

4-5　请结合本章的加工变形控制技术，阐述还有哪些智能算法可以应用。

参 考 文 献

[1] 林勇, 罗育果, 汤立民. 航空薄壁弧形框加工变形控制方法研究[J]. 机械设计与制造, 2012(2): 107-109.

[2] 张峥. 飞机弱刚性铝合金结构件的残余应力和加工变形控制技术研究[D]. 南京: 南京航空航天大学, 2016.

[3] ARRAZOLA P J, ÖZEL T, UMBRELLO D, et al. Recent advances in modelling of metal machining processes[J]. CIRP annals-manufacturing technology, 2013, 62(2): 695-718.

[4] LI B Z, JIANG X H, YANG J G, et al. Effects of depth of cut on the redistribution of residual stress and distortion during the milling of thin-walled part[J]. Journal of materials processing technology, 2015, 216: 223-233.

[5] 张定华, 张仲玺, 罗明, 等. 面向航空复杂薄壁零件智能加工的进化建模方法[J]. 航空制造技术, 2016 (16): 93-98.

[6] MOEHRING H C, WIEDERKEHR P, GONZALO O, et al. Intelligent fixtures for the manufacturing of low rigidity components[M]. Berlin: Springer International Publishing, 2018.

[7] LIN C Y. Applicability of rule 2 in geometric dimensioning and tolerancing[J]. Journal of engineering technology, 2009, 26(1), 16-22.

[8] WAN X J, XIONG C H, WANG X F, et al. A machining-feature-driven approach to locating scheme in multi-axis milling[J]. International journal of machine tools and manufacture, 2010, 50(1): 42-50.

[9] CAI W, HU S J, YUAN J X. Deformable sheet metal fixturing: principles, algorithms, and simulations[J]. Journal of manufacturing science and engineering, 1996, 118(3): 318-324.

[10] LIU S G, ZHENG L, ZHANG Z H, et al. Optimization of the number and positions of fixture locators in the peripheral milling of a low-rigidity workpiece[J]. The international journal of advanced manufacturing technology, 2007, 33(7):668-676.

[11] LU C, ZHAO H W. Fixture layout optimization for deformable sheet metal workpiece[J]. The international journal of advanced manufacturing technology, 2015, 78(1):85-98.

[12] LI B H, GAO H J, DENG H B, et al. A machining deformation control method of thin-walled part based on enhancing the equivalent bending stiffness[J]. The international journal of advanced manufacturing technology, 2020, 108(9): 2775-2790.

[13] LI J G, WANG S Q. Distortion caused by residual stresses in machining aeronautical aluminum alloy parts: recent advances[J]. The international journal of advanced manufacturing technology, 2017, 89(1-4): 997-1012.

[14] HAO X Z, LI Y G, CHEN G X, et al. 6+X locating principle based on dynamic mass centers of structural parts machined by responsive fixtures[J]. International journal of machine tools and manufacture, 2018, 125: 112-122.

[15] 郝小忠. 大型结构件浮动装夹自适应加工方法[D]. 南京: 南京航空航天大学, 2018.

[16] ZHAO Z W, LI Y G, LIU C Q, et al. Predicting part deformation based on deformation force data using physics-informed latent variable model[J].Robotics and computer-integrated manufacturing, 2021, 72:102204.

[17] HAO X Z, LI Y G, LI M Q, et al. A part deformation control method via active pre-deformation based on online monitoring data[J]. The international journal of advanced manufacturing technology, 2019, 104(5): 2681-2692.

[18] 李孟秋. 飞机结构件双面连续加工方法及装置[D]. 南京: 南京航空航天大学, 2019.

[19] HAO X Z, LI Y G, NI Y, et al. A collaborative optimization method of machining sequence for deformation control of double-sided structural parts[J]. The international journal of advanced manufacturing technology, 2020, 110(11): 2941-2953.

[20] 黄冲. 基于变形力监测数据的精加工余量优化方法[D]. 南京: 南京航空航天大学, 2021.

第 5 章 切削力智能预测与监测技术

切削力智能预测与监测技术是利用传感技术获得数控加工过程中的监测数据，融合切削机理和智能算法，实现切削力的精确预测与监测的技术。传统的数控加工工艺规划一般仅考虑零件的理想几何形状，根据工艺人员经验制定工艺参数(切深、切宽、主轴转速、进给速度等)和加工策略。航空航天装备为追求更大的推重比以实现高机动性能，在设计过程中广泛采用薄壁复杂结构零件。此类零件的加工工艺参数选取不当会造成切削力超限，引发刀具、零件产生显著的加工变形，即出现让刀现象，导致零件的实际加工表面与理论值之间存在较大偏差，难以满足零件精度要求。因此，需要建立准确的切削力预测模型指导优化工艺参数，并在实际加工过程中持续监测以实现工艺参数的在线微调，实现航空航天复杂零件的高精高效加工。

5.1 引　　言

数控机床是现代制造业尤其是国防工业的基础装备，其发展水平是衡量国家工业实力的重要指标。切削是指用刀具从工件上切除多余材料，从而获得形状、尺寸精度及表面质量等合乎要求的零件的加工工艺，如图 5-1 所示的切削过程。切削力作为反映切削状态的重要物理量，其预测和监测一直是数控加工领域的重要研究内容。

数控加工工艺决策过程中，切削力往往会作为关键参考量指导工艺决策，在加工前精确预测切削力也成为决定最终工艺质量以及加工质量的关键。切削力对于切削状态的变化具有高度的敏感性和快速响应能力，是反映机床切削状态、进行加工状态监测最有价值的物理量[1]。对切削力进行监测，可以准确反映加工过程中的不确定工况，监测数据可用于刀具破损/磨损检测、颤振监测/抑制以及切削载荷的自适应控制等，为实现高质高效加工和数控机床的无人化、智能化提供核心数据支持。

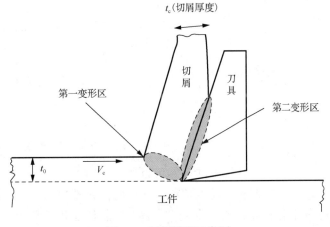

图 5-1　切削过程示意图

5.1.1 切削力预测技术

现有的切削力预测建模方法主要包括：①基于切削机理和材料本构关系的物理模型[2,3]；②基于切削力系数的力学模型[4,5]；③基于实验数据的经验模型[6]；④基于切削力实测数据的机器学习模型[7]。其中前两类方法涉及切削力机理建模，可称为机理驱动建模，如图 5-2 所示；后两类方法采用通用模型对实际数据进行拟合，可统称为数据驱动建模。复杂薄壁零件加工过程中，由于切削几何复杂且工况多变，现有方法难以胜任切削力精确预测的需求。

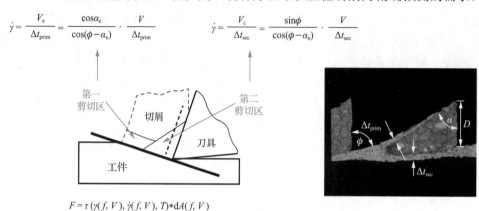

$$\dot{\gamma} = \frac{V_s}{\Delta t_{\text{prim}}} = \frac{\cos\alpha_e}{\cos(\phi - \alpha_e)} \cdot \frac{V}{\Delta t_{\text{prim}}} \qquad \dot{\gamma} = \frac{V_c}{\Delta t_{\text{sec}}} = \frac{\sin\phi}{\cos(\phi - \alpha_e)} \cdot \frac{V}{\Delta t_{\text{sec}}}$$

$$F = \tau(\gamma(f, V), \dot{\gamma}(f, V), T) * \mathrm{d}A(f, V)$$

(a) 物理模型

$$\begin{aligned}\mathrm{d}F_r &= K_{\text{re}}\,\mathrm{d}S + K_{\text{rc}}\,h(\phi,\kappa)\,\mathrm{d}b \\ \mathrm{d}F_t &= K_{\text{te}}\,\mathrm{d}S + K_{\text{tc}}\,h(\phi,\kappa)\,\mathrm{d}b \\ \mathrm{d}F_a &= K_{\text{ae}}\,\mathrm{d}S + K_{\text{ac}}\,h(\phi,\kappa)\,\mathrm{d}b\end{aligned}$$

$$F_x(\phi) = \sum_{j=1}^{N_f} F_{xj}[\phi(z)] = \sum_{j=1}^{N_f}\int_{z_1}^{z_2} [-\mathrm{d}F_{rj}\,\sin\phi_j\sin\kappa_j \quad -\mathrm{d}F_{tj}\,\cos\phi_j \; -\mathrm{d}F_{aj}\,\sin\phi_j\,\cos\kappa_j]\,\mathrm{d}z$$

$$F_y(\phi) = \sum_{j=1}^{N_f} F_{yj}[\phi(z)] = \sum_{j=1}^{N_f}\int_{z_1}^{z_2} [-\mathrm{d}F_{rj}\,\cos\phi_j\sin\kappa_j \quad \mathrm{d}F_{tj}\,\sin\phi_j \; -\mathrm{d}F_{aj}\,\cos\phi_j\,\cos\kappa_j]\,\mathrm{d}z$$

$$F_z(\phi) = \sum_{j=1}^{N_f} F_{zj}[\phi(z)] = \sum_{j=1}^{N_f}\int_{z_1}^{z_2} [-\mathrm{d}F_{rj}\,\cos\phi_j \qquad\qquad -\mathrm{d}F_{tj}\,\sin\kappa_j]\,\mathrm{d}z$$

(b) 力学模型

图 5-2　切削力机理驱动建模方法[3, 5]

机理驱动建模方法虽然可以通过切削机理和力学模型来描述切削过程中产生的交变切削力，但是模型预测精度依赖于切削力微元模型和切削几何模型的精度，前者在建模过程中不可避免会进行近似和简化，后者难以胜任复杂工况下的切削几何精确表征。因此，机理驱动建模方法大多仅适用于对精度要求不高的简单工况。

数据驱动建模方法通过事前积累大量的切削力测量数据，采用多元回归等数值方法对通用模型系数进行辨识，实现切削力预测。此类方法针对不同刀具形状、工件材料、工况变化均需要进行大量实验来获取数据样本，建模成本高，同时建立的切削力模型本质上是由通用模型拟合得到的，不具备可解释性，模型的外推能力较差，难以应用于实际复杂工况的切削力预测。

5.1.2　切削力监测技术

针对切削力监测问题，已有诸多学者进行了相关研究，现有的切削力监测方法可以分为两类：基于外部传感器的切削力监测和基于数控系统内部监测信号的切削力监测。

1) 基于外部传感器的切削力监测

基于外部传感器的切削力监测，即在受切削力影响的部件上安装压电式、应变式等传感器来采集相关的位移、加速度或力信号，利用传感器原理和信号处理技术得到切削力分量。常见的三种方案为：①台式测力仪；②旋转测力仪；③集成在主轴部件上的测力传感器[8]，如图 5-3 所示。

(a) 台式测力仪　　　　　　　　(b) 旋转测力仪

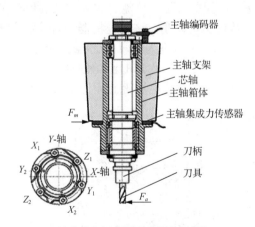

(c) 集成在主轴部件上的测力传感器

图 5-3　三种基于外部传感器的切削力监测方案

台式测力仪的测量精度高，但限制了工件尺寸，增加了装夹难度，并缩小了机床工作空间。旋转测力仪消除了台式测力仪的装夹和工作空间限制，但切削力是在刀具的旋转坐标系中测量的，很难得到进给方向的切削力，且旋转测力仪集成在特定刀柄上，限制了系统刚度。将测力相关的传感器集成在主轴部件上的方案比较灵活，但由于集成在封闭性较强的主轴部件上，难以安装和维护[9]。此外，台式测力仪和旋转测力仪价格高昂，并且当长期暴露在充斥着切削液、切屑和振动的恶劣工作环境下时，各种外部传感器很难保持最佳性能[10]。因此，现阶段基于外部传感器的切削力监测方法只能应用于实验室环境，在可靠性、实用性以及经济性上尚难以满足实际应用需求。

2) 基于数控系统内部监测信号的切削力监测

数控机床执行指令时，系统内置的霍尔电流传感器、编码器、光栅尺等测量元件提供了电流、速度、加速度等大量监测信号[11]，这些信号间接反映了加工状态，其中就包括反映机床受扰动状态的切削力信息。如果能够利用这些内部监测信号对切削力进行监测，则可以避免外部传感器的引入，在满足精度需求的前提下，为切削力监测提供一个可靠、实用、经济、有效的解决方案，具有推广应用于工业实际生产过程中的巨大潜力。

基于数控系统内部监测信号的切削力监测方法可分为两类：机理建模和数据驱动建模。

机理建模方法是通过建立描述数控系统内部监测信号和切削力分量关系的机理模型，辨识相应的模型参数，进而计算得到切削力分量。早期的机理建模方法通过驱动电机受力关系直接计算得到切削力，即以电机端力矩平衡为基础，监测驱动电流以及电机端的速度和加速度信号，从驱动力矩中去除作为阻力的惯性力矩和摩擦力矩后得到差值，该差值即视作切削力矩。该方法没有考虑驱动系统的结构动力学，因此从数控系统内部监测数据监测的切削力的精度和带宽是有限的。在近年来的研究中，有学者在直接计算的基础上，结合更好的摩擦模型，并对结构动态特性进行补偿，拓展了频率带宽，进一步提高了监测精度。

在机理建模方法中，机理模型是在物理定律和其他理论的基础上建立的，可以简洁高效地表征系统特性，具有很强的可解释性。然而，由于实际系统的复杂性，在机理建模过程中总是引入假设、简化和近似，从而引起建模误差。机理模型包含多个子模型，而为了实现机理建模需要对机理模型所包含的所有子模型进行参数辨识，这是极其烦琐和困难的。此外，辨识过程在非加工状态下进行，因此其结果可能与实际加工过程存在差别。

与机理建模方法不同，数据驱动建模方法通过机器学习算法直接从观察到的数据中学习端到端映射，如图 5-4 所示。以神经网络为代表的数据驱动模型在复杂问题建模方面非常强大，因此，有学者通过同时采集数控系统内部的监测信号和切削力来构建训练数据集，进而训练神经网络直接从切削实验数据中建立电流等监测变量与切削力之间的"黑盒"映射关系。

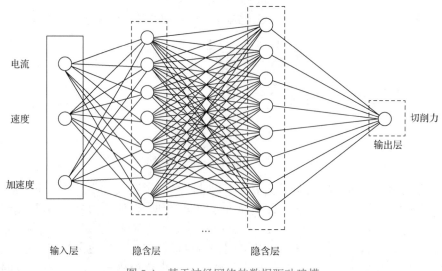

图 5-4　基于神经网络的数据驱动建模

虽然神经网络对复杂问题具有强大的建模能力，但其模型设计和训练过程较为困难，"黑盒"特性使得其在结构、数据和特定问题的复杂性之间难以取得平衡，缺乏可解释性和泛化能力。此外，在大多数真实的应用场景中，神经网络模型所依赖的独立同分布假设难以满足。

5.2　机理与数据混合驱动的切削力离线预测技术

如何实现运用有限的数据，通过构建切削力与切削参数之间准确的物理关系模型，来实现高效率、高精度地对切削力进行预测成为目前切削力预测研究领域的关键问题。针对这一问题，本节以复杂曲面切削加工中最常用的球头铣刀为例，介绍一种机理与数据混合驱动的切削力离线预测模型。与传统预测模型不同的是，本方法通过与力学先验知识相结合，构造出了表征切削几何微元与切削力微元之间关系的神经网络。通过图像对切削几何模型进行表征的方法，将模型的输出限定为相应的切削力数据，同时神经网络被机理模型所限制，在样本空间搜索最优解的同时需要满足切削力微元的生成机理，即切削力微元的方向与相应像素表征的切削几何微元的大小和径向位置无关这一理论。下面对混合驱动模型进行详细介绍。

5.2.1　基于数字图像表征的切削几何建模

刀具在切削过程中通过高速旋转的刀刃与工件进行接触，进而将材料去除。切削几何是一种假想的几何体，用来描述在切削过程中刀具包络面与工件相交形成的区域，也就是刀具在一次切削动作内，从刀刃接触工件开始直至刀刃旋转离开工件结束所去除材料的几何形状，如图 5-5 所示。在切削力形成的过程中，切削几何代表着刀具在一次切削动作的周期内去除材料的大小和形状，与这个过程中所产生的切削力大小及方向有着密切联系。因此，对切削几何进行通用且精确的建模是精确预测切削力的必要条件。

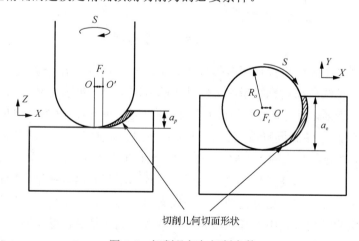

图 5-5　切削几何与切削参数

本节介绍一种利用数字图像形式对切削几何进行表征的方法，依托其统一的数据结构和简单快捷的获取方法，以图像形式表征的切削几何可以在保证包含所需几何信息的同时提高切削力预测模型的预测效率。相较于解析几何表征，离散表征的几何信息的精度主要依赖于分割几何的网格密度，理论上无法做到像解析几何一样精确，但是鉴于图像数据格式的高维特性，在表征三维几何信息的情形下，可以很好地利用结构特性，以便保留不同的几何微元在同一坐标下的相对位置关系。相较于解析几何沿刀刃曲线积分获得切削几何的方法，被网格离散的三维切削几何微元在切削几何中的排列方式和相对关系都可以通过网格的结构得出。这一特性可以很好地在后面对切削力进行建模的阶段利用，提高获取切削几何效率的同时保留所有必要的几何信息，满足切削力模型的输入需求。

对于数字化图像表征的切削几何的获取，具体实现方法如图 5-6 所示。首先，对于一个切削几何，可以将其定义为上表面与下表面包络的一个立体几何，其中，上表面包括待加工工件的表面以及上一个切削周期中刀位点位置处刀具包络面与工件相交的面，在二维示意图中，上表面可以表征为图 5-5 中左侧刀具与工件相交的面以及右侧阴影部分的上边指代的工件表面部分。下表面是指当前切削周期中刀位点位置处刀具包络面与工件相交的面，同样在图 5-5 左侧，切削几何的下表面可以表示为阴影区域右下方曲线所指代的面。

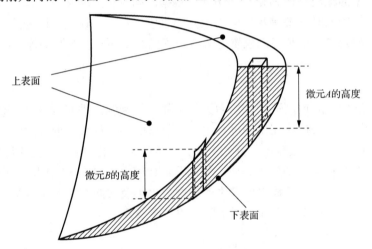

图 5-6　离散几何微元信息的获取

进一步，对这两个表面进行相同的离散化操作，为得到与数字图像分辨率及形式一致的几何信息，将刀具轴线所在的直线指向工件外部的方向定义为离散化网格的法向。对于切削几何离散化的上下表面，利用离散几何微元的 z 方向（刀具轴向）高度指代相对应的几何信息，将这些离散后的信息存储到同样维度的数组中，就可以构建出一个切削几何图像，如图 5-7 所示，每个网格位置处所对应的上下表面刀具轴向坐标即可作为高度信息的值，与之相对地，同一网格位置处的上下表面高度数值做差后即可得到切削几何微元在轴向的长度。鉴于每个几何微元在网格中所占用的格栅位置都为一个像素单位的大小，所以就可以将此长度理解为定义几何微元体积的参数。其中，几何微元的刀轴方向高度信息由数字图像中相应位置的像素灰度值来表征。对于每个垂直于轴向方向的几何微元来说，其位于网格矩阵中的位置即为设定平面上投影的位置，并且几何微元的大小通过灰度值来进行表征的方法可以充分利用图像数据的结构，有效地将几何信息完整储存在图像中。

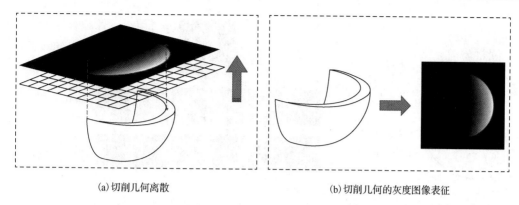

(a) 切削几何离散　　　　　　　　　(b) 切削几何的灰度图像表征

图 5-7　像素化表征的切削几何微元

由于这种利用离散化切削几何生成图像的方法是利用刀具包络面几何形状生成切削几何的离散图像表征，仅需要获取每个刀位点位置以及更新之后的工件表面信息，而这些信息可以通过工艺决策和刀轨设计过程中的加工仿真分析获取到，所以相较于解析几何表征的切削几何需要对每个不同的切削几何积分边界进行识别这样复杂的过程，流程清晰且简便，可以泛化到多种实际的切削工况中。在具体的仿真过程中，对刀具包络面和待加工工件表面的相对位置关系进行判定，并对两个表面进行同比例尺的网格化操作，这样就使得图像上相同像素长度的工件和刀具的尺寸是一致的。当网格化的两表面判定为相交之后，进一步就需要对相交的区域进行判定，即对网格上待加工工件表面与在相同网格位置上的刀具包络面表面沿刀轴方向的高度做差的结果进行判定，若待加工工件表面的高度高于刀具包络面，即可认为刀具在此刀位点上正在进行切削。囊括在判定范围之内的材料将会在此切削周期内被去除，而切削几何的表征也就是基于上面阐述的计算方法，将每个网格位置处的两个面高度做差得到每个网格处切削几何微元在刀具包络面内沿刀轴方向的高度。

鉴于图像表征的切削几何本身具有离散的属性，进一步将切削几何离散为给定微元时间步长内的瞬时切削几何也就是构建分配每个离散时刻的几何大小以及在切削过程中符合离散时刻的去除顺序。因为图像表征的切削几何中，几何微元通过像素在图像中的位置以及像素灰度值来进行表示，并且由于球头铣刀刀刃在旋转过程中的特性，同一切削周期内刀刃扫掠过的面内，对于每个离散几何微元只会与刀刃进行一次接触，也就是说，切削几何图像中每个像素位置的几何微元是由刀刃切削一次产生的，基于这一性质，在真实的切削过程中，一个切削周期内切削几何的形成顺序和刀刃旋转运动方向是一致的。整个切削几何图像的形成也是由刀刃在切削周期开始时切入工件开始，至刀刃旋转末端离开工件位置不再有新的材料被去除为止。

在理想的情况下，瞬时切削几何可以基于刀刃转角对切削几何图像进行划分得到。但是不同之处在于，在机理模型中解析切削几何的微分形式用于指代切削几何微元，而在图像表征的切削几何中，几何微元是由网格化三维几何之后的像素指代的。因此针对这种情况，预测模型采用刀刃蒙版表征瞬时切削区域的方法来对一个切削周期内的像素化切削几何进行划分，如图 5-8 所示。

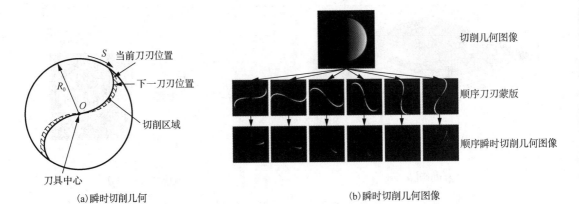

(a)瞬时切削几何　　　　　　　　　　　(b)瞬时切削几何图像

图 5-8　刀刃蒙版表征的瞬时切削几何形成区域以及顺序瞬时切削几何图像

5.2.2　机理与数据混合驱动的切削力离线预测建模

基于瞬时切削几何的图像表征,对切削力模型的建立就可以表征为对瞬时切削力和瞬时切削几何的匹配。关于瞬时切削力的定义,经过对相关领域的研究现状进行总结,作用在刀具上的切削力微元产生的机理是不随刀具旋转角度而改变的。如图 5-9(a)所示,左侧的图像为切削过程中某一时刻的瞬时切削几何图像,O 为刀具的旋转中心,右侧标记块即为像素表征的切削几何微元 P。因图像数据结构的原因,瞬时切削几何图像中的每一个像素都可以由方位角 θ、径向位置 r 以及像素值(切削几何微元高度)v 来描述。鉴于切削力微元的大小与方位角信息无关,所以参考切削力微元 $f'(r_i, v_i)$ 与其对应在瞬时切削几何图像中的真实切削力微元 $f(\theta_i, r_i, v_i)$ 的大小是一致的,而 f 的方向可以由切削力微元模型得到,如图 5-9(b)所示。参考切削力微元的两个主方向上的分量 (f'_x, f'_y) 可以通过旋转矩阵变换后得到真实切削力微元的两个分量 (f_x, f_y),瞬时切削力也就可以基于对这些切削几何微元所指代的切削力微元进行累加得到。

通过对一些可建模物理信息的挖掘和建模,构建出了一种由像素指代的切削几何微元在加工过程中形成切削力微元的机理并给出了这种关系的形式,接下来会利用此机理,通过数据驱动的方法构建一个切削力模型,如图 5-10 所示。整个训练过程可以看作从选择刀刃蒙版和某一完整周期的切削几何组合作为开始,通过刀刃蒙版的顺序信息,就可以挑选出当前切削几何所表征离散的周期切削力数据中相对应的一帧,如图 5-10 中“蒙版顺序”所指的数据,并将此数据作为刀刃蒙版处理后瞬时切削几何图像的标签。下一步,瞬时切削几何图像经过前处理获取到的三个矩阵分别为不变的径向位置矩阵 $\boldsymbol{R}$ 以及方位角矩阵 $\boldsymbol{\theta}$,同时还有一个根据瞬时切削几何不同而变化的体积矩阵 $\boldsymbol{V}$。取三个矩阵中的相同位置,即相同切削几何微元的数值表征,并将径向位置和微元体积值合并成为一个二维向量 (r_i, v_i) 输入神经网络之中,方位角位置值 θ_i 直接代入旋转矩阵 ROT 中,利用矩阵乘法处理神经网络输出的等效切削力微元 (f'_{ix}, f'_{iy}) 可得到理论位置 θ_i 处的切削几何微元所产生的切削力微元。进一步,通过解算切削力微元和瞬时切削力之间的关系,对瞬时切削几何图像中所有切削几何微元进行切削力微元的求解后,对所有切削力微元进行矢量求和,最终得到由混合驱动模型得到的与此瞬时切削几何对应的瞬时切削力 $(F_{\text{instant}X}, F_{\text{instant}Y})$。最后,利用之前通过刀刃蒙版配准后得到的实验切削力真实值 $(\hat{F}_{\text{instant}X}, \hat{F}_{\text{instant}Y})$ 与模型输出值进行残差计算,得到模型的损失值。依据反向传播算法,模型训练的损失值与学习率共同确定了通过此次学习后学习模型参数更新优化的方向和大小。

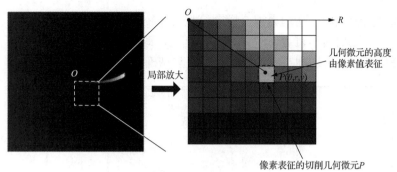

(a) 切削几何微元像素表征

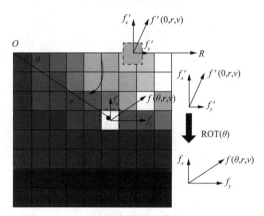

(b) 切削力微元方向确定

图 5-9　像素表征的切削几何微元

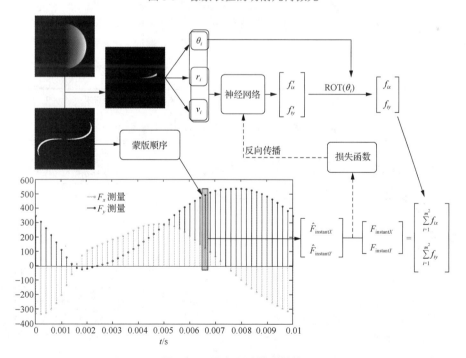

图 5-10　混合驱动模型结构

　　经过一系列的训练后，切削力混合驱动模型与传统的切削力机理模型在某一真实切削周期内的预测效果对比如图 5-11 所示。不难得出结论，即引入物理先验知识的混合驱动模型相较于传统机理模型在复杂切削工况中能够获得更加精确的预测结果。

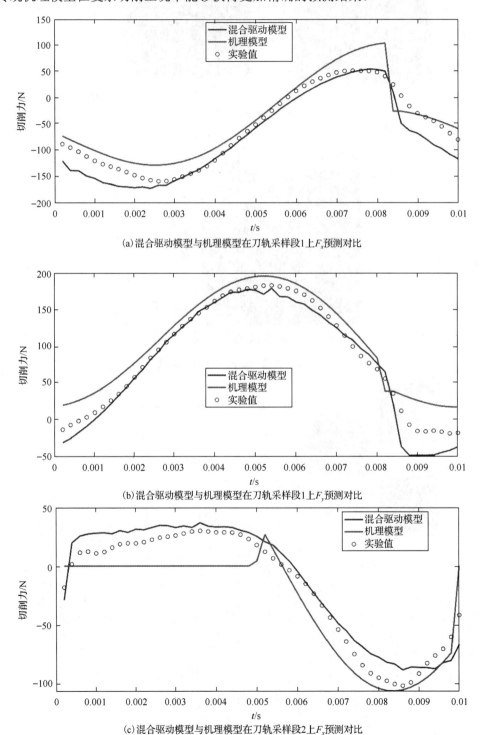

(a) 混合驱动模型与机理模型在刀轨采样段1上F_x预测对比

(b) 混合驱动模型与机理模型在刀轨采样段1上F_y预测对比

(c) 混合驱动模型与机理模型在刀轨采样段2上F_x预测对比

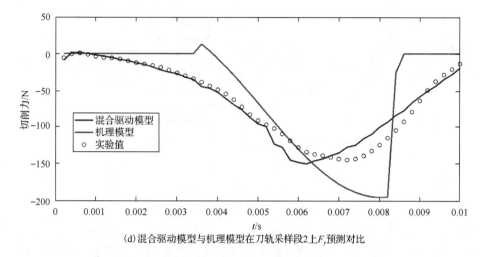

(d) 混合驱动模型与机理模型在刀轨采样段 2 上 F_y 预测对比

图 5-11　切削力机理模型和混合驱动模型的切削力预测效果对比

5.3　基于数控系统内部监测信号的机理与数据混合驱动切削力监测方法

针对基于数控系统内部监测信号的切削力监测问题，为了充分利用机理建模和数据驱动建模的优势而尽量避免二者的劣势，本节引入采用机理与数据混合驱动的新思路，介绍一种基于机理的结构化深度神经网络（Mechanism-based Structured Deep Neural Network，MS-DNN），以机床切削力和内部监测信号之间的机理模型为先验，依据机理模型中静态环节和动态环节的形式及其与相关变量之间的对应关系设计具有特定结构的深度神经网络，使得结构化后的深度神经网络和机理模型的形式等价的同时，具有更强的表达能力。

相较于神经网络等传统机器学习方法，和机理模型等价的形式使得结构化神经网络的不同子部分具有特定的机理意义，从而减少了冗余连接关系，训练更加高效；模型的有效性不再完全依赖于独立同分布假设，泛化能力更强。此外，相较于机理模型方法，结构化神经网络保留了一般神经网络自由且强大的建模能力，可对不同环节的建模误差进行有效表征。

5.3.1　数控系统内部监测信号-切削力机理建模

为了构造 MS-DNN，首先进行数控系统内部监测信号-切削力的机理建模。进给轴切削力到电机响应的正向传递过程如图 5-12 所示。

每个进给轴的驱动电机克服摩擦力矩 τ_f 以及响应切削力矩 τ_c，然后驱动力矩 τ_m 平衡后剩余的惯性力矩驱动机床部件 τ_I 移动，可表示为

$$\tau_m = \tau_c + \tau_I + \tau_f \tag{5-1}$$

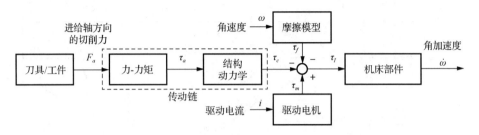

图 5-12　进给轴切削力到电机响应的正向传递过程

其中

$$\tau_m = K_m i \tag{5-2}$$
$$\tau_I = J_e \dot{\omega} \tag{5-3}$$

K_m 为电机的转矩常数；i 为被监测的驱动电流；J_e 为作用在电机上的等效惯量；$\dot{\omega}$ 为被监测的电机轴角加速度。摩擦力矩 τ_f 的建模较为复杂，是被监测的角速度 ω 的非线性函数，记为 $\tau_f(\omega)$，摩擦力矩由经典的斯特里贝克（Stribeck）模型表示为

$$\tau_f(\omega) = \begin{cases} \tau_{co+} + (\tau_{s+} - \tau_{co+})e^{-\frac{\omega}{\omega_{s+}}} + \sigma_{\omega+}\omega, & \omega > 0 \\ \tau_{co-} + (\tau_{s-} - \tau_{co-})e^{-\frac{\omega}{\omega_{s-}}} + \sigma_{\omega-}\omega, & \omega < 0 \end{cases} \tag{5-4}$$

其中，τ_{co+} 和 τ_{co-} 为正负库仑摩擦力矩；τ_{s+} 和 τ_{s-} 为正负静摩擦力矩；ω_{s+} 和 ω_{s-} 为正负斯特里贝克速度；$\sigma_{\omega+}$ 和 $\sigma_{\omega-}$ 为正负黏性摩擦系数。需要注意的是，由于驱动电机不是绝对静态的，所以 $\omega = 0$ 的情况可以忽略。

τ_c 是轴向切削力 F_a 经过力-力矩转换后的结构动态响应。切削力 F_a 到切削力矩 τ_a 的转换可表示为

$$\tau_a = \frac{F_a h_p}{2\pi\eta} \tag{5-5}$$

其中，h_p 和 η 分别为滚珠丝杠的导程和传动效率。

τ_c 和 τ_a 之间的动态响应可表示为传递函数：

$$\Phi_d(s) = \frac{\tau_c(s)}{\tau_a(s)} = \sum_{k=1}^{N} \varphi_{dk}(s) = \sum_{k=1}^{N} \frac{\alpha_k + \beta_k s}{s^2 + 2\xi_k \omega_{nk} s + \omega_{nk}^2} \tag{5-6}$$

其中，α_k 和 β_k 为留数；ξ_k 和 ω_{nk} 分别为 k 阶模态的阻尼比和固有频率；N 为模态数量。

上述传递函数可进一步表示为时域微分方程：

$$\tau_c = a_n \tau_c^{(n)} + a_{n-1}\tau_c^{(n-1)} + \cdots + a_1\tau_c^{(1)} + b_l \tau_a^{(l)} + b_{l-1}\tau_a^{(l-1)} + \cdots + b_1\tau_a^{(1)} + b_0\tau_a \tag{5-7}$$

其中，(a_j, b_j) 是微分方程的系数；$(\tau_c^{(j)}, \tau_a^{(j)})$ 是关于时间的 j 阶微分；(l, n) 则是输入和输出的阶数。

式 (5-7) 描述了切削力到电机响应的正向传递机理，而实现数控系统内部监测信号则是其反向过程，即由电机响应反求切削力。反求切削力的机理如图 5-13 所示。

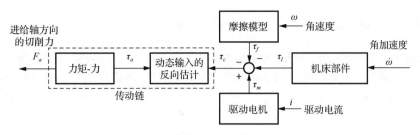

图 5-13 数控系统内部监测信号-切削力预测机理

响应切削力矩 τ_c 可由式(5-8)确定：

$$\tau_c = \tau_m - \tau_I - \tau_f \tag{5-8}$$

其中，τ_m、τ_I 和 τ_f 可由驱动电流 i、角加速度 $\dot{\omega}$ 和角速度 ω 计算。由响应切削力矩 τ_c 反向估计切削力矩 τ_a 可将式(5-7)反向，用式(5-9)计算：

$$\tau_a = a_n'\tau_c^{(n)} + a_{n-1}'\tau_c^{(n-1)} + \cdots + a_1'\tau_c^{(1)} + a_0'\tau_c + b_l'\tau_a^{(l)} + b_{l-1}'\tau_a^{(l-1)} + \cdots + b_1'\tau_a^{(1)} \tag{5-9}$$

其中，(a_j', b_j') 是微分方程的系数，可由式(5-7)中的系数直接计算。获取切削力矩 τ_a 后，相应的轴向切削力 F_a 可由式(5-10)计算：

$$F_a = \frac{2\tau_a \pi \eta}{h_p} \tag{5-10}$$

将式(5-10)代入式(5-9)，可得到更一般的形式：

$$F_a = f_{\text{cdy}}\left(\tau_c^{(n)}, \cdots, \tau_c^{(1)}, \tau_c, F_a^{(l)}, \cdots, F_a^{(1)}\right) \tag{5-11}$$

在实际应用时，信号的采集在时间上是离散的，因此将式(5-11)的连续形式转换为其离散等价形式：

$$F_a(k) = f_{\text{ddy}}\left(\tau_c(k-n), \cdots, \tau_c(k-1), \tau_c(k), F_a(k-l), \cdots, F_a(k-1)\right) \tag{5-12}$$

由前述公式可知 $\tau_c(k)$ 可进一步表示为 $i(k)$、$\omega(k)$ 和 $\dot{\omega}(k)$ 的非线性函数：

$$\tau_c(k) = f_{\text{sta}}\left(i(k), \omega(k), \dot{\omega}(k)\right) \tag{5-13}$$

其中，f_{sta} 表征了伺服监测信号和响应切削力矩 τ_c 之间的非线性静态关系。将式(5-13)代入式(5-12)，$F_a(k)$ 可进一步表示为

$$F_a(k) = f_{\text{ddy}}\left(f_{\text{sta}}(k-n), \cdots, f_{\text{sta}}(k-1), f_{\text{sta}}(k), F_a(k-l), \cdots, F_a(k-1)\right) \tag{5-14}$$

进一步地，可建立输入-输出变量之间的直接关系：

$$F_a(k) = f_{\text{total}}\left(i(k-n), \omega(k-n), \dot{\omega}(k-n), \cdots, i(k), \omega(k), \dot{\omega}(k), \cdots, F_a(k-l), \cdots, F_a(k-1)\right) \tag{5-15}$$

其中，f_{total} 表示数控系统内部监测变量和切削力之间端到端的动态映射关系。

确定 f_{total} 的过程即相当于非线性动态系统的建模。与需要复杂参数识别过程的传统方法不同，神经网络可以从数据中拟合 f_{total} 而不依赖于任何先验知识。作为一种数据驱动模型，神经网络具有完全灵活的形式，使其对复杂系统具有强大的建模能力。相反，灵活性意味着不可解释和缺乏限制，神经网络的设计高度依赖试错法，费时费力。此外，训练好的模型的泛化能力完全依赖于独立同分布假设，这对数据的样本量提出了很高的要求，即真实样本应尽可能覆盖样本空间。然而，在切削力预测问题上，这就意味着同时采集数控系统内部监测信号和切削力的大量实验，这在实际应用中是不可取的。

5.3.2　基于机理的结构化深度神经网络

为了构造机理-数据混合驱动的预测模型，如图 5-14 所示，首先将描述伺服监测信号与响应切削力力矩之间静态关系的 f_{sta} 构造为静态结构化神经网络单元(Static Structured Neural Network Unit，SSNNU)。

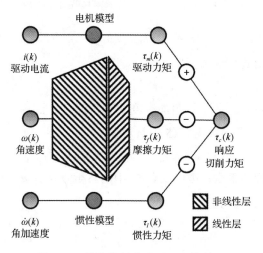

图 5-14　结构化的静态神经网络单元

SSNNU 的整体结构由式(5-8)中定义的算术运算确定。摩擦模型 τ_f 使用一个标准的全连接神经网络 NN_f 进行表示，由于属于回归建模，输出层为不带激活函数的线性层，所以 NN_f 可表示为

$$\boldsymbol{h}^0 = \omega(k) \tag{5-16}$$

$$\boldsymbol{h}^i = \boldsymbol{\sigma}^i(\boldsymbol{W}^i\boldsymbol{h}^{i-1} + \boldsymbol{b}^i) \tag{5-17}$$

$$\text{NN}_f\big(\omega(k)\big) = \boldsymbol{W}^{L+1}\boldsymbol{h}^L + \boldsymbol{b}^{L+1} \tag{5-18}$$

其中，$\boldsymbol{h}^0$ 表示输入层；$\boldsymbol{h}^i$、$\boldsymbol{\sigma}^i$、$\boldsymbol{W}^i$ 和 $\boldsymbol{b}^i$ 则分别表示第 i 个隐含层的输出向量、非线性激活函数、权重矩阵和偏置向量；$\boldsymbol{W}^{L+1}$ 和 $\boldsymbol{b}^{L+1}$ 则表示输出层的权重矩阵和偏置向量。在将摩擦模型用神经网络 NN_f 表示后，SSNNU 可以表示为

$$\text{NN}_{\text{sta}}(k) = w_k i(k) - w_J \dot{\omega}(k) - \text{NN}_f\big(\omega(k)\big) \tag{5-19}$$

其中，$\text{NN}_{\text{sta}}(k)$ 表示 k 时刻 SSNNU 的输出；w_K 和 w_J 则是与转矩常数 K_m 和等效惯量 J_e 相关的权重。由于转矩常数 K_m 一般是确定的且由厂商给出，因此可将 w_K 冻结为 K_m 而不进行训练。

式 (5-14) 中所示的 f_{ddy} 表示 $\{f_{\text{sta}}(k-n),\cdots,f_{\text{sta}}(k-1),f_{\text{sta}}(k)\}$ 和 $\{F_a(k-l),\cdots,F_a(k-1)\}$ 到 $F_a(k)$ 的动态映射关系，可将其用标准的全连接神经网络 NN_d 代替。NN_d 的输入层为

$$\boldsymbol{h}^0 = \big[\text{NN}_{\text{sta}}(k-n),\cdots,\text{NN}_{\text{sta}}(k-1),\text{NN}_{\text{sta}}(k),\text{NN}_d(k-1),\cdots,\text{NN}_d(k-l)\big]^{\text{T}} \tag{5-20}$$

其中，$\text{NN}_d(k-j)$ 表示 NN_d 之前时刻的输出。NN_d 隐含层和输出层的结构与式(5-20)相同。通常情况下，输出层包含如式(5-17)所示的非线性激活函数。如果考虑机理模型的理想情况，NN_d 可进一步简化为纯线性形式：

$$NN_d(k) = \boldsymbol{W}^{\text{Linear}} \boldsymbol{h}^0 \tag{5-21}$$

将式 (5-14) 中的 f_{sta} 和 f_{ddy} 分别用 SSNNU 和 NN_d 表示，即可得到如图 5-15 所示的基于机理的结构化深度神经网络。

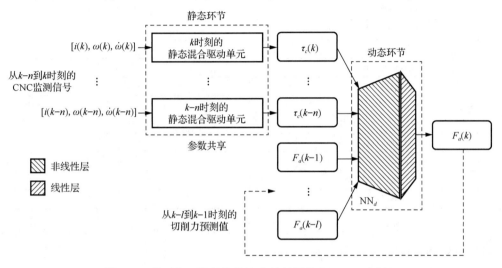

图 5-15　基于机理的结构化深度神经网络 (MS-DNN) 框架

MS-DNN 具有与 5.3.1 节中描述的端到端机理模型等效的形式。机理模型由于参数辨识过程复杂，模型通常不完备，精度较低。相比之下，神经网络等数据驱动模型在拟合复杂关系方面性能强大，但缺乏可解释性和泛化能力。MS-DNN 继承了机理建模和数据驱动建模两种方法应用于基于数控系统内部监测信号的切削力监测时的优势，具有更好的应用潜力。

5.3.3　仿真与实验分析

为了展示 MS-DNN 在基于数控系统内部监测信号的切削力监测中的应用效果，首先，利用不考虑建模误差和考虑建模误差的机理模型仿真数据将 MS-DNN 与纯深度神经网络 (Deep Neural Network，DNN) 进行对比验证。然后，利用从铣削实验中获得的真实数据集，测试 MS-DNN 在实际应用中的有效性。

1. 不考虑建模误差的仿真数据测试

采用 5.3.1 节中描述的机理模型来生成仿真数据，并将动态环节设置为具有 4 阶模态的线性动态系统，相关参数如表 5-1 所示。为了充分激励系统的动态特性，将图 5-12 所示的正向传递过程的切削力设置为白噪声。考虑到速度方向引起的摩擦的突然变化，采用多频正弦信号作为角速度，角加速度是角速度的微分。整个仿真系统设置为连续时间系统，采样频率设置为 1kHz，模拟持续时间设置为 10s，然后将该数据集划分为 80% 和 20% 的比例进行训练和验证。采用同样的方法，继续构建了两个持续 1s 时间和 1kHz 采样频率的数据集，以检验 MS-DNN 的预测精度和泛化能力。另外，第二个测试数据集的切削力信号为多频正弦信号。此外，角速度和角加速度信号仍然是多频正弦信号，但在数值上有所变化。对于上述生成数据集中的每个数据样本，输入变量为驱动电流、角速度和角加速度，切削力是标签变量。

表 5-1　机理模型仿真参数

参数	数值
K_m /（N·m/A）	1.964
J_e /（kg·m²）	0.01366
h_p /（mm/rev）	12
η /%	92
τ_{s+}, τ_{s-} /（N·m）	1.34, −1.32
τ_{co+}, τ_{co-} /（N·m）	1.73, −1.84
ω_{s+}, ω_{s-} /（rad/s）	0.061, −0.087
$\sigma_{\omega+}, \sigma_{\omega-}$ /（N·m·s/rad）	0.175, 0.15
$\omega_{n1}, \omega_{n2}, \omega_{n3}, \omega_{n4}$ /Hz	36.1, 40.2, 42, 62.5
$\xi_1, \xi_2, \xi_3, \xi_4$ /%	4.7, 2.14, 3.5, 5
$\alpha_1, \alpha_2, \alpha_3, \alpha_4$	3042, 9413, −292, 24575
$\beta_1, \beta_2, \beta_3, \beta_4$	38.1, 47.1, 86.8, 152.5

为了估计监测精度，引入平均绝对误差（Mean Absolute Error，MAE）和相关系数（Correlation Coefficient，CC）两个衡量指标：

$$\text{MAE} = \frac{1}{M}\sum_{j=1}^{M}|y - \hat{y}| \tag{5-22}$$

$$\text{CC} = \frac{\text{cov}(y, \hat{y})}{\sqrt{\text{var}[y]\,\text{var}[(\hat{y})]}} \tag{5-23}$$

其中，y 为标签值；$\hat{y}$ 为预测值；M 为测试数据样本数。MAE 表示预测值在所有采样时刻的平均精度，值越小越好。CC 表示所有预测值与标签值之间的相关性，可以评估两个波形的相似性。考虑实际情况，本节 CC 的取值为 0~1，值越大越好。

将 MS-DNN 与 DNN 的性能进行了比较。采用 tanh() 函数作为激活函数，设置相同的迭代次数和批大小。学习率根据训练结果进行调整。用相同的训练数据集对不同结构的 DNN 和 MS-DNN 进行训练，两个测试数据集的比较结果如表 5-2 所示。

表 5-2　不考虑建模误差的仿真数据实验结果对比

模型	结构	MAE-WN	CC-WN	MAE-MS	CC-MS
DNN	16×4	232.9653	0.8748	329.4052	0.5213
	32×4	71.3538	0.9862	92.2283	0.9237
	64×4	273.1254	0.9030	262.6722	0.7205
MS-DNN	16×4+2+16	22.2698	0.9990	51.2881	0.9798
	32×4+2+16	20.5837	0.9991	52.2594	0.9789
	64×4+2+16	21.3516	0.9991	52.6984	0.9789

表 5-2 中，WN 和 MS 分别为白噪声和多频正弦的缩写，结构参数的第一个数字表示 SSNNU 中神经网络隐含层的维度，第二个数字表示 SSNNU 中神经网络隐含层的层数，第三个数字表示 SSNNU 中独立权重的个数，第四个数字表示动态线性网络的参数个数。显然，MS-DNN 具有更好的预测精度。此外，与传统的 DNN 相比，MS-DNN 的性能对神经网络架

构的敏感性较低。对于 MS-DNN,动态部分被设计为线性网络。由于该系统具有 4 阶模态,因此在动态线性网络中的参数数量为 16 个。DNN(32×4) 和 MS-DNN(32×4+2+16) 的详细测试结果见图 5-16。对于 MS-DNN(32×4+2+16),SSNNU 由一个神经网络(32×4) 和 2 个独立的权重组成。

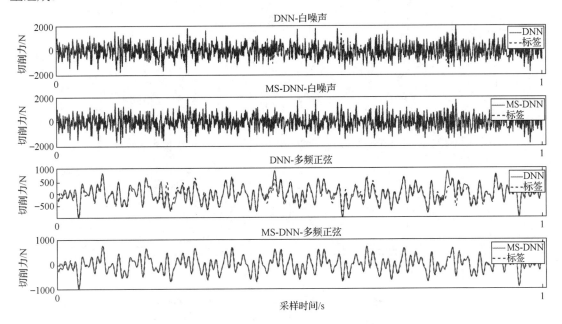

图 5-16　DNN(32×4) 和 MS-DNN(32×4+2+16) 的仿真数据测试结果(不考虑建模误差)

对 SSNNU 的摩擦输出和 MS-DNN 中动态分量的参数进行可视化分析。如图 5-17(a) 所示,SSNNU 的摩擦输出类似于标签的缩放。所有神经网络的训练过程都是一个优化过程,即在当前的模型假设下确定最优参数。对于 MS-DNN 中的 SSNNU,τ_m 和 τ_l 与输入都有线性关系,而 τ_f 的输入是非线性的,因此该优化问题是不适定的,没有唯一解。在优化后的 τ_m、τ_l 和 τ_f 之间可能发生比例变化。因此,如果对 SSNNU 没有约束,就几乎不可能获得真正的摩擦力矩。但是,由于驱动电机的转矩常数 K_m 通常由机床制造商给出,因此可以固定在 SSNNU 中,使摩擦输出几乎完全接近标签,如图 5-17(b) 所示。同时,SSNNU 的另一个线性参数——等效惯量 J_e,为 $0.01379\,\mathrm{kg\cdot m^2}$,与实际值 $0.01366\,\mathrm{kg\cdot m^2}$ 非常接近。因此,可以得出结论,MS-DNN 中的 SSNNU 已经很好地学习了系统的静态部分。

另外,还提取了学习到的 MS-DNN 中的动态部分的参数来重建动态模型,如图 5-18 所示。可以发现,重建的动态模型与仿真模型非常接近,这意味着 MS-DNN 中的动态部分可以学习到系统真实的动态特性。与传统的 DNN 相比,MS-DNN 不再是一个完全的"黑盒"。此外,由于机理中的非线性部分可以被神经网络所取代,因此 MS-DNN 具有更强大的表征能力。

2. 考虑建模误差的仿真数据验证分析

在仿真模型中的原摩擦模型和动态模型中添加高斯形式的误差项,生成考虑建模误差的仿真数据。在式(5-4)和式(5-7)的基础上,新的摩擦力矩 τ_{fme} 和实际切削力矩新的动态响应 τ_{cme} 可以表示为

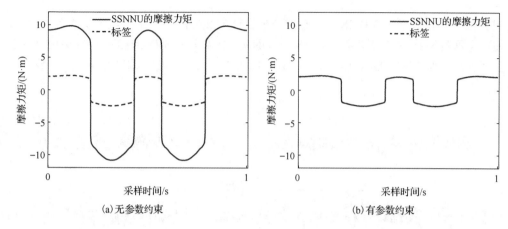

(a) 无参数约束　　　　　　　　　　　　　　　　(b) 有参数约束

图 5-17　MS-DNN 中 SSNNU 的仿真数据摩擦力矩输出(不考虑建模误差)

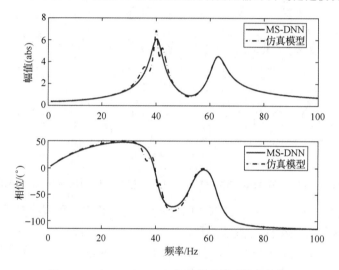

图 5-18　由 MS-DNN 和仿真模型得到的伯德图

$$\tau_{fme}(\omega) = \begin{cases} \tau_{co+} + e^{-\omega^2}, & \omega > 0 \\ \tau_{co-} - e^{-\omega^2}, & \omega < 0 \end{cases} \tag{5-24}$$

$$\tau_{cme} = \tau_c + e^{-\tau_c^2} \tag{5-25}$$

　　由于在动态部分中加入非线性误差项后对输入进行估计的复杂性,在仿真模型中去掉了第四阶模态,其他仿真设置和数据集的生成与"不考虑建模误差的仿真数据测试"部分中相同。

　　将 MS-DNN 与 DNN 的性能进行了比较,仍然采用 tanh() 函数作为激活函数,并设置相同的迭代次数和批大小。然而,由于 DNN 难以训练,需增加迭代次数并同时降低学习率。尽管已经仔细调整迭代次数和学习率,但 DNN 的预测精度仍然不佳。使用相同的训练数据集对 MS-DNN 和不同结构的 DNN 进行训练,两个测试数据集的比较结果见表 5-3。其中,结构参数的前三个数字含义与表 5-2 相同,第四个数字表示动态网络隐含层的维度,第五个数字表示动态网络隐含层的层数。可以看到,MS-DNN 的性能对神经网络的架构依旧不敏感。此外,与 DNN 相比,MS-DNN 在处理非线性建模误差方面具有很大的优势。DNN(64×8) 和 MS-DNN(32×4+2+32×4) 的详细测试结果见图 5-19。

表 5-3　考虑建模误差的仿真数据实验结果对比

模型	结构	MAE-WN	CC-WN	MAE-MS	CC-MS
DNN	16×8	286.0240	0.8212	344.0179	0.4680
	32×8	120.0473	0.9676	142.1228	0.8723
	64×8	116.4583	0.9760	130.1978	0.9081
MS-DNN	16×4+2+16×4	47.7992	0.9960	52.6823	0.9798
	32×4+2+32×4	33.8205	0.9977	60.2367	0.9730
	64×4+2+64×4	39.8696	0.9975	61.7648	0.9731

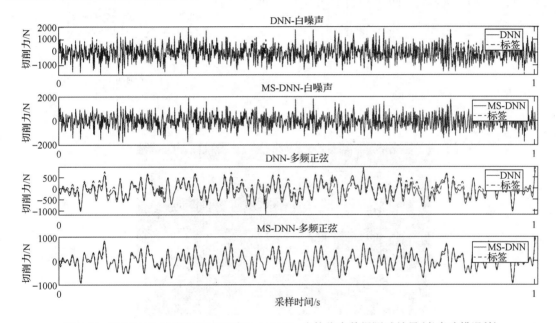

图 5-19　DNN(64×8)和 MS-DNN(32×4+2+32×4)的仿真数据测试结果(考虑建模误差)

　　SSNNU 的摩擦输出值如图 5-20 所示。如"不考虑建模误差的仿真数据测试"部分所分析的,如果对 SSNNU 没有约束,则学习到的 SSNNU 的摩擦输出类似于标签值的缩放结果,如图 5-20(a)所示。一旦预先确定了驱动电机的转矩常数 K_m,学习到的 SSNNU 的摩擦输出看起来就像是标签值的平移,如图 5-20(b)所示。同时,学习到的等效惯量 J_e 为 0.01365 $kg \cdot m^2$,与实际的 J_e(0.01366 $kg \cdot m^2$)非常接近。因此,可以得出结论,MS-DNN 中的 SSNNU 已经很好地学习了系统的静态部分与非线性建模误差。从最终的测试结果来看,MS-DNN 也应该很好地捕捉到了系统的动态特性。

　　3. 实验数据测试

　　为了获得真实的实验数据、测试 MS-DNN 的实际效果,在一台 DMG DMU80P 加工中心上进行变转速孔铣削实验。如图 5-21 所示,切削力由台式测力仪测量,数控系统内部监测信号由西门子 840Dsl 数控系统的 Trace 功能获取。数控系统内部监测信号的采样频率为 500Hz。由于圆形刀轨可以提供典型的时变复杂切削条件,因此设计了一个直径为 82mm 的孔进行铣削。刀具的直径为 20mm，比孔的直径小得多，所以铣孔时每层都会有多个由内到外的圆形刀轨。对于所有的圆形刀轨，主轴转速从 $[500,600,\cdots,1800]$ r/min 中选择。所使用的刀具是一个三刃端铣刀，因此对应的刃频率(Tooth Passing Frequency，TPF)为 $[25,30,\cdots,90]$ Hz。

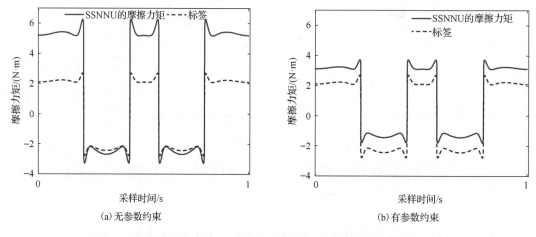

图 5-20　MS-DNN 中 SSNNU 仿真数据摩擦力矩输出(考虑建模误差)

图 5-21　变转速孔铣削实验

　　实验数据测试包括重构和预测。在每个 TPF 上随机选择 40%的数据，建立一个训练 MS-DNN 的数据集。在重构验证分析中，MS-DNN 将重构所有圆形刀轨上的切削力序列。在预测验证分析中，添加了另外两个圆形刀轨，它们的 TPF 分别为 42.5Hz 和 57.5Hz，以验证训练后的 MS-DNN 可以推广到训练数据中所不包含的 TPF 上。

　　利用进给轴 Y 轴的监测数据和 Y 轴方向的切削力进行实验验证。表 5-4 显示了 MS-DNN 在三个不同 TPF 上的重构和在另外两个 TPF 上的预测方面具有良好性能。虽然预测验证的精度略有下降，但 MS-DNN 仍然具有良好的切削力预测精度。TPF 在 90Hz 和 57.5Hz 时的详细结果如图 5-22 和图 5-23 所示。可以发现，在两个 TPF 上，预测值和标签值之间的波形一致性都很好。总而言之，MS-DNN 在实际实验中表现良好，具有进一步应用于工业实际的潜力。

表 5-4　切削实验数据实验结果对比

测试类型	模型	TPF/Hz	MAE	CC
重构	DNN	25	197.7573	0.7383
		50	86.7780	0.9205
		90	72.5747	0.8432
	MS-DNN	25	24.1892	0.9972
		50	17.7320	0.9983
		90	16.1991	0.9962
预测	DNN	42.5	139.7304	0.8371
		57.5	85.3479	0.9085
	MS-DNN	42.5	41.3318	0.9918
		57.5	36.3668	0.9916

数控铣削
加工切削力
预测演示

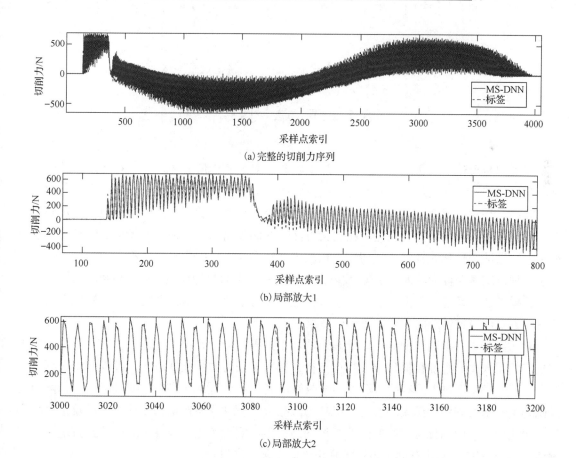

(a) 完整的切削力序列

(b) 局部放大1

(c) 局部放大2

图 5-22　TPF 为 90Hz 时切削力序列的重构结果

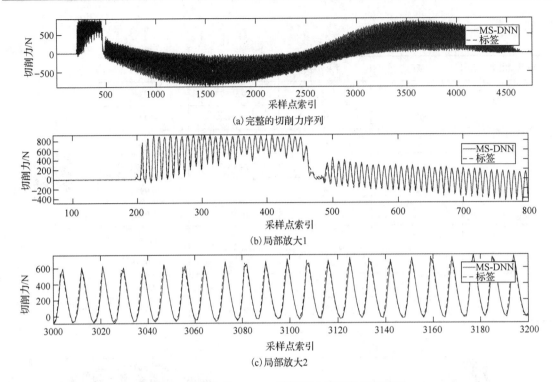

(a) 完整的切削力序列

(b) 局部放大1

(c) 局部放大2

图 5-23　TPF 为 57.5Hz 时切削力序列的预测结果

5.4　本章小结

　　切削力是反映金属切削状态、进行加工状态监测最有价值的物理量。对切削力进行精确预测，可以在工艺规划阶段将其作为重要参考指标对工艺参数进行优化，进一步提升加工质量和效率。针对工况变化、零件几何特征复杂等因素导致的切削几何建模难题，本章介绍了一种基于灰度图像的切削几何通用化定义方法，在满足切削力预测精度需求的同时实现了模型输入数据的统一化。针对传统切削力预测模型在真实工况中预测精度不高的问题，本章介绍了一种以灰度图像为输入的机理-数据混合驱动的切削力预测模型，利用神经网络拟合切削力微元模型，并通过切削力微元矢量叠加机理实现力学建模，提升模型在少量样本下的预测精度，为实现更加精准的工艺参数优化提供技术支撑。

　　对切削力进行准确监测，可以准确反映加工过程中的不确定工况，为实现高质高效加工和机床的无人化、智能化提供核心数据支持。针对切削力的长期低成本、准确监测问题，本章介绍了一种基于机理的结构化深度神经网络模型，以实现数控系统内部监测信号-切削力的准确预测。仿真和实验结果均表明，机理与数据混合驱动模型在架构设计难度以及预测精度和泛化能力等方面均优于传统的深度神经网络模型，实现了更为准确可靠的数控系统内部监测信号-切削力的预测，有助于该技术真正走向实际生产过程。

5.5　课　后　习　题

5-1　航空航天复杂零件数控加工过程中，监测切削力的必要性及应用场景有哪些？

5-2　基于外部传感器监测切削力的三种方案及其优缺点是什么？

5-3　简述基于数控系统内部监测信号预测切削力的原理及其潜在的优势。

5-4　基于数控系统内部监测信号预测切削力时，简述机理建模方法和数据驱动建模方法各自的优缺点。

5-5　用公式表示切削力与其预测所需的监测信号之间的动态关系。

参　考　文　献

[1]　TETI R, JEMIELNIAK K, O'DONNELL G, et al. Advanced monitoring of machining operations[J]. CIRP annals, 2010, 59 (2): 717-739.

[2]　成群林, 柯映林, 董辉跃. 航空铝合金铣削加工中切削力的数值模拟研究[J]. 航空学报, 2006, 27 (4): 724-727.

[3]　BECZE C E, ELBESTAWI M A. A chip formation based analytic force model for oblique cutting[J]. International journal of machine tools and manufacture, 2002, 42 (4): 529-538.

[4]　WAN M, ZHANG W H, QIN G H, et al. Strategies for error prediction and error control in peripheral milling of thin-walled workpiece[J]. International journal of machine tools and manufacture, 2008, 48 (12-13): 1366-1374.

[5]　ENGIN S, ALTINTAS Y. Mechanics and dynamics of general milling cutters. Part I: helical end mills[J]. International journal of machine tools and manufacture, 2001, 41 (15): 2195-2212.

[6]　王立涛, 柯映林, 黄志刚. 航空铝合金 7050-T7451 铣削力模型的实验研究[J]. 中国机械工程, 2003, 14 (19): 1684-1686.

[7]　ZUPERL U, CUS F. Tool cutting force modeling in ball-end milling using multilevel perceptron[J]. Journal of materials processing technology, 2004, 153-154: 268-275.

[8]　ALTINTAS Y, PARK S S. Dynamic compensation of spindle-integrated force sensors[J]. CIRP annals, 2004, 53 (1): 305-308.

[9]　ALBRECHT A, PARK S S, ALTINTAS Y, et al. High frequency bandwidth cutting force measurement in milling using capacitance displacement sensors[J]. International journal of machine tools and manufacture, 2005, 45 (9): 993-1008.

[10]　ALTINTAS Y. Prediction of cutting forces and tool breakage in milling from feed drive current measurements[J]. Journal of engineering for industry, 1992, 114 (4): 386-392.

[11]　ERKORKMAZ K, ALTINTAS Y. High speed CNC system design. Part II: modeling and identification of feed drives[J]. International journal of machine tools and manufacture, 2001, 41 (10): 1487-1509.

第6章　加工稳定性智能预测技术

加工稳定性智能预测技术是利用传感技术获得数控加工过程中的监测数据，融合切削振动机理和智能算法，实现加工过程中颤振的精确预测的技术。铣削过程中由动态切厚再生效应引发的加工颤振现象会严重影响零件的加工质量，是限制航空航天零件高精高效数控加工的重要因素之一。本章将介绍加工颤振预测技术所涉及的相关基本概念，包括切削力建模、刀尖动力学建模以及稳定性分析方法。考虑加工过程中刀尖模态参数随机床位姿变化的特性，基于迁移学习的刀尖模态参数预测方法通过利用相似刀具刀柄之间的可迁移性快速建立了目标刀具的刀尖模态参数预测模型，为后续加工稳定性预测奠定了基础。针对加工稳定性预测机理模型和数据模型的特点，数据和机理融合的贝叶斯推断能够输出考虑参数变化特性的稳定性叶瓣图，从而指导稳定加工参数的选取。围绕加工稳定性预测技术，本章将系统介绍动力学建模基本概念与方法、基于迁移学习的刀尖模态参数预测方法以及数据和机理融合的铣削稳定性分析方法。

6.1　引　　言

铣削加工通过刀具将毛坯或工件上的多余材料去除以达到设计的形状、尺寸和精度要求，已成为航空航天、船舶汽车等领域零件制造的主要方式[1]。随着现代工业的不断发展，各领域对产品性能的极致追求迫使制造业对零件加工的质量和效率提出更高要求。然而，实际加工中发现，工艺参数选取不合理会引起刀具在加工过程中发生不稳定的剧烈振动，此现象称为加工颤振。加工颤振严重影响零件表面质量、限制生产效率、增加刀具磨损，甚至对机床零部件造成损伤，是限制机床生产能力的主要原因之一[2]。

早在1907年，美国工程师Frederick Taylor就提出，颤振是加工领域中最为复杂而微妙的问题，没有任何规则和公式能够准确有效地指导工程师[3]。在20世纪50年代，密歇根大学的Tlusty和剑桥大学的Tobias揭示了颤振起源于加工过程中动态切厚的再生效应，这一观点被制造领域的学者广泛认可，奠定了颤振理论的基础。基于此，可根据刀具在加工过程中的受力情况，考虑刀具几何、工件材料等建立铣削动力学方程，并通过时、频域等稳定性分析方法判断在一组工艺参数下刀具的加工稳定状态，从而将工艺参数域划分为颤振域和稳定域两部分。如图6-1所示，因颤振域和稳定域的边界形状与叶瓣相似，故称为稳定性叶瓣图，可用于指导无颤振加工参数的选取。

自颤振机理模型提出以来，国内外学者针对机理模型的完善、稳定性求解以及模型输入参数的测量展开了大量研究，然而至今机理模型预测结果仍与实际加工结果存在较大差异，难以实际于应用[4]。目前，国内制造企业大多仍依赖人工经验采用保守的加工参数，以牺牲加工效率为代价来避免颤振，极大程度地限制了机床性能的最大化发挥。因此，准确的稳定性叶瓣图成为制造领域工业界和学术界的不懈追求。

从铣削动力学方程的建立到稳定性叶瓣图的求解，其中包括切削力建模、刀尖动力学建模和稳定性分析方法三大内容，下面将分别介绍相关的研究工作。

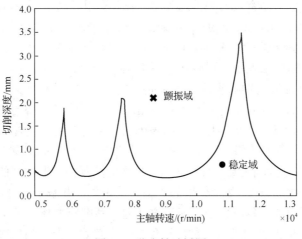

图 6-1　稳定性叶瓣图

6.1.1　切削力建模

现有的切削力建模方法主要分为以下四种：基于实验数据的经验模型、基于切削机理和材料本构关系的物理模型、基于力学模型的半解析方法以及数据驱动的神经网络模型等。第一种基于实验数据的经验模型，又称为正交切削力模型。通过分析材料的屈服流动特性基于剪切面理论建立切削力预测模型，该方法的主要缺陷是预测的切削力不够准确。第二种物理模型建立的关键在于材料的本构模型。如果利用切削实验测到的切削力对有限元结果进行校验并修正材料系数，便可以得到更加准确的本构模型。但是这种方法仍存在计算量过大的缺点。第三种基于力学模型的半解析方法，也可以称为基于单位切削力系数的力学模型。这种方法首先根据切削机理建立切削力模型，然后利用实验数据对模型中的切削力系数进行辨识或标定。目前，再生型切削力模型在铣削动力学领域中被广泛使用，其主要优点是计算量小且对于一般切削场景具有较高的准确性。第四种基于数据驱动的神经网络模型为切削力建模提供了新思路，人工神经网络（Artificial Neural Network，ANN）可以处理大量工艺参数与切削力之间的非线性复杂关系。基于力学模型的半解析方法和数据驱动的神经网络模型是目前较为常用的切削力建模方法。

6.1.2　刀尖动力学建模

锤击实验法是经典的刀尖模态参数测量方法，使用冲击锤激励刀具尖端，用传感器来接收响应，最终根据测得数据，利用模态参数识别方法辨识出刀尖的模态参数，所得的模态参数准确性高。但是，使用锤击实验法必须停机测量，且时间成本高，当需要测量刀具全工作空间下的刀尖模态参数时，工作量大，成本高。现有的刀尖模态参数预测方法主要包括有限元法、响应耦合子结构分析法以及数据驱动法等。

　　有限元法通过建立机床的有限元模型，用仿真实验得到刀尖的频响函数。但是由于机床结构极其复杂，有限元建模精度和计算效率等方面存在巨大挑战。为降低模型复杂度，Law 等[5]提出降阶子结构综合分析法，将机床划分为机床基座、列柱、主轴箱等多个子结构进行单独建模分析，再对各子结构进行耦合得到整体机床下的刀尖模态。Luo 等[6]将子结构综合分析法用于并联机床的全工作空间刀尖模态预测。针对有限元法的不足，Schmitz 等[7]提出将响应耦合子结构分析（Receptance Coupling Substructure Analysis，RCSA）法用于预测刀尖的动态响应，该方法将整个系统划分为主轴-刀柄部分和刀具伸出部分两个子结构，连接处通过线性弹簧和旋转弹簧阻尼模型来表示，利用欧拉-伯努利梁计算刀具伸出部分的频响函数，利用锤击实验获取主轴-刀柄部分的频响函数，最后通过单点弹簧阻尼模型进行耦合得到刀尖频响函数。刀尖频响函数（Frequency Response Function，FRF）反映了系统的结构动态特性，是颤振抑制方法的基础[8,9]。RCSA 法提出后，不断被国内外学者使用和完善。

　　近年来有学者采用回归模型试图减少锤击实验次数，Baumann 等[10]测量了机床整个工作空间内 23 个位置的主轴频响函数，然后使用三角插值法预测其他位置的主轴频响函数；Deng 等[11]在机床工作空间中测量了 27 个位置的主轴频响函数，并基于 Kriging 回归模型建立了整个工作空间的主轴频响函数预测模型。两种方法通过回归模型建立了主轴模态参数的变化，然后用 RCSA 法解析出刀尖的模态参数，这种方法虽有效减少了测量次数，但本质上是半解析法，RCSA 模型的准确度对刀尖模态参数预测有很大的影响。

6.1.3　稳定性分析方法

　　自 20 世纪 50 年代以来，材料去除过程中表面波纹的再生效应被认为是导致加工颤振的主要原因。基于此机理，国内外学者对加工过程进行了动力学建模，并提出了一系列模型稳定性求解方法。机理模型预测加工稳定性的准确性取决于模型的准确性、求解方法的精度以及模型输入参数是否准确。对于颤振机理模型而言，从模型提出至今几十年间，模型不断被完善，螺旋角、过程阻尼等越来越多的因素被考虑，因此可认为在典型场景下的机理模型是可靠的。对于铣削动力学方程的求解方法，从英属哥伦比亚大学的 Altintas 等提出的零阶近似法和多频法[12]，到 2002 年布达佩斯技术与经济大学的 Insperger 等提出的半离散法[13]，再到 2010 年上海交通大学的丁烨提出的全离散法等[14]，模型求解精度不断提升，求解误差已不断减小。模型输入参数包括刀尖模态参数和切削力系数，刀尖模态参数通常在机床停机状态进行测量。研究表明，在加工过程中模态参数会受转速、离心力、热传导等因素影响而发生变化，同样切削力系数在加工过程中也会受转速和进给等影响。因此，模型输入参数的不确定性成为制约机理模型准确性的主要原因。

　　近年来，随着机器学习技术的发展，通过数据驱动生成稳定性叶瓣图的方法引起了学者的关注。例如，Karandikar 等[15]提出了一种利用实际加工数据生成稳定性叶瓣图的贝叶斯学习方法，其不需要测量模型输入参数，然而预测结果的准确性依赖于大量的实际实验数据。为降低模型训练对实验数据量的需求，迁移学习的思想被引入，利用机理模型生成的大量仿真数据辅助少量实验数据进行建模。这种机理模型与实验数据结合的方式减少了稳定性叶瓣图建模所需的实验数据量，且取得了一定成果，然而其本质仍为纯数据驱动模型，泛化能力差，没有物理约束，可能会产生与常理相悖的预测结果。

6.1.4　铣削动力学模型

1. 铣削动力学方程

铣削加工过程可通过 OXY 工作平面上的二自由度系统进行表示，由机床、刀具、工件三部分共同组成。通常情况下，工件被认为是刚性的，刀具相比于工件则是弱刚性的，在分析过程中仅考虑刀具部分的振动。以逆铣过程为例，二自由度铣削加工系统如图 6-2 所示，其中机床系统和刀具连接处的作用力近似表示为 X 和 Y 两个方向上的弹簧-阻尼系统。根据刀具在加工过程中的受力情况，可建立铣削动力学方程，如式(6-1)所示：

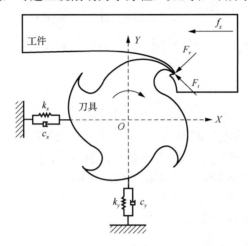

图 6-2　二自由度铣削加工动力学模型

$$\begin{bmatrix} m_x & 0 \\ 0 & m_y \end{bmatrix}\begin{bmatrix} \ddot{x}(t) \\ \ddot{y}(t) \end{bmatrix} + \begin{bmatrix} c_x & 0 \\ 0 & c_y \end{bmatrix}\begin{bmatrix} \dot{x}(t) \\ \dot{y}(t) \end{bmatrix} + \begin{bmatrix} k_x & 0 \\ 0 & k_y \end{bmatrix}\begin{bmatrix} x(t) \\ y(t) \end{bmatrix} = \begin{bmatrix} F_x \\ F_y \end{bmatrix} \tag{6-1}$$

其中，$\begin{bmatrix} x(t) & y(t) \end{bmatrix}^{\mathrm{T}}$ 为 X 和 Y 方向上的位移向量；$\begin{bmatrix} m_x & 0 \\ 0 & m_y \end{bmatrix}$、$\begin{bmatrix} c_x & 0 \\ 0 & c_y \end{bmatrix}$ 和 $\begin{bmatrix} k_x & 0 \\ 0 & k_y \end{bmatrix}$ 分别为模态质量矩阵、模态阻尼矩阵和模态刚度矩阵，可由锤击实验进行测量(详见 6.2.1 节)。此外，F_x 和 F_y 为切削力合力在 X 和 Y 方向上的两个分力。

根据经典线性切削力模型(即切削力和切削面积成正比)可得，第 j 个刀齿所受切削力合力的切向分力和径向分力可表示为

$$\begin{cases} F_{tj} = K_{tc}bh_j(t) + K_{te}b \\ F_{rj} = K_{rc}bh_j(t) + K_{re}b \end{cases} \tag{6-2}$$

其中，b 为轴向切削深度；K_{tc} 和 K_{rc} 分别为切向和径向的切削力系数；K_{te} 和 K_{re} 分别为切向和径向的刃边系数(在铣削过程中刃边系数通常较小，可忽略)；$h_j(t)$ 为第 j 个刀齿的瞬时切厚，与上一刀齿切削路径有关，可表示为

$$h_j(t) = f_t\sin\left(\phi_j(t)\right) + \left[\sin\left(\phi_j(t)\right)\cos\left(\phi_j(t)\right)\right]\begin{bmatrix} \Delta x \\ \Delta y \end{bmatrix} \tag{6-3}$$

其中，f_t 为每齿进给量，对于线性切削力模型，此项不影响加工稳定性；$\Delta x = x(t) - x(t-T)$ 为

当前刀齿路径与上一刀齿路径在 X 方向上的位移增量；同样，$\Delta y = y(t) - y(t-T)$ 为前后两刀齿路径在 Y 方向上的位移增量，T 为刀齿切削周期，即 $T = 60/(N\Omega)$，N 为刀具刀齿数量，Ω 为转速 (r/min)；$\phi_j(t)$ 为第 j 个刀齿的瞬时转角，可通过式 (6-4) 计算：

$$\phi_j(t) = \frac{2\pi\Omega}{60}t - \frac{(j-1)2\pi}{N} \tag{6-4}$$

式 (6-2) 为单个刀齿所受切削力的计算过程，对于多齿刀，所有刀齿所受切削合力在 X 和 Y 方向上的分力可以表示为

$$\begin{bmatrix} F_x \\ F_y \end{bmatrix} = \sum_{j=1}^{N}\left\{ g\big(\phi_j(t)\big)\begin{bmatrix} -\cos\big(\phi_j(t)\big) & -\sin\big(\phi_j(t)\big) \\ \sin\big(\phi_j(t)\big) & -\cos\big(\phi_j(t)\big) \end{bmatrix}\begin{bmatrix} F_{tj} \\ F_{rj} \end{bmatrix}\right\} \tag{6-5}$$

其中，函数 $g\big(\phi_j(t)\big)$ 用于判断在当前时刻第 j 个刀齿是否受到切削力作用 (即是否在切除材料)，可定义为

$$g\big(\phi_j(t)\big) = \begin{cases} 1, & \phi_{st} < \phi_j(t) < \phi_{ex} \\ 0, & \text{其他} \end{cases} \tag{6-6}$$

其中，ϕ_{st} 和 ϕ_{ex} 分别是刀具的切入角和切出角，由刀具径向的切削宽度及顺逆铣的加工方式决定。

至此，铣削加工的动力学方程已被完整建立，通过稳定性分析方法可对铣削动力学方程进行判稳，进而得到稳定性叶瓣图用于颤振预测。2010 年上海交通大学的丁烨提出的全离散法，相比于零阶近似法、半离散法等通用性更强、计算效率更高，因此下面将以全离散法为例，介绍从铣削动力学方程求解稳定性叶瓣图的详细过程。

2. 全离散法求解稳定性叶瓣图

铣削动力学方程中的状态量随着时间变化，且切削力计算过程中依赖动态切厚，即与当前刀齿路径和上一刀齿路径有关，因此铣削动力学方程为时变且时滞的微分方程，难以直接求得其解析解。全离散法通过对刀齿路径的时间周期进行离散，并对状态量进行降阶变换，利用差分近似的思想对方程中的时滞项等进行逼近，从而得到一个时滞周期下状态量的传递关系，最终可求得系统的稳定性。

由"铣削动力学方程"部分可知，典型的二自由度铣削加工动力学方程可表示为式 (6-7) 所示形式：

$$\begin{bmatrix} m_x & 0 \\ 0 & m_y \end{bmatrix}\begin{bmatrix} \ddot{x}(t) \\ \ddot{y}(t) \end{bmatrix} + \begin{bmatrix} c_x & 0 \\ 0 & c_y \end{bmatrix}\begin{bmatrix} \dot{x}(t) \\ \dot{y}(t) \end{bmatrix} + \begin{bmatrix} k_x & 0 \\ 0 & k_y \end{bmatrix}\begin{bmatrix} x(t) \\ y(t) \end{bmatrix} = -b\begin{bmatrix} h_{xx}(t) & h_{xy}(t) \\ h_{yx}(t) & h_{yy}(t) \end{bmatrix}\begin{bmatrix} \Delta x \\ \Delta y \end{bmatrix} \tag{6-7}$$

其中，$h_{xx}(t)$、$h_{xy}(t)$、$h_{yx}(t)$ 和 $h_{yy}(t)$ 为与切削力相关的系数，如下所示：

$$h_{xx}(t) = \sum_{j=1}^{N}g\big(\phi_j(t)\big)\sin\big(\phi_j(t)\big)\Big[K_{tc}\cos\big(\phi_j(t)\big) + K_{rc}\sin\big(\phi_j(t)\big)\Big]$$

$$h_{xy}(t) = \sum_{j=1}^{N}g\big(\phi_j(t)\big)\cos\big(\phi_j(t)\big)\Big[K_{tc}\cos\big(\phi_j(t)\big) + K_{rc}\sin\big(\phi_j(t)\big)\Big]$$

$$h_{yx}(t) = \sum_{j=1}^{N}g\big(\phi_j(t)\big)\sin\big(\phi_j(t)\big)\Big[-K_{tc}\sin\big(\phi_j(t)\big) + K_{rc}\cos\big(\phi_j(t)\big)\Big]$$

$$h_{yy}(t) = \sum_{j=1}^{N}g\big(\phi_j(t)\big)\cos\big(\phi_j(t)\big)\Big[-K_{tc}\sin\big(\phi_j(t)\big) + K_{rc}\cos\big(\phi_j(t)\big)\Big]$$

记矩阵变量 $M = \begin{bmatrix} m_x & 0 \\ 0 & m_y \end{bmatrix}$、$C = \begin{bmatrix} c_x & 0 \\ 0 & c_y \end{bmatrix}$ 和 $K = \begin{bmatrix} k_x & 0 \\ 0 & k_y \end{bmatrix}$，对铣削动力学方程进行降阶，

令 $q(t) = \begin{bmatrix} x(t) & y(t) \end{bmatrix}^T$，$p(t) = M\dot{q} + Cq / 2$，$x(t) = \begin{bmatrix} q(t) & p(t) \end{bmatrix}^T$，则式 (6-7) 可表示为

$$\dot{x}(t) = A_0 x(t) + A(t)x(t) + B(t)x(t - T) \tag{6-8}$$

可以看出，式 (6-8) 为时滞且时变的微分方程，其中 $A_0 = \begin{bmatrix} -\dfrac{M^{-1}C}{2} & M^{-1} \\ \dfrac{CM^{-1}C}{4} - K & -\dfrac{CM^{-1}}{2} \end{bmatrix} \in \mathbb{R}^{4\times4}$ 为

时不变的常数矩阵，$A(t) = \begin{bmatrix} 0 & 0 & 0 & 0 \\ 0 & 0 & 0 & 0 \\ -bh_{xx}(t) & -bh_{xy}(t) & 0 & 0 \\ -bh_{yx}(t) & -bh_{yy}(t) & 0 & 0 \end{bmatrix} \in \mathbb{R}^{4\times4}$ 和 $B(t) = -A(t)$ 为随时间变化的

系数矩阵且为周期矩阵，有 $A(t+T) = A(t)$ 和 $B(t+T) = B(t)$，T 为时间周期且等于时滞量。

将时间周期 T 等距离散为 m 个小时间区段，即 $T = m\Delta t = m\tau$（m 为正整数）。在每个时间区段 $k\tau \leqslant t \leqslant (k+1)\tau, k = 0,1,2,\cdots,m$ 上，以 $x_k = x(k\tau)$ 为初始条件，对等式 (6-8) 两边在区间 $[k\tau, t]$ 上直接积分有

$$x(t) = e^{A_0(t-k\tau)}x(k\tau) + \int_{k\tau}^{t}\left\{e^{A_0(t-\xi)}\left[A(\xi)x(\xi) + B(\xi)x(\xi - T)\right]\right\}d\xi \tag{6-9}$$

当 $t = k\tau + \tau$ 时，有

$$x(k\tau + \tau) = e^{A_0\tau}x(k\tau) + \int_{k\tau}^{k\tau+\tau}\left\{e^{A_0(k\tau+\tau-\xi)}\left[A(\xi)x(\xi) + B(\xi)x(\xi - T)\right]\right\}d\xi \tag{6-10}$$

用 $\xi = k\tau + \tau - \xi$ 换元，可得

$$x(k\tau + \tau) = e^{A_0\tau}x(k\tau) +$$
$$\int_{0}^{\tau}\left\{e^{A_0\xi}\left[A(k\tau+\tau-\xi)x(k\tau+\tau-\xi) + B(k\tau+\tau-\xi)x(k\tau+\tau-\xi-T)\right]\right\}d\xi \tag{6-11}$$

利用时间区间上的两点边值分别对时滞项 $x(k\tau+\tau-\xi-T)$、状态项 $x(k\tau+\tau-\xi)$ 和周期系数矩阵 $A(k\tau+\tau-\xi)$、$B(k\tau+\tau-\xi)$ 进行线性逼近，即

$$x(k\tau + \tau - \xi - T) \cong x_{k+1-m} + \xi(x_{k-m} - x_{k+1-m}) / \tau \tag{6-12}$$

$$x(k\tau + \tau - \xi) \cong x_{k+1} + \xi(x_k - x_{k+1}) / \tau \tag{6-13}$$

$$A(k\tau + \tau - \xi) \cong A_{k+1} + \xi(A_k - A_{k+1}) / \tau \tag{6-14}$$

$$B(k\tau + \tau - \xi) \cong B_{k+1} + \xi(B_k - B_{k+1}) / \tau \tag{6-15}$$

将式 (6-12)～式 (6-15) 代入式 (6-11) 中，记 $x_{k+1} = x(k\tau + \tau)$，可得

$$x_{k+1} = (F_0 + F_{0,k})x_k + F_{k+1}x_{k+1} + F_{m-1}x_{k+1-m} + F_m x_{k-m} \tag{6-16}$$

其中

$$F_0 = \Phi_0$$
$$F_{0,k} = (\Phi_2 / \tau)A_0^{(k)} + (\Phi_3 / \tau)A_1^{(k)}$$
$$F_{k+1} = (\Phi_1 - \Phi_2 / \tau)A_0^{(k)} + (\Phi_2 - \Phi_3 / \tau)A_1^{(k)}$$

$$F_{m-1} = \left(\boldsymbol{\Phi}_1 - \boldsymbol{\Phi}_2 / \tau\right)\boldsymbol{B}_0^{(k)} + \left(\boldsymbol{\Phi}_2 - \boldsymbol{\Phi}_3 / \tau\right)\boldsymbol{B}_1^{(k)}$$

$$F_m = \left(\boldsymbol{\Phi}_2 / \tau\right)\boldsymbol{B}_0^{(k)} + \left(\boldsymbol{\Phi}_3 / \tau\right)\boldsymbol{B}_1^{(k)}$$

$$\boldsymbol{\Phi}_0 = \mathrm{e}^{A_0\tau}$$

$$\boldsymbol{\Phi}_1 = A_0^{-1}\left(\boldsymbol{\Phi}_0 - \boldsymbol{I}\right)$$

$$\boldsymbol{\Phi}_2 = A_0^{-1}\left(\tau\boldsymbol{\Phi}_0 - \boldsymbol{\Phi}_1\right)$$

$$\boldsymbol{\Phi}_3 = A_0^{-1}\left(\tau^2\boldsymbol{\Phi}_0 - 2\boldsymbol{\Phi}_2\right)$$

$$A_0^{(k)} = A_{k+1}, \quad A_1^{(k)} = \left(A_k - A_{k+1}\right)/\tau$$

$$B_0^{(k)} = B_{k+1}, \quad B_1^{(k)} = \left(B_k - B_{k+1}\right)/\tau$$

由式(6-16)可知，若$[I - F_{k+1}]$可逆(若不可逆则用广义逆代替)，则有

$$x_{k+1} = \left[I - F_{k+1}\right]^{-1}\left(F_0 + F_{0,k}\right)x_k + \left[I - F_{k+1}\right]^{-1}F_{m-1}x_{k+1-m} + \left[I - F_{k+1}\right]^{-1}F_m x_{k-m} \tag{6-17}$$

因此，可以构造第k个离散区间上的映射：

$$y_{k+1} = D_k y_k, \quad k = 0, 1, 2, \cdots, m-1 \tag{6-18}$$

其中，y_k为$4(m+1)$维向量；$D_k \in \mathbb{R}^{4(m+1)\times 4(m+1)}$，即

$$y_k = \mathrm{col}(x_k, x_{k-1}, 1, 2, \cdots, x_{k+1-m}, x_{k-m}) \in \mathbb{R}^{4(m+1)} \tag{6-19}$$

其中，col表示列向量。

$$D_k = \begin{bmatrix} \left[I - F_{k+1}\right]^{-1}\left(F_0 + F_{0,k}\right) & 0 & 0 & \cdots & 0 & \left[I - F_{k+1}\right]^{-1}F_{m-1} & \left[I - F_{k+1}\right]^{-1}F_m \\ I & 0 & 0 & \cdots & 0 & 0 & 0 \\ 0 & I & 0 & \cdots & 0 & 0 & 0 \\ \vdots & & \vdots & \vdots & \ddots & \vdots & \vdots & \vdots \\ 0 & & & & & 0 & 0 & 0 \\ 0 & 0 & 0 & \cdots & I & 0 & 0 \\ 0 & 0 & 0 & \cdots & 0 & I & 0 \end{bmatrix} \tag{6-20}$$

然后，系统在单个时间周期上的状态转移矩阵H可以通过矩阵序列D_k构造出来，即

$$y_m = H y_0 \tag{6-21}$$

其中

$$H = D_{m-1}D_{m-2}\cdots D_1 D_0 \in \mathbb{R}^{4(m+1)\times 4(m+1)} \tag{6-22}$$

最后，根据Floquet理论判断系统的稳定性，即若状态转移矩阵H的谱半径小于1，则系统稳定。

6.2 基于迁移学习的刀尖模态参数预测方法

在加工过程中刀尖模态参数随刀具位姿而变化且刀具更换频繁，当需要获得刀具全工作空间下的刀尖模态参数时，锤击实验法必须停机测量，其成本高，工作量大。由于机床结构复杂、连接参数难以准确获得，有限元仿真和动力学建模的方法难以对机床-主轴-刀具系统精确建模，使得预测精度有限。而数据驱动建模方法可直接从数据中学习预测模型，避免了对

机床的直接建模，但其需要足够的锤击实验采集大量刀尖模态参数数据作为训练集，实用性差。近年来，有学者关注到对于不同的刀具-刀柄组合，其刀尖模态参数随位姿变化的趋势是相似的，如图 6-3 所示。图 6-3（a）、（b）展示了直径分别为 8mm 和 10mm 的两把不同刀具随轴 A 角度变化相应的刀尖频响函数变化，图 6-3（c）为两把刀具的固有频率变化趋势图，可以看出两者的变化趋势是非常相似的。基于此，一把刀具的刀尖模态参数模型或数据可以被用来辅助新刀具的刀具模态参数预测，以减少对于新刀具的锤击实验次数[15]。本节将从刀尖模态参数的获取、用于刀尖模态参数预测的迁移学习算法和实验对比与验证分析三方面介绍基于迁移学习的刀尖模态参数预测方法。

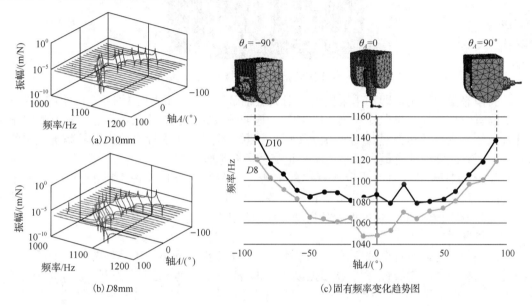

图 6-3　*D*8mm 和 *D*10mm 刀具刀尖模态参数相似性分析

6.2.1　刀尖模态参数的获取

1. 锤击实验获取刀尖激振力信号和振动信号

利用锤击实验获取刀具的刀尖激振力和振动信号，即使用冲击锤锤击刀具尖端，用传感器接收振动响应。在锤击时为了更好地激励刀尖，避免每一次锤击时的连击影响等问题，可使用带橡胶锤头的冲击锤。此外，加速度传感器应用广泛、测量准确，且适用于小位移情况，所以在实验中选用加速度传感器来接收刀尖的振动响应。图 6-4 展示了型号为 PCB 086E80 的冲击锤和型号为 PCB 352A73 的加速度传感器进行锤击实验的过程。为了使得测量结果更加准确，可进行多次锤击实验，分别进行模态参数识别，取平均值作为最终结果。

2. 刀尖模态参数识别

模态参数识别的方法分为直接估计法和曲线拟合法。在实际应用中，由于测得的数据通常会有噪声和误差，因此直接估计法并不适用，而曲线拟合法用理论曲线去拟合实测曲线，并使误差减小。根据识别的域不同，模态参数识别分为时域识别方法和频域识别方法，此处选用基于频域数据的参数识别方法。

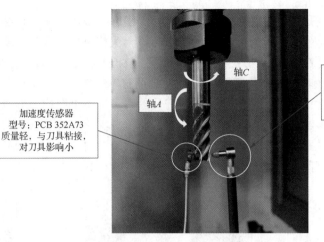

振动信号
分析演示

图 6-4　锤击实验获取刀尖激振力和振动信号

刀尖模态参数识别，即利用采集到的刀尖振动时域数据，识别出此位姿下刀尖的模态参数，如固有频率、模态阻尼比和模态刚度等。基于频域的模态参数识别方法，需要先将采集到的时域数据进行快速傅里叶变换得到其频域数据，再进一步进行参数识别。基于频域的模态参数识别方法常用的有最大最小值法、正交多项式拟合法等。

刀尖模态参数识别的主要步骤有选取窄带、去除噪声、快速傅里叶变换(Fast Fourier Transform，FFT)、获取刀尖频响函数和模态参数识别等。下面以直径为 12mm 的刀具、轴 A 和轴 C 均为 0° 的位姿下一组激振力和振动时域数据为例进行模态参数的识别。

1)选取窄带

在采集数据时，对每个位姿锤击了 5 次，得到的激振力和振动信号如图 6-5 所示，在识别刀尖模态参数时，需要选取每一次激振以及与其相对应的振动响应进行分析，以 5 次分析的平均值作为此位姿下最终的模态参数，第 1 次锤击的激振力信号和对应的振动信号如图 6-6 所示。

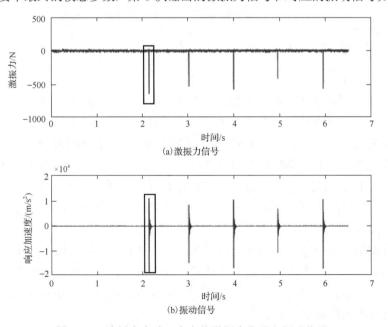

(a)激振力信号

(b)振动信号

图 6-5　5 次锤击实验刀尖点的激振力信号和振动信号

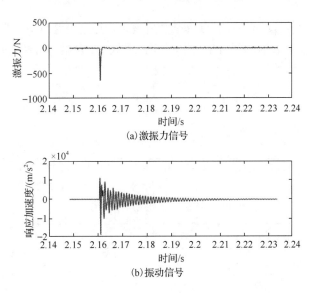

图 6-6　第 1 次锤击的刀尖点激振力信号和振动信号

2) 去除噪声

理论上激振力只作用于一瞬间，作用之后激振力信号会很快消失（即为 0），同样振动信号也会逐渐衰减直至为零。但是由于外界因素如噪声、振动等的干扰，以及测量误差的存在，观测数据具有较大噪声，如图 6-7 所示。在激振力作用之后仍存在较大的激振力信号，振动信号则为逐步衰减状态，且噪声相对较小。因此，在进行参数识别之前需对激振力信号进行去噪处理，使得激振力瞬时作用之前和之后的激振力信号为零，如图 6-8 所示。

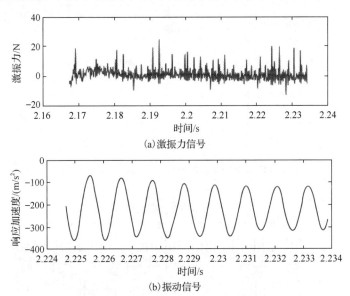

图 6-7　刀尖点激振力信号和振动信号噪声

3) 快速傅里叶变换

利用 FFT 可以将采集到的时域信号变换为频域信号，再进一步得到刀尖频响函数。在

MATLAB 中可以利用库函数 fft 来实现快速傅里叶变换，经过快速傅里叶变换之后的频域数据为复数，图 6-9 为激振力信号的振幅频谱和相位频谱，图 6-10 为振动信号的振幅频谱和相位频谱。

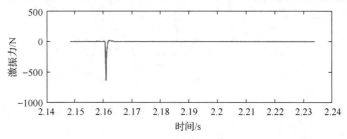

图 6-8　去噪后的刀尖点激振力信号

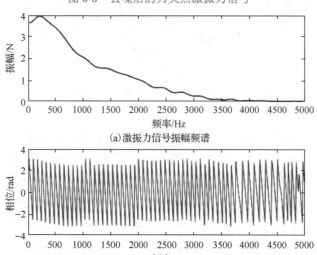

(a)激振力信号振幅频谱

(b)激振力信号相位频谱

图 6-9　激振力信号的振幅频谱和相位频谱

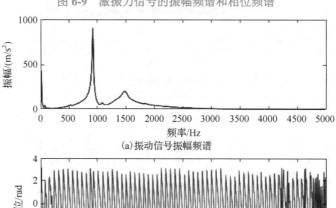

(a)振动信号振幅频谱

(b)振动信号相位频谱

图 6-10　振动信号的振幅频谱和相位频谱

4)刀尖频响函数

计算傅里叶变换之后的振动响应和激振力的比值即可得到刀尖的频响函数。因为采集数据时使用的是加速度传感器,得到的是刀尖的加速度信号和加速度频响函数,利用响应的加速度信号 $\ddot{x}$ 和速度信号 x 之间的关系 $\ddot{x} = \omega^2 x$($\omega = 2\pi f$,其中 ω 为圆频率,f 为频率)将其转化为位移频响函数。刀尖加速度频响函数和刀尖位移频响函数的振幅如图 6-11 所示。

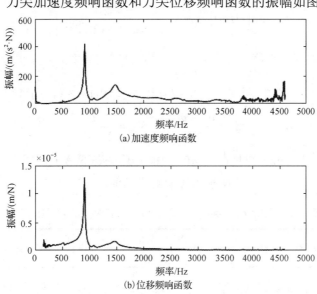

图 6-11　刀尖加速度频响函数和位移频响函数的振幅频谱

5)基于频响函数的模态参数识别

从刀尖频响函数中识别出需要的模态参数,如固有频率、模态阻尼比和模态刚度等。根据最大最小值法,即利用刀尖位移频响函数的实部最大值和最小值、虚部最小值,进行参数识别,如图 6-12 所示。

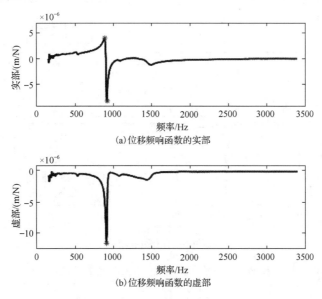

图 6-12　位移频响函数的实部和虚部

记固有频率为 ω_r、模态阻尼比为 ξ_r 和模态刚度为 K_{er}，则刀尖频响函数的实部和虚部可表示为

实部：
$$\mathrm{Re}\big[H(\omega)\big] = \frac{1}{K_{er}}\left[\frac{1-\lambda^2}{(1-\lambda^2)^2+(2\xi_r\lambda)^2}\right] \tag{6-23}$$

虚部：
$$\mathrm{Im}\big[H(\omega)\big] = \frac{1}{K_{er}}\left[\frac{-\mathrm{j}2\xi_r\lambda}{(1-\lambda^2)^2+(2\xi_r\lambda)^2}\right] \tag{6-24}$$

其中，$\lambda=\omega/\omega_r$。虚部最小值为 $A^r=\dfrac{-1}{2K_{er}\xi_r}$，其对应的频率为 ω_r，即为固有频率；实部最大值和最小值对应的频率分别为 $\omega_1^r=\omega_r(1-\xi_r)$ 和 $\omega_2^r=\omega_r(1+\xi_r)$，则可得

$$\xi_r=\frac{\omega_2^r-\omega_1^r}{2\omega_r},\qquad K_{er}=\frac{-1}{2\xi_r A^r} \tag{6-25}$$

由此，可识别出 D12mm 刀具在轴 A0°、轴 C0° 位姿下第 1 次锤击的三个模态参数，如表 6-1 所示，最终的模态参数为 5 次锤击实验的平均值。

表 6-1　D12mm 刀具在轴 A0°、轴 C0° 位姿下的刀尖模态参数

固有频率/Hz	模态阻尼比/%	模态刚度/(N/m) ×10⁶
905	1.77	2.44

为了验证分析模态参数识别的准确性，由式(6-23)和式(6-24)利用识别到的模态参数去拟合刀尖频响函数曲线，如图 6-13 所示，可以看出拟合得到的刀尖频响函数与真实曲线基本吻合，因此可以用此方法来识别刀尖模态参数。

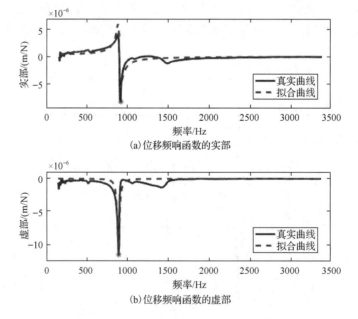

(a) 位移频响函数的实部

(b) 位移频响函数的虚部

图 6-13　真实和拟合的刀尖频响函数比较

6.2.2　用于刀尖模态参数预测的迁移学习算法

本节将详细介绍用于刀尖模态参数预测的迁移学习算法，其思想框架如图 6-14 所示。首先，选择一把刀具作为源刀具，通过锤击实验获得大量姿态下的刀尖模态参数数据，当更换新的刀具，即目标刀具时，只需要通过锤击实验获取少量位姿下的刀尖模态参数数据；然后，结合迁移学习算法，利用源刀具数据辅助少量目标刀具数据进行建模，得到最终的目标刀具刀尖模态参数预测模型[16]。

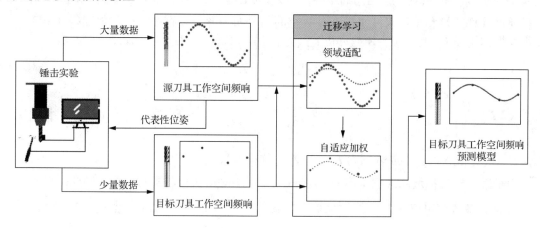

图 6-14　基于迁移学习的刀尖模态参数预测方法

1. 问题定义

为了使后续描述更加清晰，在此对涉及的概念和符号做出定义。

设 X 为实例空间，即为机床的整个工作空间，对于 $\boldsymbol{x}_i \in X$，有 $\boldsymbol{x}_i = \{x_{1i}, x_{2i}, x_{3i}, x_{4i}, x_{5i}\}$，$x_{1i}, x_{2i}, x_{3i}, x_{4i}$ 和 x_{5i} 分别是机床的三个平动轴和两个回转轴的坐标。记 X_{tar} 为目标刀具数据的实例空间，X_{src} 为源刀具数据的实例空间。

设 Y 为标签空间，即为刀尖模态参数在机床各个位姿下的取值范围，对于 $\boldsymbol{y}_i \in Y$，有 $\boldsymbol{y}_i = \{\omega_{ni}, \xi_i, K_i\}$。$\omega_{ni}, \xi_i, K_i$ 分别为固有频率、阻尼比和模态刚度，记 Y_{tar} 和 Y_{src} 分别是 X_{tar} 和 X_{src} 对应的标签空间。

$f(\boldsymbol{x})$ 指预测函数，对于给定的 $\boldsymbol{x}_i \in X$，预测的相应的刀尖模态参数 $f(\boldsymbol{x}_i) \in Y$。记 $f_{\text{src}}(\boldsymbol{x})$ 和 $f_{\text{tar}}(\boldsymbol{x})$ 分别是源刀具和目标刀具的预测函数。

源域数据 $\boldsymbol{T}_{\text{src}}$ 和目标域数据 $\boldsymbol{T}_{\text{tar}}$ 可分别表示为

$$\boldsymbol{T}_{\text{src}} = \left\{(\boldsymbol{x}_i^{\text{src}}, \boldsymbol{y}_i^{\text{src}})\right\}, \quad \boldsymbol{x}_i^{\text{src}} \in X_{\text{src}}, \boldsymbol{y}_i^{\text{src}} \in Y_{\text{src}}, i = 1, 2, \cdots, n$$

$$\boldsymbol{T}_{\text{tar}} = \left\{(\boldsymbol{x}_i^{\text{tar}}, \boldsymbol{y}_i^{\text{tar}})\right\}, \quad \boldsymbol{x}_i^{\text{tar}} \in X_{\text{tar}}, \boldsymbol{y}_i^{\text{tar}} \in Y_{\text{tar}}, i = 1, 2, \cdots, m$$

迁移学习的目的是建立目标刀具在不同位姿下的刀尖模态预测模型，即训练一个模型 $f_{\text{tar}}(\boldsymbol{x})$，实现从空间 X_{tar} 中的实例 $\boldsymbol{x}$ 映射到空间 Y_{tar} 的标签 $\boldsymbol{y}$。$\boldsymbol{T}_{\text{src}}$ 和 $\boldsymbol{T}_{\text{tar}}$ 是给定的训练数据。如果 $\boldsymbol{T}_{\text{tar}}$ 的数量足够大，$f_{\text{tar}}(\boldsymbol{x})$ 理论上可以仅用 $\boldsymbol{T}_{\text{tar}}$ 就训练得较为准确，然而 $\boldsymbol{T}_{\text{tar}}$ 的数据数量是远小于 $\boldsymbol{T}_{\text{src}}$ 的，因此要分析如何使用 $\boldsymbol{T}_{\text{src}}$ 提高模型 $f_{\text{tar}}(\boldsymbol{x})$ 的预测精度。

2. 迁移学习算法

机床工作空间刀尖模态参数预测的迁移学习分成两个步骤进行：首先通过基于仿射变换

的领域适配缩小源域和目标域的分布差异；然后通过自适应调整实例权值得到最佳训练模型。

1) 基于仿射变换的领域适配

一般情况下，对于不同刀具，机床的工作空间是不变的，即 $X_{\text{tar}} = X_{\text{src}}$。然而不同刀具的模态参数是不一样的，即 $D_{\text{tar}} \neq D_{\text{src}}$，因此 $f_{\text{src}}(\boldsymbol{x}) \neq f_{\text{tar}}(\boldsymbol{x})$。按照统计学的观点，$f(\boldsymbol{x})$ 可以解释为 $P(\boldsymbol{y}|\boldsymbol{x})$ 即条件概率分布，因此 $P(\boldsymbol{y}|\boldsymbol{x})_{\text{src}} \neq P(\boldsymbol{y}|\boldsymbol{x})_{\text{tar}}$，然而几乎所有的传统机器学习方法都假设所有训练数据和测试数据的分布是相同的，因此为了使 $\boldsymbol{T}_{\text{src}}$ 和 $\boldsymbol{T}_{\text{tar}}$ 可用于直接训练，需要减小 $P(\boldsymbol{y}|\boldsymbol{x})_{\text{src}}$ 和 $P(\boldsymbol{y}|\boldsymbol{x})_{\text{tar}}$ 之间的距离，使 $\boldsymbol{T}_{\text{src}}$ 和 $\boldsymbol{T}_{\text{tar}}$ 在新的特征表示下更为相似。仿射变换可以通过线性变换和平移来减小模态参数空间的分布差异，设存在一个仿射变换 $W \in \mathbb{R}^{9 \times 9}$，使得变换作用在 $\boldsymbol{T}_{\text{src}\_1}$ 上之后，$W\boldsymbol{T}_{\text{src}\_1}$ 和 $\boldsymbol{T}_{\text{tar}\_1}$ 之间的距离最小，变换目标可表示为

$$\min \left| \boldsymbol{T}_{\text{src}\_1} \cdot W - \boldsymbol{T}_{\text{tar}\_1} \right| \tag{6-26}$$

其中，$\boldsymbol{T}_{\text{src}\_1} = \begin{bmatrix} \boldsymbol{x}_1^{\text{src}} & \boldsymbol{y}_1^{\text{src}} & 1 \\ \vdots & \vdots & \vdots \\ \boldsymbol{x}_n^{\text{src}} & \boldsymbol{y}_n^{\text{src}} & 1 \end{bmatrix} \in \mathbb{R}^{n \times 9}$；$\boldsymbol{T}_{\text{tar}\_1} = \begin{bmatrix} \boldsymbol{x}_1^{\text{tar}} & \boldsymbol{y}_1^{\text{tar}} & 1 \\ \vdots & \vdots & \vdots \\ \boldsymbol{x}_m^{\text{tar}} & \boldsymbol{y}_m^{\text{tar}} & 1 \end{bmatrix} \in \mathbb{R}^{m \times 9}$；$\boldsymbol{y}_i = \{\omega_{ni}, \xi_i, K_i\}$；$\boldsymbol{x}_i = \{x_{1i}, x_{2i}, x_{3i}, x_{4i}, x_{5i}\}$；$n$ 和 m 分别为 $\boldsymbol{T}_{\text{src}\_1}$ 和 $\boldsymbol{T}_{\text{tar}\_1}$ 的样本数量。

由于源域和目标域的数据量不同，即 $n \neq m$，式(6-26)难以被直接计算。因此，将 $\boldsymbol{T}_{\text{src}\_1}$ 替换成 m 个源域数据组成的 $\boldsymbol{T}_{\text{src}\_2}$ 来简化这个问题。用 $\boldsymbol{T}_{\text{src}}$ 训练一个源域模型 $f_{\text{src}}(\boldsymbol{x})$，则 $\boldsymbol{T}_{\text{src}\_2}$ 可定义为

$$\boldsymbol{T}_{\text{src}\_2} = \begin{vmatrix} \boldsymbol{x}_1^{\text{tar}} & f_{\text{src}}(\boldsymbol{x}_1^{\text{tar}}) & 1 \\ \vdots & \vdots & \vdots \\ \boldsymbol{x}_m^{\text{tar}} & f_{\text{src}}(\boldsymbol{x}_m^{\text{tar}}) & 1 \end{vmatrix} \in \mathbb{R}^{m \times 9} \tag{6-27}$$

即在通过数据集 $\boldsymbol{T}_{\text{src}}$ 训练的模型中取与目标数据相同位姿下的点。此时 $\boldsymbol{T}_{\text{src}\_2}$ 和 $\boldsymbol{T}_{\text{tar}\_1}$ 的数据量相同，均为 m，则式(6-26)可以表示为

$$\min \left| \boldsymbol{T}_{\text{src}\_2} \cdot W - \boldsymbol{T}_{\text{tar}\_1} \right| \tag{6-28}$$

注意，这里 $\boldsymbol{T}_{\text{src}\_2}$ 和 $\boldsymbol{T}_{\text{tar}\_1}$ 的 $\boldsymbol{x}$ 列向量是相同的，因此式(6-28)可以简化为

$$\min \left| \boldsymbol{T}_{\text{src}\_2} \cdot H - \begin{bmatrix} \boldsymbol{y}_1^{\text{tar}} \\ \vdots \\ \boldsymbol{y}_m^{\text{tar}} \end{bmatrix} \right| \tag{6-29}$$

其中，$H \in \mathbb{R}^{9 \times 3}$。式(6-29)是一个典型的线性最小二乘问题，可很容易解出变换矩阵 H 为

$$H = (A^{\text{T}} A)^{-1} A^{\text{T}} B \tag{6-30}$$

其中

$$A = \begin{bmatrix} \boldsymbol{x}_1^{\text{tar}} & f_{\text{src}}(\boldsymbol{x}_1^{\text{tar}}) & 1 \\ \vdots & \vdots & \vdots \\ \boldsymbol{x}_m^{\text{tar}} & f_{\text{src}}(\boldsymbol{x}_m^{\text{tar}}) & 1 \end{bmatrix}, \quad B = \begin{bmatrix} \boldsymbol{y}_1^{\text{tar}} \\ \vdots \\ \boldsymbol{y}_m^{\text{tar}} \end{bmatrix} \tag{6-31}$$

此时可以将 $\boldsymbol{T}_{\text{src}}$ 的所有数据进行转换，得到 $\boldsymbol{T}_{\text{src}}'$：

$$\boldsymbol{T}_{\text{src}}' = \begin{bmatrix} \boldsymbol{x}^{\text{src}}, \boldsymbol{T}_{\text{src}\_1} \cdot H \end{bmatrix} \tag{6-32}$$

到此，通过仿射变换完成了源域数据的转换，使得转换后的源域数据 $\boldsymbol{T}'_{\text{src}}$ 和目标域数据 $\boldsymbol{T}_{\text{tar}}$ 间的分布距离相近，这两个数据集可以被共同用来训练目标刀具的刀尖模态参数预测模型。

2）自适应权值训练

当获得变换后的源域数据 $\boldsymbol{T}'_{\text{src}}$ 和目标域数据 $\boldsymbol{T}_{\text{tar}}$ 后，可以基于经典的实例加权学习方法 TrAdaBoost.R2 自适应调整数据集的权值进行训练，从而得到最佳模型。设联合训练数据集为 $\boldsymbol{T} = \boldsymbol{T}'_{\text{src}} \bigcup \boldsymbol{T}_{\text{tar}}$，因此有

$$\boldsymbol{T} = \{(\boldsymbol{x}_i, y_i)\}, \quad \boldsymbol{x}_i = \begin{cases} \boldsymbol{x}_i^{\text{src}}, & i = 1, 2, \cdots, n \\ \boldsymbol{x}_i^{\text{tar}}, & i = n+1, n+2, \cdots, n+m \end{cases} \tag{6-33}$$

尽管变换之后的源数据 $\boldsymbol{T}'_{\text{src}}$ 和 $\boldsymbol{T}_{\text{tar}}$ 的分布差异已经减少，但显然 $\boldsymbol{T}_{\text{tar}}$ 的数据对于目标刀具模型训练更为重要，因此 TrAdaBoost.R2 方法的核心思想就是增加 $\boldsymbol{T}_{\text{tar}}$ 数据的权值来加强其对训练模型的影响。

首先，数据集 $\boldsymbol{T}$ 中所有训练数据的初始权值设置为相等值，则初始权值向量 $\boldsymbol{w}^1$ 定义为

$$w_i^1 = \frac{1}{n+m}, \quad 1 \leqslant i \leqslant n+m \tag{6-34}$$

定义 N 为最大迭代次数，令 $t = 1, 2, \cdots, N$，则 $\boldsymbol{w}^t$ 指第 t 轮的权值向量。确定了联合训练数据集 $\boldsymbol{T}$ 以及权值 $\boldsymbol{w}^t$ 后，即可训练一个基本的回归模型 model_t，可以是神经网络、决策树或者随机森林等。训练好的模型函数定义为 $h_t: X \rightarrow Y$，则目标域数据的训练误差可以表示为

$$\frac{y_i - h_t(x_i)}{y_i}, \quad n+1 \leqslant i \leqslant n+m \tag{6-35}$$

如果目标域数据的预测误差大，则 $\boldsymbol{T}_{\text{tar}}$ 的权值就会被增大，从而减小 $\boldsymbol{T}'_{\text{src}}$ 的影响，使得下一轮的回归模型会更关注于 $\boldsymbol{T}_{\text{tar}}$。因此，新权值向量由训练误差系数 e_i^t 决定，e_i^t 定义为

$$e_i^t = \frac{|y_j - h_t(\boldsymbol{x}_j)|}{D_t} \tag{6-36}$$

其中，D_t 为目标训练数据在模型 model_t 上的最大训练误差：

$$D_t = \max_{j=n+1}^{n+m} |(y_j - h_t(\boldsymbol{x}_j)| \tag{6-37}$$

然后，定义 model_t 的修正误差 ϵ_t 为

$$\epsilon_t = \frac{\sum\limits_{i=n+1}^{n+m} e_i^t w_i^t}{\sum\limits_{j=n+1}^{n+m} w_j^t} \tag{6-38}$$

如果 $\epsilon_t \geqslant 0.5$，就停止循环。

设 $\beta_t = \epsilon_t / (1 - \epsilon_t)$ 和 $\beta_0 = 1 / \left(1 + \sqrt{2\ln n / N}\right)$，其中 β_t 每轮会更新，β_0 是一个常量。因此权值向量可以被更新为

$$w_i^{t+1} = \begin{cases} \dfrac{w_i^t \beta_0^{e_i^t}}{Z_t}, & 1 \leqslant i \leqslant n \\ \dfrac{w_i^t \beta_t^{-e_i^t}}{Z_t}, & n+1 \leqslant i \leqslant n+m \end{cases} \tag{6-39}$$

其中，Z_t 是一个标准化常数，使 w^{t+1} 的和为 1。下一轮新的训练模型 $model_{t+1}$ 可以基于 w^{t+1} 进行训练，最终 N 个模型中 T_{tar} 训练误差最小的模型为输出模型。

6.2.3　实验对比与验证分析

1. 实验条件

选用一个 AC 摆五轴机床作为实验对象验证迁移学习预测刀尖模态参数方法的有效性。通过初步锤击实验发现，此机床的 X、Y、Z 三个线性轴的变化对刀尖模态影响较小，而 A、C 轴的变化对刀尖模态有明显的影响，因此研究 A、C 轴变化下刀尖模态参数的变化趋势，即实例空间的维度为 2。其中 A 轴的运动范围为 $-90°\sim90°$，C 轴的运动范围为 $0°\sim360°$。如图 6-15 所示，定义刀尖处平行于 A 轴且垂直于刀轴的方向为 α 方向，定义刀尖处垂直于 A 轴且垂直于刀轴的方向为 β 方向。本节选取 β 方向的模态参数

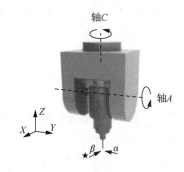

图 6-15　五轴机床 AC 摆头结构示意

作为研究对象，α 方向的模态参数变化可通过相同方法预测。如表 6-2 所示，选取一把 $D8mm$ 的端铣刀 T2 为源刀具，选取 T1（$D=6mm$）、T3（$D=10mm$）和 T4（$D=12mm$）三把刀具作为目标刀具。

表 6-2　实验所用的四把刀具

用途	编号	刀具形状	直径/mm	长度/mm	材料	齿数
目标刀具	T1		6	50	硬质合金	2
源刀具	T2		8	65	高速钢	3
目标刀具	T3		10	85	高速钢	2
目标刀具	T4		12	85	硬质合金	4

2. 建立源刀具和目标刀具的刀尖模态参数数据集

首先通过锤击实验获取源刀具的全工作空间刀尖频响函数。A 轴从 $-90°\sim90°$ 每隔 $10°$ 离散，C 轴从 $0°\sim360°$ 每隔 $20°$ 离散，因此总位姿数量为 $19×19=361$（组），通过力锤（LC1301）激励刀尖位置，加速度传感器（PCB 352A73）采集刀尖位置的响应信息，激励信号和响应信号通过采集卡（BVM-300）获取并分析。每个位姿的频响函数由 5 次重复锤击实验，并通过 RFP（Rational Fraction Polynomials）法进行识别，以 5 次实验结果的平均值作为最终测量值。与以上方法相似，源刀具在 361 组位姿下的模态参数可依次获取，即为源数据集 T_{src}。此外，根据源数据集的分布特点，通过锤击实验采集 10 组位姿下的目标刀具刀尖模态参数，作为目标数据集 T_{tar}。

3. 基于迁移学习建立目标刀具刀尖模态预测模型

完成源数据 T_{src} 和目标数据 T_{tar} 的构建之后，首先通过仿射变换将 T_{src} 转化为 T_{src}'，然后用 TrAdaBoost.R2 方法将 T_{src}' 与 T_{tar} 一起训练。基础学习器可以是常用的回归模型，如多层感知机、决策树或者随机森林，此处选择 scikit-learn 库中的 multilayer perceptron 作为基础学习器，求解器是 LBFGS（Limited-memory Broyden-Fletcher-Goldfarb-Shanno），激活函数是 ReLU。三把目标刀具的固有频率、模态刚度和阻尼比的测试误差见表 6-3，固有频率的测试误差能够控制在 0.54% 之内。

表 6-3　目标刀具模态参数测试误差

ID	固有频率/%	模态刚度/%	阻尼比/%
T1	0.54	6.81	10.52
T3	0.43	6.02	9.61
T4	0.22	8.87	9.93

4. 与其他方法比较

Deng 等[11]提出了一种基于 RCSA 的方法,该方法首先通过大量锤击实验获取刀柄处的模态参数,然后用 Kriging 模型进行回归,建立刀柄处的频响函数模型。插入刀具,通过 IRC(Inverse Receptance Coupling)方法测量刀具与刀柄的连接矩阵,再通过 RCSA 预测整个工作空间内的刀尖频响。本节选取四组位姿作为对比,分别为($\theta_A = 10°$, $\theta_C = 0°$)、($\theta_A = 30°$, $\theta_C = 0°$)、($\theta_A = 50°$, $\theta_C = 0°$)和($\theta_A = 80°$, $\theta_C = 0°$),首先通过锤击实验获取这四组位姿的刀柄自由频响函数,然后在($\theta_A = 0°$, $\theta_C = 0°$)处通过 Mehrpouya 等[17]提出的 IRC 方法测量刀具与刀柄的连接矩阵,最后用这个连接矩阵预测四组位姿下的刀尖频响函数,对比结果如图 6-16 所示。

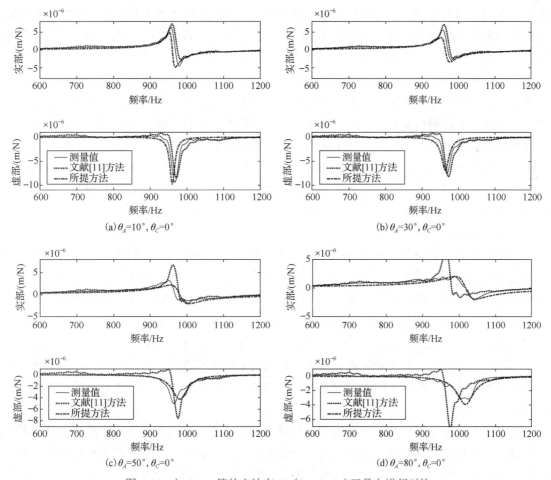

图 6-16　与 Deng 等的方法在 T1($D = 6mm$)刀具上进行对比

由对比结果图 6-16 可看出，在 A 轴靠近 $\theta_A = 0°$ 的位置，如（$\theta_A = 10°$，$\theta_C = 0°$）、（$\theta_A = 30°$，$\theta_C = 0°$），两种方法与真实结果都非常相似，然而对于远离 $\theta_A = 0°$ 的位置，如（$\theta_A = 50°$，$\theta_C = 0°$）、（$\theta_A = 80°$，$\theta_C = 0°$），基于 RCSA 的方法偏差就非常大了，因为使用 $\theta_A = 0°$ 位置的连接矩阵是无法有效预测其他位置的，而基于迁移学习的方法则在各个位姿下都效果良好。

通过以上实验可知，基于迁移学习的刀尖模态参数预测方法能够利用已有源数据上的可迁移知识，从而仅需要少量目标数据即可训练目标模型，与现有的位姿相关的刀尖模态参数预测方法相比，能够显著提升预测精度。

6.3　数据和机理融合的铣削稳定性分析方法

6.3.1　融入机理的贝叶斯推断框架

目前，加工稳定性的预测方法主要包括机理模型和数据驱动两大类。泛化能力和物理约束是机理模型的固有属性，然而模型输入参数的不确定性制约了机理模型的准确性。从数据中学习稳定性叶瓣图的数据驱动方法建模能力强，但没有物理约束，泛化性差。因此，数据和机理融合的混合驱动方法受到学者的关注。对于铣削稳定性预测问题，颤振机理可被认为是可靠的，模型输入参数的测量结果虽与加工过程中的实际值存在差异，但是提供了重要的参考信息，此外，还可采集少量的实验数据。为了对三种不同来源的信息进行融合建模，融入机理的贝叶斯推断框架被提出，实现了利用实验数据推断模型输入参数的分布，从而提升了机理模型的准确性，且保留了泛化能力强和有物理约束的优势[18]。

基于贝叶斯推断的稳定性预测方法框架如图 6-17 所示，其主要内容包括构造模型参数的先验分布，建立实验数据和模型参数间的似然函数，求解模型参数的后验分布，以及基于参数分布生成叶瓣图四部分，以下将分别进行介绍。

1. 构造模型参数的先验分布

刀尖模态参数和切削力系数是通过机理模型建立颤振稳定性叶瓣图必不可少的输入，刀尖模态参数包括固有频率、模态阻尼比、模态刚度，通常在机床停转的情况下通过锤击实验进行测量，然后通过模态参数识别方法，辨识出三个模态参数，6.2.1 节中详细介绍了刀尖模态参数的获取方法。此外，切削力系数通常由正交切削实验进行标定，通过建立实验数据的回归模型辨识出切削力系数。由于测量环境和实际加工环境存在差异，且有研究表明，模态参数与转速、离心力、热传导等因素相关，切削力系数也与转速、进给等相关，加工过程中的模型参数难以直接测量，因此以测量参数值构造模型参数先验分布，其后通过实验数据进行修正。

假定刀尖模态参数和切削力系数的先验分布符合正态分布，其均值和标准差通过大量重复测量，对测量结果进行统计得出。对于刀尖模态参数，其先验分布的均值和标准差可以通过大量锤击实验辨识结果的均值和标准差进行计算。此外，切削力系数一般通过最小二乘法对不同切削条件下的实验数据进行拟合得到，因此拟合结果可以作为其均值，标准差可以通过拟合误差进行表征。

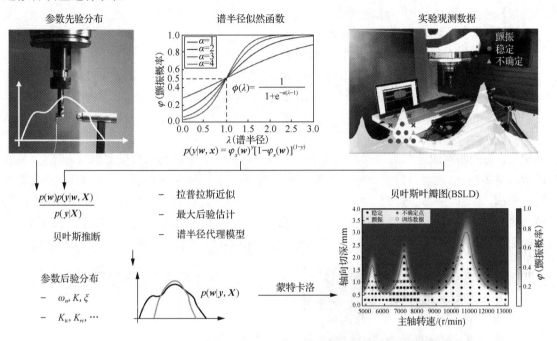

图 6-17　基于贝叶斯推断的稳定性预测方法

2. 建立实验数据和模型参数间的似然函数

相比于离线测量，实际加工数据是更符合加工环境的，因此通过实验数据修正模型参数，首先需要建立实验数据和模型参数之间的关系。在不同的转速和切深条件下，执行切削实验，获取实验数据，相应的实验结果可以表示为 y，$y=1$ 表示在这组切削条件下发生了颤振，$y=0$ 则表示稳定切削。因此，每一个实验结果可以通过伯努利分布来表示。对于机理模型而言，给定模型输入参数 w，包括刀尖模态参数和切削力系数，对每一组转速和切深 x，$p(y=1|w,x)$ 表示机理模型参数为 w、加工参数为 x 时发生颤振的概率，$p(y=0|w,x)$ 则表示该条件下稳定的概率，若 $p(y=1|w,x)=\varphi_x(w)$，则有 $p(y=0|w,x)=1-\varphi_x(w)$。因此，在模型参数为 w 时，在切削条件为 x 下观测到相应实验结果的概率可表示为

$$p(y|w,x)=\varphi_x(w)^y\left[1-\varphi_x(w)\right]^{1-y} \tag{6-40}$$

假设在不同的切削条件下执行 n_d 组切削实验得到多组实验数据，相应的数据集可以表示为 $D=\{X,y\}$，其中 $X=\left[x_1,\cdots,x_{n_d}\right]$，$y=\left[y_1,\cdots,y_{n_d}\right]$，则 n_d 组实验结果相应的似然概率可以表示为

$$p(y|w,X)=\prod_{i=1}^{n_d}p(y_i|w,x_i)=\prod_{i=1}^{n_d}\varphi_{x_i}(w)^{y_i}\left[1-\varphi_{x_i}(w)\right]^{1-y_i} \tag{6-41}$$

似然函数的计算中一个关键的问题是 $\varphi_{x_i}(w)$ 的确定，对于机理模型求解来说，其最终结果为一张稳定性叶瓣图，将转速-切深域划分为稳定和颤振两部分，意味着 $\varphi_{x_i}(w)$ 只能为 0 或 1，其不利于反向优化。Floquet 理论指出当系统状态转移矩阵的谱半径 λ 大于 1 时，发

生颤振，基于此，构造一个概率函数将 $\varphi_{x_i}(\boldsymbol{w})$ 从 0 和 1 的离散值转换为连续变量，其满足以下特点：

(1) $\varphi_{x_i}(\boldsymbol{w})$ 是 $(0,1)$ 间的连续变量；

(2) 当谱半径 $\lambda=1$ 时，$\varphi_{x_i}(\boldsymbol{w})=0.5$；

(3) 当谱半径 $\lambda>1$ 时，$\varphi_{x_i}(\boldsymbol{w})$ 快速收敛到 1；

(4) 当谱半径 $\lambda<1$ 时，$\varphi_{x_i}(\boldsymbol{w})$ 快速收敛到 0。

类似于标准对数函数，基于谱半径构造的概率函数可以表示为

$$\varphi_{x_i}(\boldsymbol{w}) = \frac{1}{1+\mathrm{e}^{-a\left(\lambda_{x_i}(\boldsymbol{w})-1\right)}} \tag{6-42}$$

其中，a 为控制响应速度的超参数；$\lambda_{x_i}(\boldsymbol{w})$ 可以通过基于谱半径的机理模型求解方法(全离散法或者半离散法)进行计算。所设计的概率函数被进一步在图 6-18 中解释，图 6-18(a) 为谱半径分布图，曲线为稳定边界，即 $\lambda=1$，图 6-18(b) 为不同超参数下的概率函数，图 6-18(c) 为谱半径分布图通过概率函数转换后的概率分布图。其中图 6-18(a) 中的曲线转换为图 6-18(c) 中的曲线，图 6-18(a) 中 $\lambda>1$ 的区域相应地转换为图 6-18(c) 中颤振概率大于 0.5 的区域。

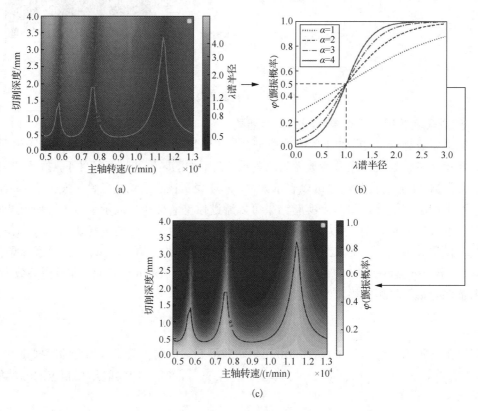

图 6-18　基于谱半径构造概率函数

3. 求解模型参数的后验分布

根据贝叶斯理论，得到模型参数先验分布 $p(\boldsymbol{w})$ 及似然函数 $p(\boldsymbol{y}|\boldsymbol{w},\boldsymbol{X})$ 后，参数的后验分布可以通过式(6-43)进行计算：

$$p(\boldsymbol{w}|\boldsymbol{y},\boldsymbol{X}) = \frac{p(\boldsymbol{w})p(\boldsymbol{y}|\boldsymbol{w},\boldsymbol{X})}{p(\boldsymbol{y}|\boldsymbol{X})} \tag{6-43}$$

由于后验分布的具体形式是未知的，参数的后验分布难以直接求解，因此拉普拉斯近似方法被用来作为近似求解方法。根据拉普拉斯近似，参数的后验分布可以被表示为一个多变量高斯分布：

$$p(\boldsymbol{w}|\boldsymbol{y},\boldsymbol{X}) \sim \mathcal{N}(\boldsymbol{w}|\boldsymbol{w}_*,\boldsymbol{A}^{-1}) \tag{6-44}$$

其中，参数均值 $\boldsymbol{w}_*$ 可以通过最大后验估计结合梯度下降法进行求解；后验协方差矩阵 $\boldsymbol{A}$ 可以表示为后验分布函数的负对数的二阶导数 $\boldsymbol{A} = -\nabla\nabla\ln\big[p(\boldsymbol{w}|\boldsymbol{y},\boldsymbol{X})\big]_{\boldsymbol{w}=\boldsymbol{w}_*}$。

为了用拉普拉斯近似求解后验分布，首先需要求解均值 $\boldsymbol{w}_*$，随后计算后验分布函数 $\ln\big[p(\boldsymbol{w}|\boldsymbol{y},\boldsymbol{X})\big]_{\boldsymbol{w}=\boldsymbol{w}_*}$ 的二阶导数，因此要求分布函数是可导的。然而，似然函数中包含 $\lambda_{x_i}(\boldsymbol{w})$，其表示在模型参数为 $\boldsymbol{w}$、加工参数为 $\boldsymbol{x}_i$ 时机理模型计算得到的谱半径。谱半径可以通过全离散法或半离散法对铣削动力学方程进行求解得到，是模型输入参数的函数。但是谱半径是系统状态转移矩阵的特征值的最大模长，是不可导的，因此相应的似然函数和后验分布函数都是不可导的。因此为了使谱半径计算模型对于模型参数可导，利用机理模型的仿真数据通过可导的机器学习方法(神经网络或高斯过程回归)建立谱半径代理模型来替代不可导的机理模型，对于每一组实验加工参数 $\boldsymbol{x}_i$，其谱半径代理模型建立的具体步骤如下：

(1)通过 Sobol 采样方法从模型参数的先验分布中采样出多组模型参数；

(2)基于全离散法计算每一组模型参数在加工参数 $\boldsymbol{x}_i$ 下的谱半径；

(3)利用机器学习方法基于仿真数据训练代理模型。

4. 基于参数分布生成叶瓣图

当获得机理模型参数的后验分布后，给定一组加工参数 $\boldsymbol{x}$，则其出现颤振的概率可以通过式(6-45)进行计算：

$$p\big(\lambda(\boldsymbol{w})>1\big) = \int \delta(\boldsymbol{w})p(\boldsymbol{w}\,|\,\boldsymbol{y},\boldsymbol{X})\mathrm{d}\boldsymbol{w} \tag{6-45}$$

其中

$$\delta(\boldsymbol{w}) = \begin{cases} 1, & \lambda(\boldsymbol{w}) \geq 1 \\ 0, & \lambda(\boldsymbol{w}) < 1 \end{cases}$$

但是因为谱半径函数 $\lambda(\boldsymbol{w})$ 的积分计算过于复杂，式(6-45)的直接计算是十分困难的，因此蒙特卡洛技术被用来进行近似求解。首先，从机理模型输入参数的后验分布中通过蒙特卡洛方法采样出大量的参数组合；其次，给定一组加工参数，在所有模型参数组合下计算相应的谱半径，并统计谱半径大于 1 的个数；最后，颤振概率可以通过统计谱半径大于 1 的个数在总参数组合个数上的占比来近似计算，如式(6-46)所示。在计算所有网格点的颤振概率之后，便可得到颤振概率边界。

$$p_c \cong \frac{N_{\text{chatter}}}{N_{\text{total}}} \tag{6-46}$$

6.3.2　实验对比与验证分析

基于贝叶斯推断的稳定性预测方法通过实验数据推断模型参数的后验分布，进而生成叶瓣图预测加工稳定性，以混合驱动的方式集成了物理模型的物理约束和泛化性。以下将对贝叶斯推断方法的准确性和泛化性展开实验对比与验证分析。为了方便介绍，将通过贝叶斯推断预测稳定性叶瓣图的方法记为 BSLD（Bayesian Stability Lobe Diagram）。

1. 实验条件

以一台 DMU80P 五轴加工中心为研究对象，采用 7075 铝合金毛坯进行切削实验，实验装置如图 6-19 所示。通过麦克风传感器采集加工过程中的声压信号，结合模态分析软件对信号进行分析以判断加工过程是否发生颤振。通过冲击锤和加速度传感器进行锤击实验，利用正交多项式拟合法识别刀尖模态参数。用平均校准法识别切削力系数，在恒定切深、不同进给下进行多组铣削实验，用测力仪记录加工过程中的切削力，并用最小二乘法估计切削力系数。刀尖模态参数和切削力系数的测量结果如表 6-4 所示，作为先验分布的平均值，平均值的 20%作为先验分布的标准差。

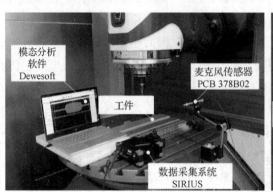
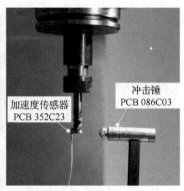

加工颤振叶瓣图预测演示

图 6-19　五轴加工中心和锤击实验装置

表 6-4　离线测量所得模型输入参数

刀尖模态参数						切削力系数	
ω_{nx}/Hz	ω_{ny}/Hz	ξ_x/%	ξ_y/%	k_x/(N/m)	k_y/(N/m)	K_{tc}/MPa	K_{rc}/MPa
2590	2600	3.3	3.84	6.53×10^6	6.07×10^6	580	157

2. 与经典机理模型比较叶瓣图的准确性

全离散法（Full-discretization Method，FDM）以其求解精度高且效率快被广泛应用于叶瓣图的求解，下面与 FDM 进行比较，说明贝叶斯推断方法在预测精度上的提升。在铣刀直径为 10mm、切削宽度为 0.8mm，铣削方式为下铣的实验条件下，实验数据和两种方法的预测结果如图 6-20 所示，其中方框中数据为 BSLD 方法的训练数据，实线为 BSLD 方法所得颤振概率为 0.5 的边界线，点画线为通过 FDM 获得的稳定边界，可以看出 BSLD 方法在准确性上有显著优势。

3. 验证方法的泛化性

将上述铣刀直径为 10mm、切削宽度为 0.8mm 的实验条件推断出的模型参数后验分布用于切削宽度为 0.6mm 的下铣稳定性预测中，实验结果如图 6-21 所示。其中 BSLD 结果为利用切削宽度为 0.8mm 的模型参数后验分布所得的稳定边界，全离散法结果是基于测量得到的模型参数求解获得的稳定性边界，可以看出 BSLD 结果与实验数据更为一致，说明 BSLD 方法学习到的参数后验分布是可泛化的。

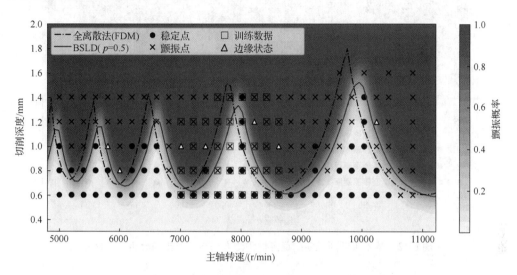

图 6-20　基于贝叶斯推断的稳定性预测方法与机理模型比较

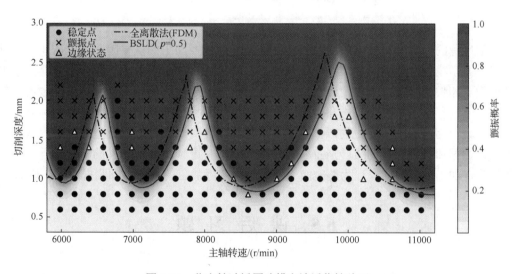

图 6-21　稳定性叶瓣图建模方法泛化性验证

4. 与最新辨识参数的工作模态分析方法对比

贝叶斯推断方法也可看作一种基于实验数据的模型参数辨识方法，并将参数以分布的形式表示。最近，Hajdu 等[19]通过系统性实验建立了转速和模态参数之间的关系并提升了机理稳定性叶瓣图的准确性，因此在 Hajdu 等论文中的数据集上与其所提方法进行对比，实验结果如图 6-22 所示。可以看出，Hajdu 等所提方法提升了机理模型的准确性，但 BSLD 方法相比于 Hajdu 等所提方法和机理模型方法均有显著优势。

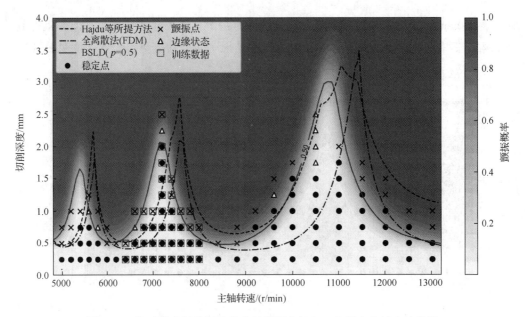

图 6-22　基于贝叶斯推断的稳定性预测方法与工作模态分析方法比较

6.4　本 章 小 结

加工过程的稳定性是限制航空航天零件高精高效数控加工的重要因素之一，通过建立铣削加工动力学模型能够预测加工过程稳定性，并指导稳定加工参数的选取。本章介绍了加工稳定性预测相关的基本概念以及经典铣削动力学模型，为数据驱动的加工稳定性预测奠定了基础。基于迁移学习的刀尖模态参数预测方法仅需少量目标数据即可准确预测目标刀具的刀尖模态参数，为考虑位姿变化的颤振预测提供基础。针对经典动力学模型面临的参数不确定的问题，数据和机理融合的贝叶斯推断方法能够输出考虑参数变化特性的稳定性叶瓣图，从而指导稳定加工参数的选取，为航空航天复杂零件实际加工的稳定性预测提出了新思路。

6.5　课 后 习 题

6-1　在切削加工过程中，为什么会产生颤振现象？加工颤振会带来哪些危害？

6-2　铣削动力学方程是如何建立的？刀尖模态参数和切削力系数分别体现在方程中的哪几项？

6-3　基于铣削动力学模型求解加工稳定性有哪些方法？什么是 Floquet 理论？

6-4　了解刀尖模态参数的测量过程，简述如何基于迁移学习建立对于目标刀具的刀尖模态参数预测模型。

6-5　针对加工稳定性预测问题，本章所述的贝叶斯推断框架包括哪些步骤？

参 考 文 献

[1] 孙玉文, 徐金亭, 任斐, 等. 复杂曲面高性能多轴精密加工技术与方法[M]. 北京: 科学出版社, 2014.

[2] 张卫红, 万敏. 薄壁构件切削工艺动力学理论与方法[M]. 北京: 机械工业出版社, 2019.

[3] MUNOA J, BEUDAERT X, DOMBOVARI Z, et al. Chatter suppression techniques in metal cutting[J]. CIRP annals-manufacturing technology, 2016, 65(2):785-808.

[4] 丁烨. 铣削动力学—稳定性分析方法与应用[D]. 上海: 上海交通大学, 2011.

[5] LAW M, PHANI A S, ALTINTAS Y. Position-dependent multibody dynamic modeling of machine tools based on improved reduced order models[J]. Journal of manufacturing science and engineering, 2013, 135(2):2186-2199.

[6] LUO H W, WANG H, ZHANG J, et al. Rapid evaluation for position-dependent dynamics of a 3-DOF PKM module[J]. Advances in mechanical engineering, 2014, 6: 238928.

[7] SCHMITZ T L, DONALSON R R. Predicting high-speed machining dynamics by substructure analysis[J]. CIRP annals, 2000, 49(1): 303-308.

[8] ÖZŞAHIN O, ÖZGÜVEN H N, BUDAK E. Analysis and compensation of mass loading effect of accelerometers on tool point FRF measurements for chatter stability predictions [J]. International journal of machine tools and manufacture, 2010,50(6) : 585-589.

[9] POSTEL M, ÖZSAHIN O, ALTINTAS Y. High speed tooltip FRF predictions of arbitrary tool-holder combinations based on operational spindle identification[J]. International journal of machine tools and manufacture, 2018, 129: 48-60.

[10] BAUMANN J, SIEBRECHT T, WIEDERKEHR P. Modelling the dynamic behavior of a machine tool considering the tool-position-dependent change of modal parameters in a geometric-kinematic simulation system[J]. Procedia CIRP, 2017, 62: 351-356.

[11] DENG C Y, MIAO J G, WEI B, et al. Evaluation of machine tools with position-dependent milling stability based on Kriging model[J]. International journal of machine tools and manufacture, 2018, 124: 33-42.

[12] ALTINTAS Y, BER A A. Manufacturing automation: metal cutting mechanics, machine tool vibrations, and CNC design[J]. Applied mechanics reviews, 2001, 54(5): B84.

[13] INSPERGER T, STÉPÁN G. Semi-discretization method for delayed systems[J]. International journal for numerical methods in engineering, 2002, 55(5): 503-518.

[14] DING Y, ZHU L M, ZHANG X J, et al. A full-discretization method for prediction of milling stability[J]. International journal of machine tools and manufacture, 2010, 50(5): 502-509.

[15] KARANDIKAR J, HONEYCUTT A, SCHMITZ T, et al. Stability boundary and optimal operating parameter identification in milling using Bayesian learning[J]. Journal of manufacturing processes, 2020, 56: 1252-1262.

[16] CHEN G X, LI Y G, LIU X. Pose-dependent tool tip dynamics prediction using transfer learning[J]. International journal of machine tools and manufacture, 2019, 137:30-41.

[17] MEHRPOUYA M, GRAHAM E, PARK S S. FRF based joint dynamics modeling and identification[J]. Mechanical systems and signal processing, 2013, 39(1-2): 265-279.

[18] CHEN G X, LI Y G, LIU X, et al. Physics-informed Bayesian inference for milling stability analysis[J]. International journal of machine tools and manufacture, 2021, 167: 103767.

[19] HAJDU D, BORGIOLI F, MICHIELS W, et al. Robust stability of milling operations based on pseudospectral approach[J]. International journal of machine tools and manufacture, 2020, 149: 103516.

第7章 刀具磨损智能预测技术

刀具磨损智能预测技术是利用传感技术获得数控加工过程中的监测数据，融合刀具磨损机理和智能算法，实现加工过程中刀具磨损的精确预测的技术。数控加工过程中刀具磨损状态与零件质量、加工成本以及加工效率密切相关，加工过程中精确实时预测刀具磨损量十分重要。由于复杂结构件加工过程中工况多变，现有方法难以实现变工况下刀具磨损的精确预测。数据驱动方法被公认为是实现刀具磨损量精确预测的有效手段，但其对标签数据需求量较大，而刀具磨损量数据获取又比较困难，两者之间的矛盾制约了该类方法的应用。围绕刀具磨损预测技术，本章将系统介绍刀具磨损预测数据采集与处理、刀具磨损预测模型建立等关键技术。

7.1 引　　言

切削过程中，刀具切削部分在前、后刀面上的接触压力很大，温度很高，同时还与切屑及加工表面产生强烈的摩擦，使刀具逐渐磨损，以致失效。刀具磨损形式复杂，包括侧面磨损、凹槽磨损、刃边微崩、崩刃(破损)、裂纹，检测刀具过程中需要识别刀具的磨损形式并分别进行测量，以上的几种刀具磨损形式如图 7-1 所示。刀具磨损使工件加工精度降低，表面粗糙度增大，并导致切削力加大、切削温度升高，甚至不能继续正常切削。因此，刀具磨损直接影响加工效率、加工质量和加工成本。

刀具磨损在线预测是实现数控加工过程自动化与智能化不可或缺的部分，尤其是在生产线中，为了保证生产连续性，提高生产效率，保证加工质量，生产线对自动化和智能化程度要求更高，刀具磨损的在线预测需求更为迫切。

在实际加工过程中，刀具磨损量未知，而频繁换刀会导致加工效率降低和加工成本增加。以一个高温镍基合金零件的铣削过程为例，其加工需要 40 把刀具，并且只有 50%～80%的刀具寿命被合理利用。在飞机结构件的实际加工中，一个大型整体钛合金结构件的铣削过程大约需要 130 把刀具，刀具寿命利用率也不足 80%。在加工飞机结构件的转角等复杂特征时，工况不断变化，刀具磨损更加难以预测，可能导致破损、崩刃、断裂等意外情况，严重时会使零件报废，引起机床损坏，危及操作人员的安全。在某航空制造企业的一个钛合金结构件加工过程中，严重的刀具磨损状态未及时发现，导致精加工过程中工件烧蚀，零件报废，损失约百万元。因此，在实际工况下对刀具磨损进行精确预测是一个迫切需求。

刀具磨损预测的研究可分为三大类：一是机理模型法，即通过数值仿真法或分析法对刀具磨损的物理状态进行建模；二是数据驱动法，即通过传感器监测加工中的切削物理量实时预测刀具磨损，数据驱动法又分为传统机器学习方法和深度学习方法；三是数据与机理融合的预测模型法，即通过刀具磨损机理约束数据驱动模型的解空间，提高模型的准确性和泛化性。

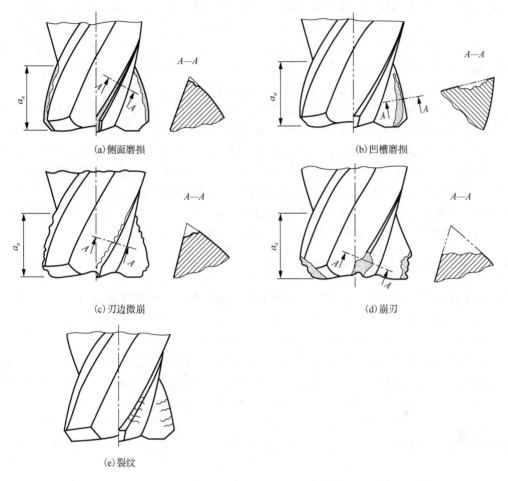

图 7-1　五种常见的刀具磨损形式[1]

7.1.1　机理模型法

机理模型法研究影响刀具磨损的刀具材料、刀具几何、切削参数、工件材料及机床等因素，结合刀具后刀面的磨粒磨损、扩散磨损和黏结磨损机制，建立刀具磨损预测模型。该类方法能够明确地表征刀具的磨损机制及不同因素对刀具磨损的影响，然而加工过程中刀具磨损是一个复杂的物理化学过程，传统机理模型只能考虑摩擦、变形等特定的过程，同时在这些特定的过程中，刀具磨损仍然受切削温度、切削力、刀具材料、零件材料等因素的影响，传统机理模型只能考虑特定的影响因素[1-4]。即使在这种情况下，机理模型的建立仍然需要进行大量的近似与简化，导致机理模型的预测精度较低。式(7-1)为常用的刀具后刀面磨损量预测的经验公式：

$$VB(t) = t * \exp(a * t^2 + b * t + c) \tag{7-1}$$

其中，VB 为刀具后刀面的磨损量；t 为刀具使用时间；a、b、c 为待拟合参数；*为指数符号。式(7-1)为刀具磨损量随时间的经验公式。

7.1.2　数据驱动法

数据驱动法从大量加工数据中自主学习出数据驱动模型，能在一定误差范围内等效于复杂的机理模型，为刀具磨损精确预测提供了一种新思路。在获取了传感器监测信号之后，采用传统机器学习方法进行刀具磨损预测是较为常用的方法，常见的方法有支持向量机、人工神经网络、决策树等。然而刀具磨损与监测信号之间具有复杂的关联关系，传统机器学习方法在表达复杂关系方面具有一定的局限性，一般只能区分刀具磨损阶段。

深度学习包括多层神经网络结构，通过逐层处理和特征变换实现高维特征的学习，进而实现复杂任务的预测和分类。深度学习可以通过深层表达建立传感器信号与刀具磨损之间的复杂关系。基于深度学习的数据驱动方法可以实现单一工况下刀具磨损的较好预测，然而在工况不断变化的情况下仍然难以准确预测刀具磨损，其原因在于深度学习的训练需要大量不同工况下的带标签样本数据(包含监测信号及其对应的刀具磨损量标签)，而实际加工过程中样本数据非常难以获取，刀具磨损样本标签的采集需要每间隔一段时间进行停机测量，会花费大量的时间和成本，因此难以训练得到一个适用于变化工况的深度学习模型[5-7]。

7.1.3　数据与机理融合的预测模型法

近年来在人工智能的多个领域，大量研究工作探索数据与物理知识融合建模，解决当前人工智能中不可解释和鲁棒性差等问题。目前，将数据与物理知识融合建模的方法主要可以分为以下四类：对于复杂的物理系统，通过数据对机理模型中难以求解的部分进行建模；以数据驱动模型为主体，通过将含有物理知识的惩罚项引入模型损失函数以约束模型的解空间；机理模型生成的仿真数据和实验数据协同训练模型；根据与所求解问题相关的物理性质定制神经网络结构，从而确保所寻求的预测结果隐含地满足一组给定的物理定律。

基于磨损机理的刀具磨损预测模型中的机理在不同切削条件下具有物理一致性，但由于模型较为简单，预测结果与加工过程中的实际磨损量存在一定的差距。数据驱动的刀具磨损预测模型基于切削过程中的监测信号建模，能够实时反映当前的刀具磨损状态，但建立精确预测模型需要大量的训练样本，建模成本较高。数据与机理融合建模的方法具有将以上两种建模方法进行优势互补的潜能[8-10]。

7.2　刀具磨损预测数据采集与分析

通过传感器监测信号预测刀具磨损是目前较为常用的方法，数据驱动的刀具磨损预测方法是以信号特征为输入预测刀具磨损量。信号特征选取的质量直接影响了模型的性能，因此输入信号特征的提取与选择是一个关键问题。通常数控加工产生的原始数据受切削环境影响会存在噪声，且信号是基于时序分布的，许多重要的特征不明显。因此，需要对信号进行处理，提取有利于刀具磨损预测的信号特征，主要方法包括统计分析和机器学习两类。

7.2.1　刀具状态数据采集及分析

刀具状态数据包括刀具状态监测信号、监测信号关联信息以及刀具状态检测数据。常用的刀具状态监测信号包括切削力、工件振动、机床主轴电流以及功率等信号；监测信号关联信息包括切削时间、切削参数、刀位点、刀具信息、机床信息、工件材料、切削液、工件几何等；刀具状态检测数据包括刀具磨损量、崩刃量等，用以作为监测信号的标签。数据采集及标签获取过程如图 7-2 所示。

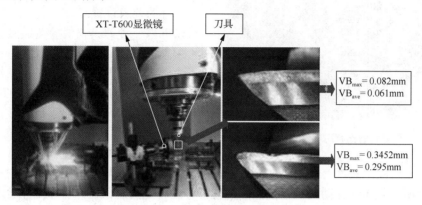

图 7-2　数据采集及标签获取过程

1）监测信号采集与关联

首先将获取信号所需的各种设备安装到位。切削力通过测力设备获取；加速度传感器贴于工件相互垂直的两个侧面以获取毛坯 X、Y 方向的振动信号；机床主轴电流、功率、切削时间、切削参数、刀位等信息通过与机床建立 OPC 通信获取。硬件连接完成后，设置相关软件，将监测设备与控制计算机相连，启动加工后开始采集数据。在数据采集过程中通过采集信号的同步关联方法进行多源数据的同步关联以便分析。

2）监测数据分析

现有的信号特征提取方法在一定程度上为刀具磨损预测奠定了基础，然而仍无法满足变工况下刀具磨损精确预测的需求。原因在于目前的方法所提取的信号特征只与刀具磨损相关，与工况的相关性不明确，缺乏对磨损、信号、工况之间耦合性的深入分析，导致工况变化时预测模型的适用性差；提取的信号特征维度太高，存在"维数灾难"问题，需要大量样本训练预测模型，而实际加工过程中带标签样本数据难以获取。

监测数据的处理与分析方法较多，本节以一种方法为例进行说明。基于熵权法和流形学习的监测信号特征选择与降维方法是一种解决以上问题的有效思路，首先基于统计分析提取信号特征，尽量全面提取刀具状态相关信号特征；进而综合考虑刀具磨损状态和工况，基于熵权-灰色关联度分析法进行信号特征的相关性综合分析，从而适应不同工况下刀具状态的预测；最后基于流形学习方法对信号特征进行空间变换和降维，降低刀具状态模型的复杂度和训练难度，并减少对样本量的依赖。

7.2.2　刀具检测

实验过程中需要根据刀具、工件材料、加工参数等因素设置刀具检测频率，刀具处于初始磨损阶段时，刀具磨损速率快、区间小，因此检测频率较大。当刀具处于正常磨损阶段时，刀具磨损速率较慢，为了提高实验效率可以适当减小检测频率。当刀具临近报废标准时，需

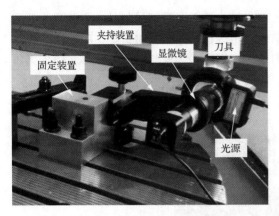

图 7-3　一种刀具磨损状态在线检测系统

要增大检测频率。一般刀具处于初期磨损阶段时刀具磨损量为 0～0.1mm，正常磨损阶段为 0.1～0.3mm，刀具磨损量达到 0.3mm 时刀具报废，具体的刀具磨损判别标准需要根据刀具、加工任务的要求设置。

以下以一种刀具在线检测装置为例进行说明。刀具停机检测过程中可以将检测设备布置于工作台上，以刀具安装于机床主轴的方式对刀具进行检测，刀具检测系统如图 7-3 所示。将刀具装上主轴后，开始加工前测量新刀每个刀刃的后刀面宽度，并进行记录。对刀具进行停机检测过程中，将夹持装置及显微镜固定于工作台的拍照平台固定装置上，固定装置每次安装于工作台后只需对显微镜焦点进行一次标定，通过机床控制刀具自动移动到显微镜焦点位置，并旋转到指定角度，机床工作台承载自动对焦平台，以供显微镜和刀具完成快速、准确对焦。

将承载显微镜的支架固定装置部分安装于机床工作台，通过机床打点装置依次对图 7-4(a) 中的三个相交平面打点确定三个平面交点在机床坐标系中的位置，将此点作为固定装置零点。如图 7-4(b) 所示，通过固定装置零点 O 利用已经确定的 L_x、L_y、L_f 等距离计算得到显微镜焦点 F 在机床坐标系中的位置。

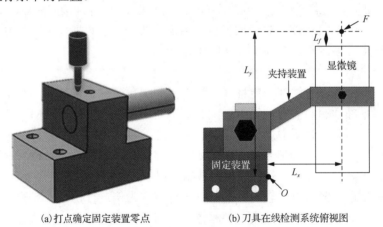

(a)打点确定固定装置零点　　　　　　　(b)刀具在线检测系统俯视图

图 7-4　刀具检测系统

检测刀具状况时，机床暂停加工，将显微镜夹持装置及显微镜安装到拍照平台的固定装置上，通过 CNC 代码 M19 控制机床主轴和工作台联动，刀具到达显微镜焦点处，旋转到指定角度完成第一个刀刃的对焦。当完成一个刀刃的测量后，再次通过机床 POS 键旋转到其他刀刃所对应的角度，实现对其他刀刃的检测。

由于刀具螺旋线可能有一定差异，一些刀刃通过上述操作对焦效果不理想，需要通过机床手轮微调显微镜实现精确对焦。将每个刀刃精确对焦条件下的刀具角度记录下来，后续针对这把刀，在每个刀刃的测量过程中，直接通过 M19 指令控制刀具的每个刀刃到达指定位置以及角度即可完成对焦。

对焦完成后显微镜对刀具进行拍摄，测量刀具磨损量。为了减少人为因素对测量精度的影响，对每个刀刃均测量 3 次，并将 3 次测量结果的平均值作为刀具磨损量。随着加工的进行，刀具原始切削刃消失，此时依然将刀具磨损带宽度作为刀具磨损量将会带来不可预估的误差，因此需要测量刀具后刀面未磨损带宽度，通过未磨损带宽度计算刀具磨损量，如式（7-2）所示：

$$\mathrm{VB}_{\max} = W_f - W_{\min} \tag{7-2}$$

其中，$\mathrm{VB}_{\max}$ 为需要测量的后刀面最大磨损宽度；W_f 为后刀面原始宽度；$W_{\min}$ 为切削深度内后刀面最窄宽度值。

7.3　基于元学习的变工况刀具磨损预测方法

为了满足航空航天产品的结构性能和气动外形的需求，航空航天零件多采用钛合金、高温合金等难加工材料，且几何形状复杂，具有大量深槽腔、多加强筋、双面薄壁、局部下陷等结构特点。这些因素使得这一类航空航天零件的加工工艺复杂，加工工况不断变化，即切削参数、刀具材料、刀具尺寸、零件材料属性等工况变量在加工过程中不断变化。

基于元学习的刀具磨损预测方法，可实现不同工况下刀具磨损的精确预测，与普通深度学习模型相比，该方法所需的训练样本显著减少。元学习方法与一般深度学习方法的对比如图 7-5 所示。

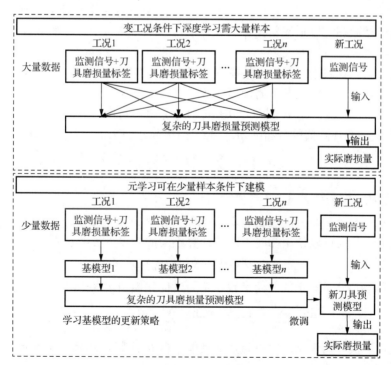

图 7-5　元学习与一般深度学习刀具磨损预测方法原理对比

针对特定的加工特征训练不同的基模型，每个基模型都不复杂，样本量要求不高。元学习采用多梯度法对基模型进行训练，从而得到特定加工特征不同切削条件下刀具磨损规律的元模型。元模型可以很容易地进行调整以适应新的切削条件。与普通深度学习模型相比，该方法所需的训练样本可以显著减少[11]。

刀具磨损和工况对监测信号的影响具有耦合性，导致工况变化时通过监测信号对刀具磨损进行的预测不准确。因此，刀具磨损预测模型需要对变化的工况具有一定的适应性，在遇到一个新工况时须结合先验知识，类似于人类智能的学习过程，建立一个能够自适应调节的刀具磨损预测模型。

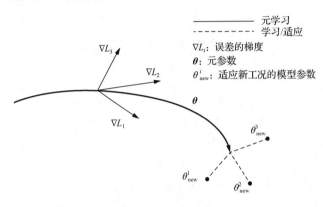

图 7-6　元学习原理示意图[12]

元学习算法考虑模型 f 和任务 $p(T)$ 上的分布，该算法试图找到模型 f 的理想参数 θ，如图 7-6 所示。元学习算法在每个任务上设置两个数据集，即支持集和查询集。支持集和查询集分别用于计算每个任务的训练误差和测试误差。在当前任务更新期间，该算法会在每个支持集上调整模型的参数。在全局更新期间，算法会使用查询集来训练元参数以使误差最小化(学习过程)。当学习过程达到当前任务的终止条件时，该算法仅接受新任务的支持集，使用支持集对模型参数进行微调，以适应新任务。该算法可以不存储每个任务的参数，通过支持集计算参数。

为了方便表示，我们建立了一个基模型，记为 f，将特征输入 x 映射到输出的刀具磨损 a 上，每个任务都是一个特定工况下的预测任务。

$$T = \left\{ L(x_1, a_1), q(x_1), q(x_{t+1} \mid x_t, a_t) \right\} \tag{7-3}$$

其中，$q(x_1)$ 表示初始观测值的分布；$q(x_{t+1} \mid x_t, a_t)$ 表示过渡分布；L 为均方误差损失函数。

$$L_{T_i}(f) = \sum_{x^{(j)}, a^{(j)} \sim T_i} \left\| f(x^{(j)}) - a^{(j)} \right\|_2^2 \tag{7-4}$$

其中，$\sim T_i$ 表示从 T_i 中采样。

除了假设元学习过程是由元参数 θ 参数化的，元学习模型本身没有引入新的假设，且损失函数足够光滑，从而可以使用梯度下降法计算不同的基模型参数 θ_i'：

$$\theta_i' = \theta - \alpha \nabla_\theta L_{T_i}(f_\theta) \tag{7-5}$$

超参数 α (学习率)是固定的，元参数 θ 是通过优化模型 $f_{\theta_i'}$ 获得的。元目标如下：

$$\min_\theta \sum_{T_i \sim p(T)} L_{T_i}(f_{\theta_i'}) = \min_\theta \sum_{T_i \sim p(T)} L_{T_i}(f_{\theta - \alpha \nabla_\theta L_{T_i}(f_\theta)}) \tag{7-6}$$

在元参数 θ 下执行元优化，用更新后的模型参数 θ_i' 计算元目标。实际上，元学习模型的目的是通过优化基模型参数，使得一次或者多次梯度步骤内就可以在新的工况下准确预测刀具磨损。这里元参数 θ 是通过 SGD 更新的。

$$\theta \leftarrow \theta - \beta \nabla_\theta \sum_{T_i \sim p(T)} L_{T_i}(f_{\theta_i'}) \tag{7-7}$$

其中，β 是元学习率。当适应新的任务（即新工况）时，模型通过微调 θ 的方式产生 θ_{new}，更新方式如下：

$$\theta_{\text{new}} = \theta - \alpha \nabla_\theta L_{T_{\text{new}}}(f_\theta) \tag{7-8}$$

在当前工况下，加工初始时刻用于微调的样本及其标签是可获取的。算法流程如图 7-7 所示。

元学习算法
输入：　$p(T)$ 为任务分布。
$\alpha,\ \beta$ 为步长超参数。
1. 随机初始化 θ ；
2. While not done do
3.　　任务批采样 $T_i \sim p(T)$ ；
4.　　For all T_i do
5.　　　从 T_i 中采样 K 个数据点 $D = \left\{x^{(j)},\ y^{(j)}\right\}$ ；
6.　　　使用 D 和式(7-4)中的 L_{T_i} 计算 $\nabla_\theta L_{T_i}(f_\theta)$ ；
7.　　　使用梯度下降法计算基模型参数 $\theta_i' = \theta - \alpha \nabla_\theta L_{T_i}(f_\theta)$ ；
8.　　　从 T_i 中采样数据 $D_i' = \left\{x^{(j)},\ y^{(j)}\right\}$ ；
9.　　End for
10.　　使用每一个 D_i' 和式(7-4)中的 L_{T_i} 更新 $\theta \leftarrow \theta - \beta \nabla_\theta \sum_{T_i \sim p(T)} L_{T_i}(f_{\theta_i'})$ ；
11. End while
12. 新工况下使用式(7-8)对 θ 进行微调；
13. 输出 θ_{new} 。

图 7-7　元学习算法流程图[13]

7.4　数据和机理融合的稳定预测方法

数据驱动模型和机理模型具有很高的互补性，将监测数据与磨损机理融合建模可在很大程度上避免二者单独建模的缺点而发挥二者的优点，从而提升模型的性能，实现刀具磨损的精确稳定预测，而如何融合监测数据与磨损机理是决定模型性能的重要因素。一种简单的方法是将机理模型与数据驱动模型叠加构成一个新的预测模型，但数据与机理之间关联较弱，难以有效整合各自的优势，效果不理想，特别是在变工况预测的情况下。

由于刀具切削过程的不确定性和磨损过程的复杂性，已有磨损机理仅能近似表达刀具磨损的规律。因此对于刀具磨损融合预测模型，数据与机理的融合不应过于简单直接。一种可行的方法是以数据驱动模型为主体，通过将含有物理知识的惩罚项引入模型损失函数以约束模型的解空间，如图 7-8 所示，图中 h_{start} 表示模型的初始状态，h_I 表示模型通过经验风险最小化获得的解（在有限的数据下获得的最优解），h^* 表示模型通过期望风险最小化获得的解（在理想情况无限的数据下获得的最优解），H 表示模型的解空间，H' 表示在磨损机理约束下模型的解空间，E_{est} 表示模型 h_l 与 h^* 预测误差的差值，E'_{est} 表示数据与机理融合模型 h'_l 与 h^* 预测误差的差值。

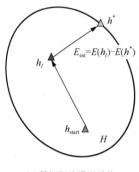
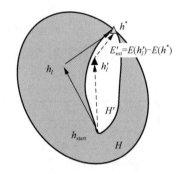

(a) 数据驱动模型寻优　　　　　　　　(b) 数据与机理融合预测模型寻优

图 7-8　机理约束数据驱动模型解空间

内嵌物理知识神经网络（Physics-informed Neural Networks，PINN）是一种用于求解偏微分方程的正问题和逆问题的框架，在这套框架中，微分方程的解被表示成一个神经网络，将微分方程及其初始条件和边界条件引入网络训练的损失函数，从而约束网络参数的搜索空间。受此方法的启发，利用刀具磨损机理来约束数据驱动模型的解空间是一种有效手段。然而在构建 PINN 融合预测模型时，数据驱动模型受到变工况下数据分布变化的影响，磨损机理也由于存在大量的近似、简化，不能精确描述刀具磨损过程，这意味着并非所有的监测数据和磨损机理对建立准确的刀具磨损预测模型都能起到积极作用。而基于 PINN 的数据与机理融合预测模型无法有效区别利用二者所提供的信息以实现监测数据与磨损机理的有效融合，因此难以实现变工况下刀具磨损的精确稳定预测。

为了提高变工况下刀具磨损预测的精度和稳定性，在建立基于 PINN 的刀具磨损融合预测模型的基础上，建立了一种基于元学习的刀具磨损融合预测模型优化方法，以实现变工况下刀具磨损的精确稳定预测。

神经网络具备强大的拟合能力，可以拟合任何非线性函数，但同时也意味着其庞大的搜索空间容易导致寻优困难。因此，为神经网络设置合理的约束是利用其拟合能力的有效手段。为了解决深度神经网络拟合监测信号与刀具磨损量之间复杂映射关系过程中导致的寻优困难、训练样本需求大的问题，将刀具磨损过程本质的物理变化规律作为先验知识，利用其约束预测网络的求解空间。对于磨损机理的研究，目前已有大量经验公式和领域知识，其中式(7-9) 是对刀具磨损阶段划分规律的良好匹配模型：

$$\frac{dVB}{dt} = c_2 \left(1 + bt + 2c_1 t^2\right) \exp\left(a + bt + c_1 t^2\right) \tag{7-9}$$

为了将刀具磨损机理公式与现有刀具磨损数据集中的数据相匹配，将磨损机理公式(7-9) 作为与监测数据融合的磨损机理，建立基于 PINN 的监测数据与磨损机理融合预测模型，如图 7-9 所示，将磨损机理公式作为神经网络损失函数的正则化项，约束模型的解空间，从而提高模型的预测精度和稳定性。

将磨损机理公式(7-9) 作为神经网络的正则化项加入模型的损失函数中以构成物理约束，视为物理损失：

$$\mathcal{L}_P(\boldsymbol{\theta};\lambda,\boldsymbol{X},t) = \left\| \frac{\partial \hat{y}}{\partial t} - c_2(1 + bt + 2c_1 t^2)\exp(a + bt + c_1 t^2) \right\|_2^2 \tag{7-10}$$

其中，$\boldsymbol{\theta}$ 表示模型参数；λ 表示微分方程 (7-9) 的参数，即 $\lambda = \{a, b, c_1, c_2\}$；$\partial \hat{y}/\partial t$ 表示模型预测的刀具磨损量 $\hat{y}$ 对磨损时间 t 的偏微分。物理损失的构建基于以微分方程形式表达的磨损机理公式，由于磨损机理公式 (7-9) 只与磨损时间相关，因此无边界条件用于构建物理约束，而磨损机理的初始条件为：磨损时间为零，刀具磨损量为零，这可以体现在数据部分的损失项中，因此无须再构建初始条件的物理约束。将刀具磨损量预测误差视为数据损失：

$$\mathcal{L}_D(\boldsymbol{\theta};\boldsymbol{X},t) = \left\| \hat{y} - y \right\|_2^2 \tag{7-11}$$

其中，y 表示刀具磨损量标签值，依据物理损失和数据损失共同构建模型总的目标函数：

$$\min_{\boldsymbol{\theta}} \mathcal{L}(\boldsymbol{\theta};\lambda,\boldsymbol{X},t) = \min_{\boldsymbol{\theta}} \mathcal{L}_P(\boldsymbol{\theta};\lambda,\boldsymbol{X},t) + \mathcal{L}_D(\boldsymbol{\theta};\boldsymbol{X},t) \tag{7-12}$$

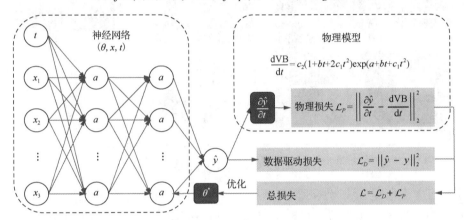

图 7-9　基于 PINN 的监测数据与磨损机理融合预测模型[14]

7.5　实例验证与分析

7.5.1　验证设计与介绍

本节设计多组钛合金铣削实验采集铣削过程中产生的信号以及刀具磨损量标签。在此基础上对比融合模型和优化后的融合模型的预测精度和预测稳定性，以此验证分析本章介绍的刀具磨损预测方法的有效性。本章以通过域对抗方式训练的深度神经网络作为数据驱动模型[8]，将源工况由一个扩展到多个，在此基础上融合磨损机理进行对比验证。域对抗神经网络可以从原始监测信号中提取与刀具磨损量相关性强、与工况信息相关性弱的信号特征，更好地实现变工况刀具磨损预测。

加工实验全程在 DMG 80P 数控加工中心上完成，实验过程中使用传感器采集力信号、振动信号及主轴功率信号，整体实验装置及实验环境如图 7-10 所示。力信号由测力刀柄进行采集，采集信号包括刀具主轴绕 X 轴的弯矩 M_x、绕 Y 轴的弯矩 M_y 和绕 Z 轴的扭矩 T_z。振动信号由加速度传感器进行采集，采集信号包括水平两个方向的振动。力信号和振动信号通过数据采集平台进行汇集。主轴功率信号作为机床内部 PLC (Programmable Logic Controller) 寄存器中的数据通过 OPC-UA (OLE for Process Control-Unified Architecture) 通信协议实时读取。上述几种信号数据通过软件系统进行实时同步[9]，采样频率为 300Hz。使用的监测信号数据为包含 3 个通道力信号(主轴绕 X 轴的弯矩、绕 Y 轴的弯矩和绕 Z 轴的扭矩)、2 个通道振动信号(水平 2 个方向的振动)和 1 个通道主轴功率信号在内的 6 个通道信号。刀具磨损量标签值通过采用工业无线显微镜(测量精度为 0.01mm)进行测量，磨损值范围为 0~0.3mm。将监测信号和磨损时间作为模型的输入，以刀具磨损作为输出进行训练，训练数据只需满足以上输入输出形式即可。为了使模型适用于目标工况刀具的全磨损周期，源工况的监测数据需要包含刀具的全生命周期的磨损数据。

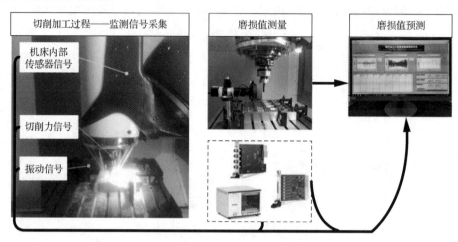

图 7-10　实验装置与实验环境

为了验证本章所提方法在实际加工过程中应对多种工况变化的有效性，设计了包括切削参数变化、刀具直径变化和刀具材料变化在内的四组铣削实验，铣削类型为型腔铣削，型腔的大小为 600mm×50mm×20mm(长×宽×深)。四组实验数据对应的切削参数与刀具参数如表 7-1 所示，工件材料均为 TC4 钛合金。值得注意的是，在实际生产加工中，不同直径的刀具所适用的切削参数一般不同，所以刀具直径变化的同时往往也伴随着切削参数的变化。

表 7-1　切削参数与刀具参数

工况	每齿进给量 f/(mm/r)	主轴转速 n/(r/min)	切削深度 a_p/mm	刀具直径/mm	刀具材料
C1	0.055	1850	3.0	ϕ12	硬质合金
C2	0.045	1800	3.0	ϕ12	硬质合金
C3	0.060	2200	6.0	ϕ16	硬质合金
C4	0.080	500	3.0	ϕ12	高速钢

各个加工工况的样本数量如表 7-2 所示。为了评估和优化模型的性能，每个工况都随机抽取 60% 的样本作为训练集，20% 的样本作为验证集，20% 的样本作为测试集。

表 7-2　各工况样本数量

工况	C1	C2	C3	C4
样本数量	836	985	791	832

模型采用三个工况数据作为源工况数据进行训练，一个工况数据作为目标工况数据进行

测试。数据驱动模型输入为从监测信号中提取的特征，融合模型在信号特征的基础上加入磨损时间以便融入磨损机理。通过手动试错的方式多次调整超参数，最终确定使网络性能达到最优的超参数为：每次迭代的样本批次大小为 128、学习率为 0.001、网络迭代次数为 2000次。模型只有在离线训练过程中需要耗费一定的计算资源和计算时间，在测试以及实际应用时效率较高，能够保证刀具磨损量的在线实时预测。

7.5.2　验证结果与分析

分别从预测精度和预测稳定性两方面验证本章所介绍的方法的有效性，采用平均绝对误差(MAE)作为量化评价预测精度的指标，如式(7-13)所示，其中，$\hat{y}_i$ 表示磨损预测值，y_i 表示磨损标签值，N 表示测试样本的数量；采用误差的标准差(Standard Deviation，STD)作为量化评价预测稳定性的指标，如式(7-14)所示，其中 $\varepsilon_i = \hat{y}_i - y_i$ 表示预测误差。

$$\text{MAE} = \frac{1}{N}\sum_{i=1}^{N}\left|\hat{y}_i - y_i\right| \tag{7-13}$$

$$\text{STD} = \sqrt{\sum_{i=1}^{N}(\varepsilon_i - \overline{\varepsilon})^2 \Big/ (N-1)} \tag{7-14}$$

在数据与机理融合建模的基础上，本章对模型的损失函数进行了合理的改进，采用元学习算法优化模型训练的过程，以提高融合模型的性能。为了验证模型的有效性，本节对比了融合模型与元融合模型(Meta-PINN)的预测结果，如图 7-11 所示。总体上，元融合模型在预测精度和预测稳定性上都优于融合模型。通过计算，元融合模型的预测误差(MAE)与预测误差的标准差(STD)都低于融合模型。在预测精度方面，元融合模型在四个工况样本上的平均预测误差(MAE)为 0.021mm，而融合模型为 0.031mm，模型的平均预测精度提升了约 32%。在预测稳定性方面，元融合模型在四个工况样本上的平均预测误差的标准差(STD)为 0.015mm，而融合模型为 0.018mm，模型的平均预测稳定性提升了约 17%。

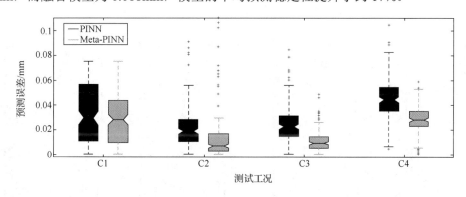

图 7-11　融合模型(PINN)与元融合模型(Meta-PINN)的预测结果对比

为了更加直观地且从细节上体现优化方法的有效性，本节给出了实际磨损曲线与模型预测磨损曲线，以及预测误差对比结果，如图 7-12 所示。从图中可以看出，融合模型经过优化，预测误差的最大值大多都有所降低，预测误差中大于 0.05mm 的样本数量基本都降低至 10%以下，这进一步验证了本章所提方法的实用性。

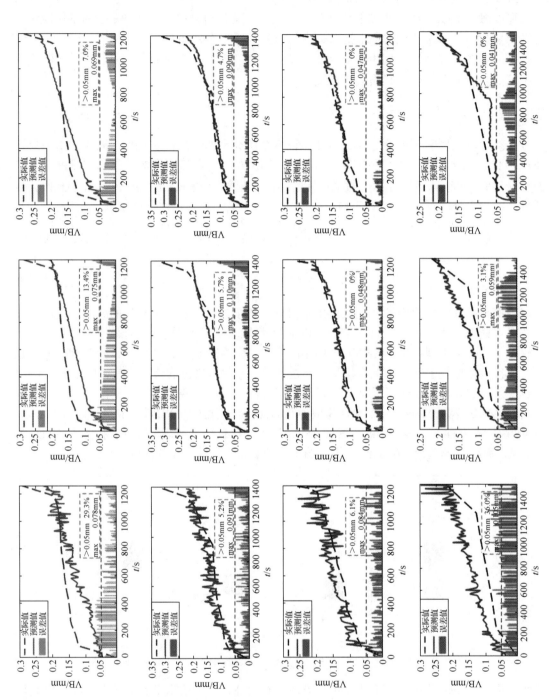

图 7-12 实际磨损曲线与预测磨损曲线对比

图 7-12 中每行代表一个测试工况的预测结果，从上到下依次为 C1、C2、C3、C4 工况。其中左图为融合模型的预测结果，中图为元融合模型的预测结果，右图为元融合模型经过 10 个样本微调后的预测结果。图中虚线框中文字的第一行表示预测误差大于 0.05mm 的样本数量占总样本数量的百分比，第二行表示预测误差的最大值。

7.6　本 章 小 结

在航空航天零件的切削加工过程中，刀具磨损严重，对刀具磨损量的精确预测尤为重要。新一代飞行器为追求更高性能，对结构设计、材料和零件质量提出了更高的要求。为保证航空航天产品在极端环境下能够正常工作，钛合金、高温合金等难加工材料广泛应用于航空航天零部件的制造。难加工材料强度大、硬度高、热传导系数低，在切削加工过程中刀尖应力大，导致切削刃局部温度较高，刀具更容易发生失效。同时，为了满足航空航天产品优良的气动外形和轻质的要求，航空航天零件结构往往较为复杂，外形多由复杂曲面组成，并存在较多槽腔结构。这些因素使得此类零件的加工工艺复杂，加工时切削参数、刀具材料、刀具尺寸等加工工况频繁变化，从而对刀具磨损的精确预测提出了更为严峻的挑战。加工过程的监测信号能够有效反映刀具状态，为刀具磨损的在线精确预测提供了数据基础。

深度学习方法直接利用原始监测信号预测刀具磨损量，这使得其能够更全面、深入地挖掘监测信号中的信息。深度神经网络强大的拟合能力使其即使在较为复杂的切削工况下也能实现刀具磨损的精确预测。然而，深度学习也面临一些问题，例如，深度模型训练需要大量样本和标签作为支撑，实际加工中受到数据采集效率和成本等方面的限制，训练样本获取较为困难，过少的训练数据使得模型容易发生过拟合现象。模型内部是一个"黑盒"状态，无法通过固定的表示解释模型的实现机制，因此模型需要经过反复调参才能实现精确的预测，并且模型的表现通常不稳定。

元学习是一类非常有效的小样本学习方法，通过学习不同工况任务的刀具磨损预测规律以减少新工况下样本的需求量，将 PINN 与元学习方法相融合，建立一种考虑机理模型的元学习框架，能够实现小样本情况下的稳定学习，同时也增加了模型的可解释性。

7.7　课 后 习 题

7-1　使用严重磨损的刀具加工零件会带来哪些问题？

7-2　请列举主要的刀具磨损形式。

7-3　主要的刀具磨损预测方法有哪些，这些方法有哪些优缺点，分别适用于哪些场景？

7-4　为什么需要建立变工况下的刀具磨损预测方法？

7-5　如何衡量一个刀具磨损预测系统的稳定性？

参 考 文 献

[1] 倪金成. 数控加工刀具多失效形式状态监测[D]. 南京: 南京航空航天大学, 2020.

[2] TAKEYAMA H, MURATA R. Basic investigation of tool wear[J]. Journal of engineering for industry, 1963, 85 (1): 33-37.

[3] ARSECULARATNE J A, ZHANG L C, MONTROSS C. Wear and tool life of tungsten carbide, PCBN and PCD cutting tools[J]. International journal of machine tools and manufacture, 2006, 46 (5): 482-491.

[4] FILICE L, MICARI F, SETTINERI L, et al. Wear modelling in mild steel orthogonal cutting when using uncoated carbide tools[J]. Wear, 2007, 262 (5-6): 545-554.

[5] KONG D D, CHEN Y, LI N. Gaussian process regression for tool wear prediction[J]. Mechanical systems and signal processing, 2018, 104: 556-574.

[6] WANG J J, MA Y L, ZHANG L B, et al. Deep learning for smart manufacturing: methods and applications[J]. Journal of manufacturing systems, 2018, 48: 144-156.

[7] CHENG C, LI J Y, LIU Y M, et al. Deep convolutional neural network-based in-process tool condition monitoring in abrasive belt grinding[J]. Computers in industry, 2019, 106: 1-13.

[8] LUTTER M, RITTER C, PETERS J. Deep Lagrangian networks: using physics as model prior for deep learning[C]. International Conference on Learning Representations (ICLR), New Orleans, 2019.

[9] LUSCH B, KUTZ J N, BRUNTON S L. Deep learning for universal linear embeddings of nonlinear dynamics[J]. Nature communications, 2018, 9 (1): 4950.

[10] CHEN G X, LI Y G, LIU X, et al. Physics-informed Bayesian inference for milling stability analysis[J]. International journal of machine tools and manufacture, 2021, 167: 103767.

[11] LI Y G, LIU C Q, HUA J Q, et al. A novel method for accurately monitoring and predicting tool wear under varying cutting conditions based on meta-learning[J]. CIRP annals -manufacturing technology, 2019, 68: 487-490.

[12] FINN C, ABBEEL P, LEVINE S. Model-agnostic meta-learning for fast adaptation of deep networks[C]. International conference on Machine Learning, PMLR, Sydney, 2017: 1126-1135.

[13] 牟文平. 数据驱动的数控加工刀具磨损量实时预测关键技术[D]. 南京: 南京航空航天大学, 2020.

[14] HUA J Q, LI Y G, LIU C Q, et al. Physics-informed neural networks with weighted losses by uncertainty evaluation for accurate and stable prediction of manufacturing systems[J]. IEEE transactions on neural networks and learning systems, 2023: 1-13.

第8章　大型曲面构件自适应加工技术

自适应加工技术是一种适应零件形状和位置变化而进行加工的技术，通过在机测量获得工件的实际形状和位置数据，进而进行实测工件的精确定位、工艺数模再设计、数控加工程序再计算等适应性调整。自适应加工技术是智能数控加工的一项关键技术。自适应加工能够实现形位偏差和加工余量分布不均匀的近净成形零件的精确数控加工，常应用于空心叶片、焊接式整体叶盘等零件的制造和修复。然而，大型曲面构件由于尺寸大、刚性极弱，现有的自适应加工技术中涉及的在机测量和数控加工程序移植方法均难以直接应用于此类加工场景。本章主要针对大型曲面构件高精高效的加工需求，围绕原位检测和刀轨自适应移植两大关键技术展开论述，尝试通过智能制造新原理为大型曲面构件自适应加工提供新的解决思路和技术途径。

8.1　引　　言

飞机蒙皮、火箭壁板等大型曲面构件构成航空航天装备的气动外形，相比于传统领域的曲面构件，其尺寸大、形状复杂且壁薄，加工时极易引发变形，造成局部超差。大型曲面构件的加工质量直接影响装备的气动性能和服役寿命，其加工能力是衡量一个国家航空航天高端制造水平的重要标志。国产大型客机为追求更高的安全性、舒适性和经济性指标，采用更先进的气动布局和整体化设计，如图 8-1 所示，蒙皮零件的尺寸更大、形状更复杂、精度要求更高。世界航空制造发达国家即使依靠先进的加工设备和长期积累的工艺经验，也难以保证大型客机复杂蒙皮零件的加工合格率。在我国大飞机研制起步较晚、经验积累较少的客观国情下，大型复杂曲面构件加工已成为制约大飞机研制和批产的重大技术瓶颈。本章将重点以飞机蒙皮零件为例介绍大型曲面构件自适应加工技术。

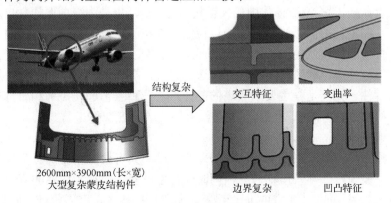

图 8-1　大型曲面构件及其复杂特征示意图

飞机蒙皮、火箭壁板等大型曲面构件壁薄，呈弱刚性，毛坯在拉伸或滚弯成形、装夹及重力的影响下，形状稳定性差，装夹后毛坯的实际型面与理论型面存在较大偏差。以 C919 某舱门蒙皮为例，毛坯变形误差如图 8-2 所示，变形大且分布复杂，变形量可达−11.29〜+0.607mm，具体表现为：①边界处曲面翘曲，误差梯度上升，最大超过 10mm；②中间有明显的局部误差区域，误差在−3〜−2mm 波动。蒙皮实际最大变形量达到 11.29mm，而蒙皮毛坯厚度为 6mm，变形量超过蒙皮厚度。因此，必须在每个加工阶段之前测量表面以获得实际型面。考虑到蒙皮原位曲面尺寸大，特征不明显，且偏差分布未知，为了保证后续刀轨规划的准确性，自由曲面的形状特征信息需要更高精度、更高分辨率的点云。传统原位测量方法通过接触式探针对整张蒙皮进行在机检测，由于大飞机蒙皮尺寸大，接触式检测效率极低，占用大量机床停机时间；基于线激光的在机快速扫描技术能有效提高实际型面的获取效率，但测量精度低，无法满足大飞机蒙皮的加工精度要求。因此，精确、高效地对大型曲面构件进行原位检测，获取实际型面，是实现自适应加工的关键环节，也是目前亟待解决的难题之一。

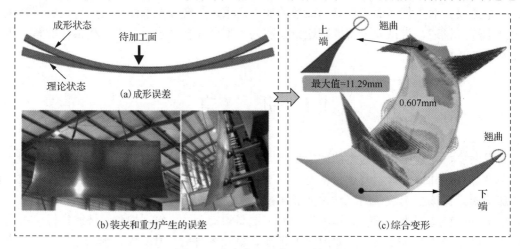

图 8-2　蒙皮变形因素及误差分析

8.1.1　大型曲面构件原位检测问题

曲面原位测量是为了反映实际曲面构件与其数字模型的偏差，也称为原位检测或在机检测，是数字化设计加工-检测一体化中的关键技术之一[1]，也是大型曲面构件自适应加工中的关键技术之一。在零件的加工过程中，原位检测允许在不从机床上拆卸零件的条件下对零件进行检测。原位检测可以避免由拆卸引起的误差，进一步提高测量结果的精度。此外，加工工艺和轨迹可以根据原位检测的结果进行自适应调整，提高加工精度和效率。原位检测技术对于大型曲面零件，尤其是精度要求较高的零件，是一种工艺过程控制和质量检测的有效方法。以下围绕原位检测方法以及曲面重构方法介绍相关研究工作。

1)原位检测方法

接触式检测方法一直以来是原位检测的重要手段，具有检测精度高且可直接测量工件几何特征的优点，被国内外学者广泛研究，同时也在生产实践中得到成熟的应用。由于接触式检测的单点检测效率较低，其检测时间受测量点数量影响较大，而测量点的数量与加工方法、测量精度和待测几何特征的大小有关[2]。针对不同的检测对象，如叶片零件、飞机结构件、自由曲面模具以及大型复杂曲面构件，学者开展了大量研究工作并给出了不同的检测方法，其目的大多是通过检测结果改善工艺进而减小零件变形[3]，或是进行相应的误差补偿[4]。通过上述分析可知，接触式探针测量精度高，广泛应用于各类复杂零件的在机检测，但测量效率低，难以实现大型复杂零件的高效检测。Renishaw 公司最新研制的五轴扫描测量系统 REVO 可以将点接触式测量转换为扫掠接触式测量，能够在保证测量精度的同时显著提升检测效率，是接触式测量的发展方向。目前有部分学者对其扫掠路径如何规划进行了相关研究，但是由于设备成本、技术成熟度等问题，目前在工业界仍未广泛采用。

　　在机非接触式检测主要是基于光学的基本原理，将与光学有关的模拟量通过合适的算法转换为工件表面的坐标点以实现点位测量，能够应用于大型零件的高效在机测量。非接触式检测大多采用红外测头激光扫描等方法得到点云数据，完成对曲面零件的几何建模。以光学测量为主的非接触式检测方法可以高效获取具有高空间密度的点云信息，但其精度相比于接触式测量较低，并且每个获取的点的精确定位都难以准确控制，导致测量结果的不确定度相比于接触式测量高。有学者针对大型复杂薄壁零件的测量精度与效率提升进行了研究，提出基于截面线的点激光快速检测方法进一步提升检测效率，通过线激光投影仪与 CCD 相机相结合的思路也能够进一步提高检测精度。

　　融合式检测方法融合了接触式检测和非接触式检测各自的优势，将接触式传感器和非接触式传感器集成到一个数字化系统中，不仅扩大了在机检测的应用范围，同时在检测效率和检测精度综合方面有所提高。如何进行有效集成是融合式检测需要重点研究的问题。有学者通过将激光检测设备与触发式测头以"竞争"关系相集成来减小噪声等因素所引起的检测误差，提高几何特征复杂零件曲面的重构精度。此外，可以对检测区域进行划分，对检测精度要求较高的区域采用接触式测头进行检测，其余区域采用激光扫描检测，进而提高检测精度。针对自由曲面的在机检测需求，可先利用激光扫描技术获取自由曲面的点云数据并计算各点处的加工误差，通过等高线图获取超出公差要求的检测点，再利用接触式测头进行重新检测[5]。为了兼顾检测精度与检测效率，可先利用激光测头对零件进行检测，再利用触发式测头对扫描检测数据进行误差补偿。

2）基于测量数据的曲面重构方法

　　根据测量点云进行曲面重构是自适应加工的必要手段，也是逆向工程的关键技术之一，曲面重构精度直接影响着后续加工操作的精度。曲面重构的关键技术包括检测数据的拼合技术、检测数据的去噪技术、曲面重构技术等。针对多传感器融合测量，其关键问题在于如何对来自不同传感器的测量数据进行融合，以便实现高精度曲面重构。目前有学者提出基于高斯过程（Gaussian Process，GP）模型、基于贝叶斯分层 GP 模型以及基于加权最小二乘的多传感器数据融合方法，这些方法通过计算来自不同传感器的两个独立数据集之间的系统偏移（残差）实现了融合目标，即基于加权残差逼近（Residual Approximation，RA）的融合。多级 B 样条逼近是另一种基于残差逼近的融合方法，通过曲面的控制顶点改变局部区域的残差，从而在融合多传感器数据的基础上保持曲面的局部几何特征[6,7]。其他近似模型包括常规网格或非常规网格 B 样条拟合模型[8,9]，RBF 模型、傅里叶级数模型和小波模型也可以基于 RA 提供融合结果，但它们没有多级 B 样条逼近（Multilevel B-spline Approximation，MBA）之类的稳定特性。点云的另一种经典融合技术是基于参数线性拟合的加权最小二乘融合[10,11]，此外，一些研究中还使用了像素级加权和加权最小二乘融合[12]。加权融合对于具有类似级别精度的数据更有效，但不适用于大型表面的测量，以及分辨率差异较大的数据源。基于 RA 或加权类的多传感器融合方法，可以在保证曲面精度的同时，大大提升测量效率。

通过将少量探针测量数据与大量激光测量数据进行融合的思路，理论上可实现高效率、高精度的型面测量。然而，激光扫描装置在测量过程中的误差产生机理复杂，且带有随机性。在实际操作中，用同一台激光扫描装置测量同一张蒙皮，在不同时刻得到的测量结果即点云分布往往存在偏差。另外，由于随机误差的存在，在与探针测量数据点进行融合后，其随机误差难以消除，影响了最终精度。在实际应用过程中，激光扫描存在系统误差和随机误差，系统误差的来源主要包括测量基准误差和激光姿态变化带来的测量误差，随机误差主要包括激光测量与机床集成后由机床精度、测头精度以及数据传输等综合因素引起的误差以及由噪声因素引起的误差。因此，针对激光测量误差产生问题，本章介绍一种新的多源融合测量思路。

8.1.2 刀具轨迹误差补偿问题

大型曲面构件受毛坯成形误差、装夹及重力引起的变形等综合因素影响，导致装夹后毛坯的实际型面与理论型面存在较大偏差。在实际工艺准备中，若按照理论模型编制加工程序直接进行铣削加工，必然导致零件的加工精度不能满足要求，严重时会导致铣伤、铣穿，甚至零件报废，如图 8-3 所示，影响研制进度。针对蒙皮、壁板等大型曲面构件存在的变形大、

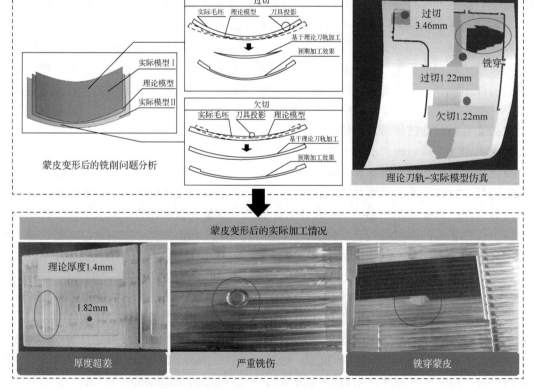

图 8-3 大型曲面构件变形状态下的加工难题

状态不一致及加工精度要求高的问题，需要考虑变形带来的壁厚误差以及位置误差影响，在实际变形状态下进行程序编制，这样才能满足高精度要求。传统方法获取构件实际型面后，在 CAM 软件中进行加工程序重新计算，大型客机双曲蒙皮程序重新计算消耗时间超过 10h，长时间造成机床待机，严重影响了先进装备的利用率；若将理论刀轨统一通过法向投影映射至实际型面，会由曲率变化造成较大位置误差，导致加工完成后的构件外形精度仍难以满足设计要求。如何根据理论刀轨和实际型面，实现理论刀轨在实际型面上的高效率、高精度自适应移植是大型曲面构件自适应加工的关键技术和重要挑战。

无论加工前毛坯变形，还是加工时工件发生变形，本质上都属于工件理论形状和实际形状不一致的问题。为实现此类零件的高精度加工，须根据实际误差对理论刀轨进行补偿。相关研究工作从刀轨离线补偿和刀轨在线补偿两个方面展开论述。

1) 加工刀轨离线补偿方法

刀轨离线补偿通过离线预测加工过程中可能出现的变形，然后对刀轨进行自适应补偿。传统方法通过建立基于切削力预测的变形估算模型修改刀具轨迹以补偿变形。在建立切削力模型的基础上，可进一步确定影响变形的切削参数组合并制定相应的变形控制策略。此外，有学者针对薄壁零件建立了一种多层切削加工变形的动力学预测模型，对多层铣削中每一层的加工误差进行补偿[13]。同时，针对较大的切削力有可能引起的刀具变形，可通过微调 NC 代码实现刀具变形误差补偿[14]。

使用有限元建模预测也可用于刀轨离线补偿[15]。有学者利用有限元方法建立柔性挠度模型预测加工误差并补偿；或是通过建立零件加工残余应力的有限元模型来提出变形补偿策略；也可通过测量法先得到毛坯的初始残余应力，然后利用有限元仿真得到不同加工策略下的加工变形，从而进行补偿。预测补偿的方法用来补偿加工过程中的变形取得了一定的效果，但是由于大型薄壁曲面零件尺寸大，刚度极低，毛坯的变形由钣金成形误差、装夹、自重等多种因素耦合导致，难以使用这类方法进行建模。

2) 加工刀轨在线补偿方法

刀轨在线补偿一般通过在线检测的手段获取工件的实际加工状态，通过分析加工误差，实现刀轨在线自适应规划。随着制造技术的发展，将尺寸计量反馈到机械加工中形成加工质量的闭环控制可以提高零件质量。使用在机检测方法可以将工件几何形状的检测并入加工工序中，将机床同时作为材料去除装备和检测装备。在蒙皮镜像铣技术中也有超声波实时测厚补偿的装置，可以补偿 ±0.2mm 以内的厚度，这一类方法针对大型薄壁曲面零件能在有限的范围内实时动态补偿厚度。

基于在机测量的结果，可以使用误差补偿策略修改刀具轨迹以实现高精度加工。现有方法大多通过在线检测得到工件的实际加工状态数据，进而构建误差向量进行刀轨补偿。上述方法的思想是将变形后的工件向其理论形状补偿，对加工过程中的工件变形有一定的补偿效果，但是补偿范围有限，难以用来对大型薄壁曲面毛坯实际形状和理论形状的较大偏差进行补偿。针对该问题，部分学者基于检测得到的实际型面重新计算刀轨，按照变形后的工件形状进行加工。然而对于大型薄壁曲面零件而言，重新计算刀轨耗时长，其间机床被工件占用，不能进行其他生产活动，严重影响生产效率和机床利用率。

可以看出，当工件实际形状和理论形状的不一致性较大时，应当按照工件实际形状来加工，而不是按照理论模型去补偿，因此根据零件实际形状生成新的刀轨是有效的做法。对于飞机蒙皮这类大型复杂曲面构件而言，采用镜像铣加工方法能够在一定变形范围内实现壁厚补偿，从而满足壁厚精度要求，然而针对刀轨移植产生的外形精度则无法通过镜像铣设备满足，导致加工后的蒙皮与检验模板的偏差超过设计给定范围。因此，如何依据实际测得型面对理论加工刀轨进行高精高效移植，从而满足构件壁厚及外形精度，是本章重点阐述的关键技术之一。

8.2　多源融合式型面原位检测技术

8.2.1　多源融合式曲面原位测量方法

针对大型曲面多源测量的数据精度、尺度不匹配的问题，本节介绍一种多源集成式数据融合（Multi-source Integrated Fusion，MSIF）方法，引入多源融合式蒙皮曲面测量技术，建立高精度的接触式测量数据与低精度的激光测量数据之间的关联关系。本方法以高精度的接触式测量数据为基准，建立多源测量数据间的残差模型，并基于加权平均与 Stacking 算法对多源残差模型进行集成，解决了高精度的基准数据与低精度形貌数据的融合难题，实现了蒙皮零件高精度快速原位检测，显著提高了蒙皮零件的实际型面获取效率和加工精度。MSIF 的基本原理框架如图 8-4 所示，分为两个步骤。

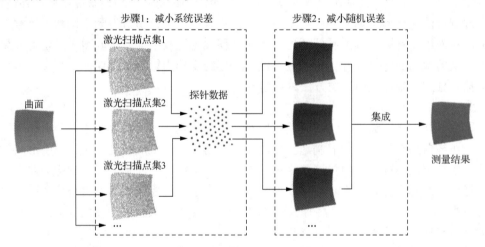

图 8-4　MSIF 基本原理框架

步骤 1：初始融合。首先通过激光扫描仪对曲面进行多次测量，得到多组测量结果（本章以三组为例）。三组激光扫描点集分别与接触式探针获得的少量探针点进行初始数据融合，得到三组不同的融合结果，实现激光源和探针源的精度和尺度匹配。

步骤 2：集成。为了消除激光测量的随机误差对初始修正模型的影响，通过集成方法对步骤 1 所得的多组初始修正模型结果进行集成，得到最终的测量结果。

曲面的测量传感器获得的数据是空间中不同点的三维坐标，表示为 $\{x_1, x_2, z\}$。为了方便后续问题的描述，首先定义向量 $\boldsymbol{x} = \{x_1, x_2\}$。然后，可以将表面上任何点的坐标表示为 $\{x, z\}$，

并将 z 坐标表示为 x_1, x_2 的函数，此时 z 坐标的实际与理论差异可以表示为向量 $\boldsymbol{x}$ 位置的误差。

本节中蒙皮的最终测量结果通过对激光和探针两种测量数据源融合得到。定义激光扫描仪获得的点云为 $\boldsymbol{D}_S$，其具有低精度、高密度的特点，定义探针获得的点云为 $\boldsymbol{D}_T$，其具有高精度、低密度的特点。为了消除光学测量的随机误差，通过激光扫描仪重复测量表面，建立多个低精度源数据集，这些数据集记录为 $\boldsymbol{D}_{Si} = \{X_{Si}, Z_{Si}\}, \boldsymbol{X}_{Si} = \{x_1, \cdots, x_{n_s}\}, \boldsymbol{Z}_{Si} = \{z_1, \cdots, z_{n_s}\}, i = 1, 2, \cdots, n_D$（$n_D$ 为源数据集的数量，而 n_s 代表每个源数据集中的点数）。同样，通过接触式探针得到 $\boldsymbol{D}_T = \{X_T, Z_T\}, \boldsymbol{X}_T = \{x_1, \cdots, x_{n_t}\}, \boldsymbol{Z}_T = \{z_1, \cdots, z_{n_t}\}$，其中 n_t 是探测点的数量。在进行数据融合之前，所有测量数据集都会转换到同一坐标系下，即解决了坐标系配准问题，并使用过滤技术删除数据中的异常值。

步骤 1 为不同测量传感器之间的数据融合。在此步骤中，将从激光扫描仪获得的不同数据集 $\boldsymbol{D}_{Si}(i = 1, 2, \cdots, n_D)$ 分别与 $\boldsymbol{D}_T$ 融合，以获得不同的融合结果 $\boldsymbol{D}_{Fi}(i = 1, 2, \cdots, n_D)$，其中 $\boldsymbol{D}_{Si}(i = 1, 2, \cdots, n_D)$，将由 GP 建模。融合是通过预测两个数据集的偏移，又称为残差，然后通过预测的残差对 $\boldsymbol{D}_{Si}$ 进行修正实现的，通过这种方法可以减少不同传感器测量结果之间的差异。步骤 2 是一种集成过程，通过对不同融合结果 $\boldsymbol{D}_{Fi}(i = 1, 2, \cdots, n_D)$，进行集成来减少 $\boldsymbol{D}_S$ 的随机误差。

基于以上思想，本章介绍基于加权残差逼近的多源融合(MSIF-W)和基于 Stacking 的多源融合(MSIF-S)两种方法。MSIF-W 是一种多源加权集成方法，权重是基于多个 GP 模型的损失函数进行训练的。MSIF-S 是一种基于 Stacking 的集成融合方法，具有双层结构，基模型是交叉验证模型，上层是一个集成模型，用于集成第一层的输出。MSIF-W 和 MSIF-S 将分别在 8.2.2 节与 8.2.3 节中详细说明，并在 8.2.4 节中进行实验验证。

8.2.2 基于加权残差逼近的多源融合方法

对于任一待测曲面，这里记为 $f(\boldsymbol{x})$，激光扫描数据 $\boldsymbol{D}_{Si}$ 可以表示为如下形式：

$$z_{Si}(\boldsymbol{x}) = f(\boldsymbol{x}) + r_{Si}(\boldsymbol{x}) + \varepsilon_{Si}, \quad x \in X_{Si} \tag{8-1}$$

其中，$r_{Si}(\boldsymbol{x})$ 代表系统误差；ε_{Si} 代表随机误差并服从分布 $\varepsilon_{Si} \sim \mathcal{N}(0, \sigma_{Si}^2)$。接触式探针的测量精度比激光扫描仪高很多，可以认为接触式探针误差几乎为零，即 $z_T(\boldsymbol{x}) \approx f(\boldsymbol{x}), \boldsymbol{x} \in X_T$。由于两种测量源的数据精度、分辨率均不相同，因此首先通过残差逼近模型将每组激光数据与同一组探针数据进行初始融合，得到分辨率、精度处于同一量级的多组初始修正模型，并用加权集成的方式消除测量的随机误差，从而得到多源融合测量结果。因此 MSIF-W 具体分为两个步骤：①基于残差逼近模型的数据初始融合；②初始修正模型的加权集成。

1) 基于残差逼近模型的数据初始融合

残差逼近(RA)模型是一种数据条件分布逼近算法，通过计算具有条件分布差异的两组数据之间的残差，逼近两组数据的条件分布差异。激光与探针两组传感器在不同 x 处的坐标 z 的分布可以表示为条件分布 $P(z | \boldsymbol{x})$，因此 RA 算法可以用于两组测量数据的初始融合。首先计算来自不同传感器的两个独立数据集之间的系统偏移(残差)近似值。在本书中，两个数据集的残差被视为 $\boldsymbol{D}_{Si}$ 在 z 坐标方向上的误差，通过式(8-2)可以实现两个数据集的融合：

$$z_{Fi}(\boldsymbol{x}_*) = z_{Si}(\boldsymbol{x}_*) - r_{Si}(\boldsymbol{x}_*), \quad i = 1, 2, \cdots, n_D \tag{8-2}$$

其中，下标 i 代表第 i 组融合；$z_{Fi}(\boldsymbol{x}_*)$ 代表融合后在点 x_* 处的预测的 z 坐标，定义为初始修正模型。通过对 $\boldsymbol{D}_{Si},(i=1,2,\cdots,n_D)$ 进行高斯过程（GP）建模获得 $z_{Si}(\boldsymbol{x}_*)$。$r_{Si}(\boldsymbol{x}_*)$ 是待估计的残差模型。因此，融合过程包括两个步骤：建立源模型 $\hat{z}_{Si}(\boldsymbol{x}_*)$ 和建立残差模型 $\hat{r}_{Si}(\boldsymbol{x}_*)$。

在大型曲面构件的测量过程中，通过激光扫描仪测得的数据集 $\boldsymbol{D}_{Si}(i=1,2,\cdots,n_D)$，称为源数据集，以源数据集为输入，训练出的模型称为源模型。通过提取离散的源数据集中的信息，源模型可以对整张曲面建模，输出连续的曲面坐标数据。通过激光扫描仪测得的 $\boldsymbol{D}_{Si}(i=1,2,\cdots,n_D)$，符合高斯分布或近似高斯分布，具有很强的统计学特性，因此可使用统计学方法，如高斯过程回归法建立源模型。

2）初始修正模型的加权集成

初始数据融合后，可以通过加权集成获得最终结果。现有研究已表明，加权集成方法对同类数据非常有效，尤其是当输入数据集具有相同的样本大小和噪声水平时。但是，由于数量和准确性的巨大差异，从激光扫描仪和接触式探针获得的两个数据集不适合直接进行加权融合。由于初始修改后获得的 $\boldsymbol{D}_{Fi}=\{X_{Si},z_{Fi}(X_{Si})\}$ 具有相同的样本大小和噪声水平，因此可以对 $\boldsymbol{D}_{Fi}$ 进行加权以减少融合结果的不确定性。

假设 $z_{F1}(x_j)$ 和 $z_{F2}(x_j)$ 是数据集 $\boldsymbol{D}_{F1}$ 和 $\boldsymbol{D}_{F2}$ 在 x_j 处的 z 值。这两个值的加权平均值表示为

$$z=\omega_1 z_{F1}+\omega_2 z_{F2}, \quad \omega_1+\omega_2=1 \tag{8-3}$$

其中，ω_1 和 ω_2 分别是每个数据集的权重。权重的选择是加权平均法中最重要的部分。在此之前，均平方损失定义为

$$L_i=\frac{1}{n_t}\sum_{i=1}^{n_t}\left[z_{n_t}-z_{Fi}(x_{n_t})\right]^2 \tag{8-4}$$

L_i 越大，表示融合效果越差；L_i 越小，表示融合效果越好。L_i 用于表征每组初始修改表面的重要性。因此，权重系数可以定义为

$$\omega_i=\frac{1/L_i}{\sum\limits_{i=1}^{n_D}1/L_i}, \quad i=1,2,\cdots,n_D \tag{8-5}$$

使用式（8-5）定义的系数，可以通过初始修改曲面的权重组合来给出曲面的最终预测模型。根据式（8-5），可以得出在 x_* 处 z 坐标的最终预测结果为

$$z(\boldsymbol{x}_*)=\sum_{i=1}^{n_D}\omega_i z_{Fi}(\boldsymbol{x}_*), \quad \sum_{i=1}^{n_D}\omega_i=1 \tag{8-6}$$

其中，$z_{Fi}(\boldsymbol{x}_*)$ 为初始修正模型，通过加权集成，$z(\boldsymbol{x}_*)$ 可以提供比单个模型更好的预测结果，并且可以快速准确估计曲面上任一点的空间位置，是实现快速准确原位检测的理论基础。加权结果的平均标准不确定度的平方可以表示为

$$u^2(z)=\sum_{i=1}^{n_D}\left(\frac{\omega_i}{\sum\limits_{i=1}^{n_D}\omega_i}\right)^2\sigma_{Si}^2=\sum_{i=1}^{n_D}\left(\frac{\sigma_{Si}}{L_i\sum\limits_{i=1}^{n_D}1/L_i}\right)^2 \tag{8-7}$$

前面用基于 GP 的残差逼近方法建立了初始修正模型，消除了 $\boldsymbol{D}_{Si}$ 的系统误差；本部分中的加权集成方法通过设置不同的权重减小了随机误差，得到了最终融合模型，实现了蒙皮零件高精度快速原位检测与复杂曲面形态特征的统计学表征。

8.2.3　基于 Stacking 的多源融合方法

对于蒙皮测量数据融合问题，假设曲面模型为理想模型，那么基于测量数据对蒙皮曲面建模可以视作对模型假设空间进行搜索，从而找到合适的假设模型。对于一组测量数据，即使假设空间包含非常适合的曲面假设模型，依据有限的数据点也难以找到最佳假设。针对多源建模问题，可引入集成学习方式，对于每个源数据所求的假设进行集成，从而以更高的可能性得到更好的假设模型。

Stacking（有时也称为 Stacked Generalization）是指训练一个模型用于组合其他各个模型。即首先训练多个不同的模型，然后以之前训练的各个模型的输出为输入来训练一个模型，以得到一个最终的输出。

本节介绍具有两层结构的基于 RA 的 Stacking 集成算法，如图 8-5 所示。第一层包含多个基模型，其输入是原始训练集 $\boldsymbol{D}_{Si}$ 和 $\boldsymbol{D}_T$。通过使用第一层基模型的输出作为训练集来对第二层模型进行重新训练，以获得输出结果。假设 $n_D = 3$，基模型都是 RA 模型。具体步骤如下。

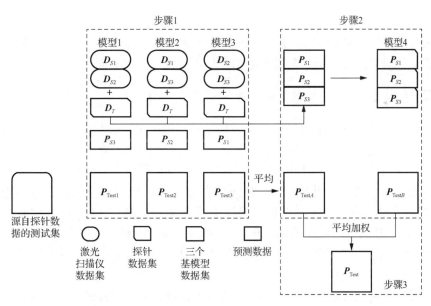

图 8-5　MSIF-S 示意图

步骤 1：交叉验证。在模型 1 中，曲面坐标数据 $\boldsymbol{D}_{S1}\{X_{S1}, Z_{S1}\} \bigcup \boldsymbol{D}_{S2}\{X_{S2}, Z_{S2}\}$（为了方便表示，记为 $\boldsymbol{D}_{S1\cup2}\{X_{S1\cup2}, Z_{S1\cup2}\}$）和 $\boldsymbol{D}_T\{X_T, Z_T\}$ 被用作训练数据。$\boldsymbol{D}_{S3}$ 和 $\boldsymbol{D}_T$ 中所有点的 z 值通过 RA 方法预测，分别表示为 Z_{S3}^* 和 Z_{Test}。然后，$\boldsymbol{D}_{S3}$ 中所点的 z 值将被新的 z 值替换，表示为 $\boldsymbol{P}_{S3}\{X_{S3}, Z_{S3}^*\}$。测试集的预测结果表示为 $\boldsymbol{P}_{\text{Test1}}\{X_{\text{Test}}, Z_{\text{Test1}}\}$。模型 2 和模型 3 具有相似的操作，计算结果为

$$Z_{S3}^* = K(X_{S3}, X_{S1\cup2})(K(X_{S1\cup2}, X_{S1\cup2}) + \lambda I)^{-1} Z_{S1\cup2}$$

$$Z_{\text{Test1}} = K(X_{\text{Test}}, X_{S1\cup2})(K(X_{S1\cup2}, X_{S1\cup2}) + \lambda I)^{-1} Z_{S1\cup2}$$

$$Z_{S2}^* = K(X_{S2}, X_{S1\cup3})(K(X_{S1\cup3}, X_{S1\cup3}) + \lambda I)^{-1} Z_{S1\cup3}$$

$$Z_{\text{Test2}} = K(X_{\text{Test}}, X_{S1\cup3})(K(X_{S1\cup3}, X_{S1\cup3}) + \lambda I)^{-1} Z_{S1\cup3}$$

$$Z_{S1}^* = K(X_{S1}, X_{S2\cup3})(K(X_{S2\cup3}, X_{S2\cup3}) + \lambda I)^{-1} Z_{S2\cup3}$$

$$Z_{\text{Test3}} = K(X_{\text{Test}}, X_{S2\cup3})(K(X_{S2\cup3}, X_{S2\cup3}) + \lambda I)^{-1} Z_{S2\cup3} \tag{8-8}$$

重新估计 D_{S1}、D_{S2} 和 D_{S3} 的 z 值后，这三个数据集将替换为 $P_{S1}\{X_{S1}, Z_{S1}^*\}$、$P_{S2}\{X_{S2}, Z_{S2}^*\}$ 和 $P_{S3}\{X_{S3}, Z_{S3}^*\}$。注意，在此过程中，应避免"自身训练"的情况。例如，当预测 D_{S3} 中的 z 值时，D_{S3} 不能用作训练集以避免过拟合。之后，根据 P_{Test1}、P_{Test2} 和 P_{Test3} 获得模型第一层的预测输出 $P_{\text{TestA}}\{X_{\text{Test}}, Z_{\text{TestA}}\}$，其中 $Z_{\text{TestA}} = (Z_{\text{Test1}} + Z_{\text{Test2}} + Z_{\text{Test3}})/3$。

步骤 2：使用在步骤 1 中获得的 P_{S1}、P_{S2} 和 P_{S3} 作为新训练集（记为 $P_{S1\cup2\cup3}$），以预测 P_{Test} $\{X_{S1\cup2\cup3}, Z_{S1\cup2\cup3}^*\}$ 的 z 值，并获得 $P_{\text{TestB}}\{X_{\text{Test}}, Z_{\text{TestB}}\}$。其中

$$Z_{\text{TestB}} = K(X_{\text{Test}}, X_{S1\cup2\cup3})(K(X_{S1\cup2\cup3}, X_{S1\cup2\cup3}) + \lambda I)^{-1} Z_{S1\cup2\cup3}^* \tag{8-9}$$

步骤 3：对步骤 1、2 中获得的 P_{TestA} 和 P_{TestB} 进行平均加权，以获得最终的预测结果 $P_{\text{Test}}\{X_{\text{Test}}, Z_{\text{Test}}\}$。

Stacking 是一种集成学习算法，理论上经过 Stacking 训练后的模型比初始模型具有更强大的表达能力与灵活性。MSIF-S 通过将 RA 融入 Stacking 集成框架，不仅可以实现不同精度、尺寸的数据集的融合，还保留了基模型中的几何不变性与模型多样性。

8.2.4　实验验证

在本节中，将多源集成融合方法分别应用于计算机模拟实验和实际表面测量中。在本节中使用实际飞机蒙皮零件对该方法进行了测试，并且对采样策略和实验结果进行了讨论。

为了检验 MSIF-S 方法和 MSIF-W 方法的性能，对正弦曲线 $f(x) = \sin(x), x \in [-5, 5]$mm 进行了实验研究，从原理上说明多源集成融合方法的效果。共三组数据，每组数据包含均匀分布在正弦曲线上的 100 个点，代表低精度数据集 D_{S1}、D_{S2} 和 D_{S3}。三个数据集都加了 $r(x) = 0.2 \times \sin(x/3)$ 的系统误差和 $\sigma_S = 0.1$mm 的高斯噪声。取 9 个均匀分布在正弦曲线上带有 $\sigma_T = 0.01$mm 高斯噪声的点表示高精度数据集 D_T。实际曲线与模拟数据集如图 8-6(a) 所示。

实验结果以传统的 RA 方法作为基准分析各方法的性能。在设计曲线上以 0.1mm 的间距均匀采样作为测试数据，通过均方根误差（RMSE）衡量不同方法融合结果的准确性。实验总共进行了 50 次仿真，用于分析各方法的鲁棒性。如图 8-6(b) 所示，根据 50 个仿真结果估计了 RMSE 的概率密度。表 8-1 给出了几种方法的结果比较。相比于 RA，MSIF-W 和 MSIF-S 的 RMSE 平均值分别降低到 0.015mm 和 0.024mm。除此之外，MSIF-W 和 MSIF-S 大大降低了 RMSE 的不确定性，特别是 MSIF-S 方法，其 RMSE 标准差为 0.004mm。这些结果表明，融合方法在提高融合多源数据集的精度和准确性方面表现更优。

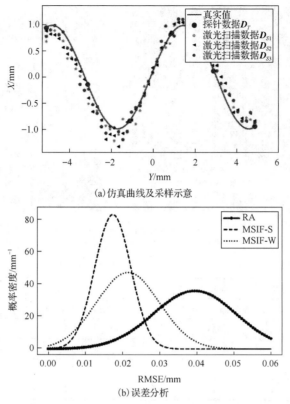

(a) 仿真曲线及采样示意

(b) 误差分析

图 8-6　仿真曲线及采样示意与误差分析（$\sigma_S = 0.1\,\mathrm{mm}$，$\sigma_T = 0.01\,\mathrm{mm}$）

表 8-1　曲线仿真误差

误差指标	RA	MSIF-W	MSIF-S
RMSE 平均值	0.041mm	0.015mm	0.024mm
RMSE 标准差	0.017mm	0.007mm	0.004mm

　　为了进一步评估各方法的优势，本节选择了三个真实的飞机蒙皮型面进行实验研究，包括实验装置介绍、采样策略以及实验结果分析三部分。

1. 实验装置介绍

　　为了快速准确地测量蒙皮表面，本实验使用 M.Torres CNC 镜像铣加工中心进行测量，M.Torres CNC 镜像铣加工中心安装了两个传感器测量飞机蒙皮表面，包括激光扫描仪和接触式探针，如图 8-7 所示。加工中心的线性精度为 6.0μm/m，重复性为 3.0μm/m。激光扫描仪的不确定度为±50.0μm，接触式探针的重复性为 1.0μm/m。由于接触式探针的测量精度高于激光扫描仪，因此探针数据在误差分析中将被作为参考值。

　　激光扫描仪传感器用于快速获取蒙皮表面的整体形貌信息，但无法提供曲面中各点的准确坐标信息。相反，接触式探针精度更高，但效率更低。在此实验中，两个传感器的测量区域均为整个表面。$D_{Si}(i = 1, 2, \cdots, n_D)$ 是来自激光扫描仪的测量数据，而 D_T 是来自接触式探针的测量数据。为了校准扫描仪和探针的测量数据，在蒙皮表面的夹紧系统上会固定基准球。然后，从各种位置和距离扫描基准球之后，就可以计算出扫描仪系统在机床坐标系中的位置，如图 8-7 所示。被扫描曲面尺寸及相关扫描信息如表 8-2 所示。

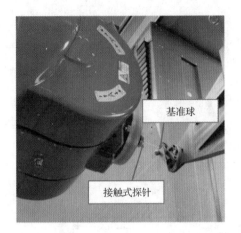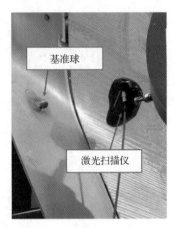

图 8-7　Kreon3d 激光扫描仪

表 8-2　曲面测量数据信息

参数名称	曲面 A	曲面 B	曲面 C
尺寸(长×宽)	603mm×1397mm	592mm×1403mm	598mm×1415mm
扫描时间/s	453	425	462
扫描点数量	852825	635493	1027228
稀释之后的扫描点数	6000	6000	6000
探针点数	514	514	514

2. 接触式探针对数据点的采样策略

在加工过程中,加工质量的好坏很大程度上受曲面测量结果的影响,而测量的效果好坏受采样数目、采样点分布、采样轨迹、采样干涉判断等因素的影响。测得的结果将直接用于刀具轨迹规划及反馈补偿,测量精度越高,测量得到的结果就更加接近真实结果。测量过程中,获取采样数据所涉及采样点的分布情况,即采样点在零件上的分布情况,本章将其采用的方法称为采样策略(布点策略)。因此制定合理的采样策略,对测量精度、效率的提高以及误差评定有重要意义。

本章中涉及的传感器有激光扫描仪与接触式探针,激光扫描仪是对整个曲面进行扫描,其采样策略相对固定,因此接触式探针的采样策略对于所提方法的测量性能至关重要。利用多源数据融合方法,只需很少的探针测量点即可实现表面建模。因此,接触式探针采样点分布是影响融合结果的重要因素。盲采样方法会在不考虑几何特征的情况下随机采样测量点,这将导致结果较差且效率较低。其中最常用的方法为均匀采样,如图 8-8(a)所示,均匀采样是一种传统的采样方法,该方法不考虑曲面的几何特征,对任何曲面都采用同样的采样方法,因此曲面几何特征的不确定性可能导致融合方法性能不稳定,尤其是对那些曲率变化大或者局部特征较多的工件。飞机蒙皮是微双曲表面,如图 8-8(b)所示,可以发现曲面在 u 方向的曲率较大,而在 v 方向的曲率较小。因此,本章采用根据表面的 u-v 曲率对数据进行自适应采样的方法。沿 u 方向采样的点更多,而沿 v 方向采样的点更少,采样策略及轨迹规划如图 8-8(c)所示。相比于盲采样方法,此方法具有更高的采样效率,并且采样时会将曲面的曲率特性考虑在内,减小重建曲面的不确定性,提高数据融合的效果。

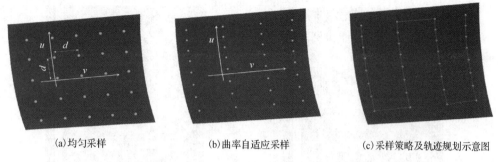

(a)均匀采样　　　　　　　(b)曲率自适应采样　　　　　(c)采样策略及轨迹规划示意图

图 8-8　曲率自适应采样策略及轨迹规划示意图

3. 实验结果分析

本节将 MSIF 与采用 GP 的曲面拟合方法进行比较,以验证数据融合的有效性。另外,选择了经典的基于 RA 的方法来比较数据融合的性能。为了直观地显示 MSIF 方法和比较方法的表面性能,此处绘制了表面预测误差的云图。以接触式探针测得的 450 个测试点为基准,拟合误差定义为 z 坐标的差值,即 $E = z_{\text{test}} - z_{\text{pred}}$。曲面 A、B、C 的误差图如图 8-9～图 8-11 所示。四个对比表面是:① $\boldsymbol{D}_T$,仅用有限探针数据的表面拟合;② $\boldsymbol{D}_{S2}$,仅用激光扫描仪数据的表面拟合;③MSIF-W 融合结果;④MSIF-S 融合结果。具体误差数值差异在后续表格中给出。

图 8-9(a)～图 8-11(a)为仅用接触式探针数据 $\boldsymbol{D}_T$ 拟合的曲面,可见整体误差非常大,并且边界上的最大误差大于 0.4 mm,因此,有限的探针点远不足以拟合出完整曲面,尤其是边界附近。如图 8-9(b)～图 8-11(b)所示,激光点拟合曲面误差也非常大,但由于激光点分辨率非常高,曲面整体趋势得以很好描述,系统误差分布非常规则,因此可以通过残差逼近消除系统误差,并且通过多源融合减小激光扫描仪的随机误差。因此,如图 8-9～图 8-11 中的(c)、(d)图所示,可以将三分面的误差控制在±0.08mm 以内。由于带有探针的加工中心具有 6.0μm/m 的线性精度和 3.0μm/m 的重复性,因此测量误差的可追溯性是可接受的。

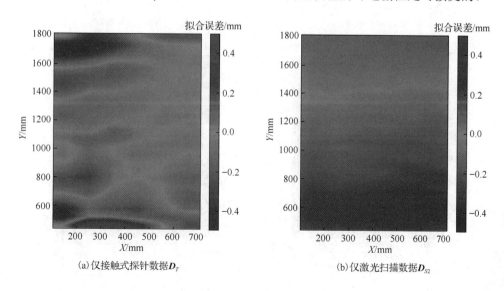

(a)仅接触式探针数据 $\boldsymbol{D}_T$　　　　　　　　　　(b)仅激光扫描数据 $\boldsymbol{D}_{S2}$

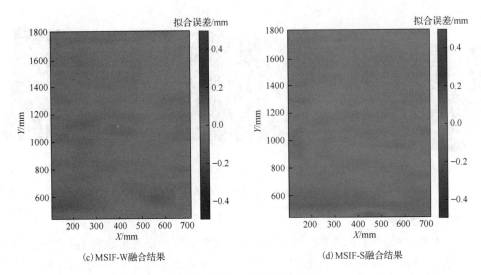

(c) MSIF-W融合结果　　　　　　　(d) MSIF-S融合结果

图 8-9　曲面 A 的误差分布图

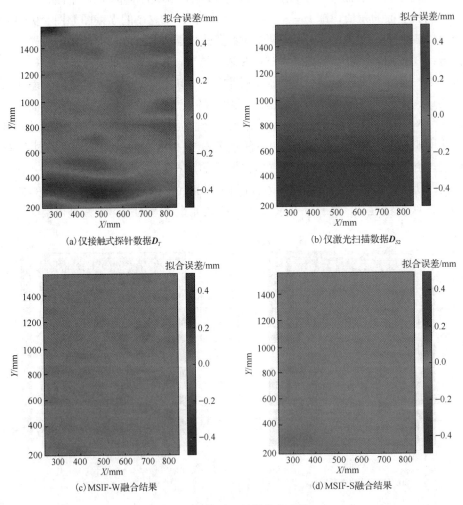

(a) 仅接触式探针数据 $\boldsymbol{D}_T$　　　　　　　(b) 仅激光扫描数据 $\boldsymbol{D}_{S2}$

(c) MSIF-W融合结果　　　　　　　(d) MSIF-S融合结果

图 8-10　曲面 B 的误差分布图

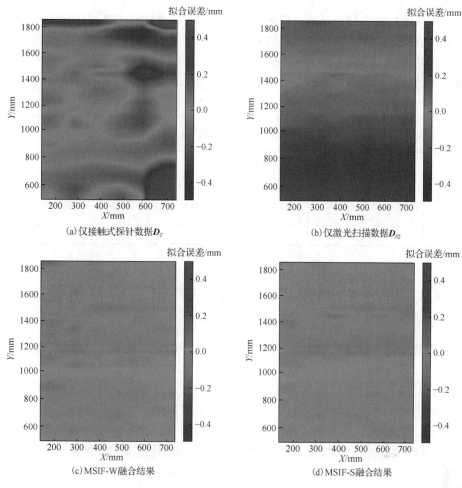

(a) 仅接触式探针数据 $\boldsymbol{D}_T$　　　　　　　　(b) 仅激光扫描数据 $\boldsymbol{D}_{S2}$

(c) MSIF-W 融合结果　　　　　　　　　　(d) MSIF-S 融合结果

图 8-11　曲面 C 的误差分布图

　　融合结果的性能由重建表面的最大绝对误差 $E_{\max}$ 和均方根误差 RMSE 表征，如表 8-3 所示。由于融合结果的 $E_{\max}$ 和探针系统的不确定性不在相同的数量级，并且 RMSE 是统计平均值，而不是直接测量误差，因此认为测量结果的可追溯性是可接受的。从表 8-3 可以看出，与单个扫描仪数据相比，三种融合方法均能够提高测量性能。结果表明，MSIF-W 和 MSIF-S 取得了非常相似的结果，并且在 $E_{\max}$ 和 RMSE 方面均具有优于 RA 的性能。注意到曲面 B 的 MSIF 和 RA 之间的 $E_{\max}$ 非常接近，因此考虑到探针系统的不确定性，可以忽略这一改进。但是，总体结果证明了 MSIF-S 和 MSIF-W 方法在融合多传感器数据集方面的能力。

表 8-3　飞机蒙皮零件检测误差分析

曲面	误差指标	扫描数据拟合	RA	MSIF-W	MSIF-S
A	$E_{\max}$ /mm	0.305	0.091	0.062	0.066
	RMSE/mm	0.130	0.018	0.015	0.016
B	$E_{\max}$ /mm	0.317	0.039	0.038	0.038
	RMSE/mm	0.151	0.014	0.012	0.011
C	$E_{\max}$ /mm	0.393	0.106	0.097	0.067
	RMSE/mm	0.170	0.022	0.019	0.017

同时，采用多源融合检测技术在检测效率方面也有显著提升。在本章选用的 3 个测试曲面中，采用接触式探针测量作为基准需要采样 450 个测量点，默认每点的测量时间为 20s，所需测量时间共约为 $t_{base} \approx 450 \times 20 = 9000(s)$。采用多源融合检测方法后，由于所需采样的探针测量点数量显著降低，检测效率也大幅提升，根据表 8-4 中计算得到的 3 个蒙皮曲面的检测时间，在保证精度满足设计要求的前提下，多源融合检测效率能够提升 2.5 倍以上。

表 8-4　飞机蒙皮零件检测效率分析

曲面	仅接触式 I (450 个采样点)	仅接触式 II (64 个采样点)	仅激光 III (3 次采样)	多源检测 II +III
A	150min	21min	22.7min	43.7min
B	150min	21min	21.3min	42.3min
C	150min	21min	23.1min	44.1min

8.3　基于曲面误差分区的刀轨自适应移植技术

对于飞机蒙皮零件而言，用于数控加工的零件毛坯由初始板坯经过钣金成形制得。由于钣金成形精度有限，初始毛坯的实际形状就与理论模型有一定的偏差。同时，由于蒙皮零件刚度很低，在装夹完成之后受到装夹应力影响，也会产生变形。此外，蒙皮零件装夹完成之后，零件受重力影响也会产生较大的变形。受上述因素影响，在零件切削之前毛坯的型面就已经和原始理论型面产生了较大差异，对于每个蒙皮零件，都需要获得其装夹固定后的真实

刀轨自适应
移植演示

形貌并对加工工艺进行自适应调整，以满足蒙皮的壁厚和外形精度要求。现有的方法使用在机测量设备，如接触式探针或激光扫描仪，能够在不拆卸零件的前提下检测零件外形得到离散点云，最终经过点云拟合得到蒙皮毛坯的实际外形曲面，进而对刀轨进行自适应移植。

8.3.1　曲面误差区域定义

为了对误差进行分析，需要将实际型面(简称实际面)与原始理论型面(简称理论面)进行法向误差对比，其本质过程为先将实际面离散为大量点，设 P 为实际面离散得到的点集，该点集可通过前面介绍的多源融合检测获得，然后计算 P 中每个点到理论面的法向距离(即法向误差)，如图 8-12(a)所示，法向误差范围为[-5.863mm,5.864mm]。从这张法向误差对比图中可以观察到法向误差的分布存在区域性特征，中间大部分区域误差值比较小且变化趋势平缓，左上角及右边缘部分存在局部区域误差值较大且变化趋势剧烈。

对多个实际蒙皮毛坯曲面进行实际面和理论面的法向误差对比，发现都存在类似的区域，即误差值较小且变化趋势平缓的区域、完全包络在面内的局部误差值较大的区域、包含面边界的误差值较大且变化趋势剧烈的区域。

根据区域性分布特点，可将蒙皮外形曲面划分成 3 类区域：柔和区域、局部隆起区域和翘曲区域。对于柔和区域，其曲面法向误差数值较低且较为均匀，如图 8-12(b)中的 A 区，对

于实际面上该区域中任意一点到理论面的法向误差，满足如下条件：

$$E_i \in \left[-kE_\mu, +kE_\mu \right] \tag{8-10}$$

其中，E_i 为 P 中的点 $i(i=1,2,\cdots)$ 到理论面的距离；E_μ 为 P 中所有点到理论面距离的绝对平均值；$k=0.3\sim0.4$，根据经验确定。

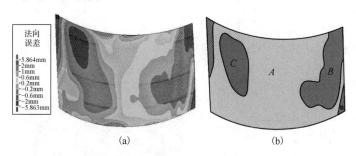

图 8-12　实际面和理论面的法向误差对比结果以及呈现出来的区域性特征

对于一个区域，如果其不在柔和区域中，那么需要进行进一步的区分。对于一个局部区域而言，设在点 P_0 达到了该区域最大的法向误差值 $E_{\max}$，q_0 为 P_0 在理论面上的投影点，它们之间的距离即为 P_0 处的法向误差。如图 8-13 (a) 所示，以 P_0 为原点，沿参数线方向依次搜寻 3 个相邻的点，其中参数线方向有 4 个，任意选择其中的一个。设搜寻到的 3 个相邻的点为 P_i $(i=1\sim3)$，分别和其在理论面上的投影点 q_i 之间的距离为 E_i。P_i 之间的差 ΔE_i $(i=1\sim3)$ 表示为

$$\begin{cases} \Delta E_1 = E_{\max} - E_1 \\ \Delta E_2 = E_1 - E_2 \\ \Delta E_3 = E_2 - E_3 \end{cases} \tag{8-11}$$

设 d_i 为 q_i 之间的测地距离，则从 P_3 到 P_0 的法向误差增长率可以近似表示为

$$\begin{cases} e_1 = \dfrac{\Delta E_1}{d_1} \\[2mm] e_2 = \dfrac{\Delta E_2}{d_2} \\[2mm] e_3 = \dfrac{\Delta E_3}{d_3} \end{cases} \tag{8-12}$$

其中，e_i $(i=1\sim3)$ 被定义为在相应点处向该区域法向误差最大值的平均增长率。如果 $e_3 < e_2 < e_1$，如图 8-13 (b) 所示，表明法向误差加速上升到最大值。这种区域被定义为翘曲区域，一般出现在蒙皮的边缘。法向误差上升趋势不收敛，通常在边缘处达到最大值，如图 8-13 (b) 的 B 区。这种法向误差区域是由蒙皮边缘的翘曲造成的，由于该区域的边缘也是蒙皮的边缘，属于自由端，因此，该区域任意两点之间的弧长变化非常小。如果 $e_3 > e_2 > e_1$，如图 8-13 (c) 所示，表明法向误差减速上升到最大值，这类区域被定义为局部隆起区域。该区域中误差上升的趋势在区域中心收敛，如图 8-13 (b) 中的 C 区，在该区域中，任意两点之间的弧长已经明显发生了改变。

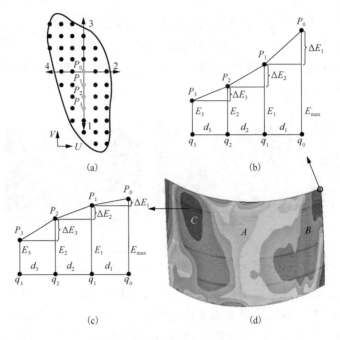

图 8-13　曲面误差区域的定义

8.3.2　刀轨自适应移植方法

1. 刀轨自适应移植的原理

为保证不发生过切问题，对于理论零件而言，理论刀轨应浮于理论面的上方；对于实际零件而言，实际刀轨应浮于实际面的上方，如图 8-14 所示。

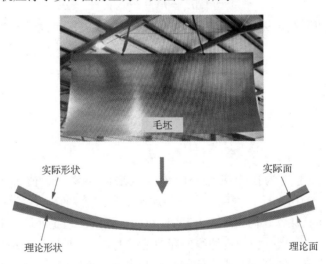

图 8-14　理论面和实际面示意图

理论刀轨和实际刀轨之间存在下面的对应关系：

$$T_r = f\left(T_t, S_t, S_r\right) \tag{8-13}$$

其中，T_t 是理论刀轨；T_r 是实际刀轨；S_t 是理论面；S_r 是实际面。

在数控机床的加工文件中，刀轨由大量的刀位点及其对应的刀轴矢量组成，修改刀位点和其对应的刀轴矢量等价于修改刀轨。若将完整的刀轨离散为刀位点，式(8-13)变为

$$T_r = \{P_{1r}, P_{2r}, \cdots, P_{nr}\} = \{f(P_{1t}, S_t, S_r), f(P_{2t}, S_t, S_r), \cdots, f(P_{nt}, S_t, S_r)\} \qquad (8\text{-}14)$$

其中，P_{it} 是第 i 个理论刀位点；P_{ir} 是第 i 个实际刀位点；S_t 是理论面；S_r 是实际面。

每一个实际刀位点由理论刀位点、理论面和实际面决定。其中，每一个实际刀位点包括该点在加工坐标系下的坐标和对应的刀轴矢量，只要求出实际刀位点的坐标和对应的刀轴矢量就完成了一个理论刀位点的移植。而对于一个理论刀位点的移植主要分为 3 步：法向投影、映射和法向偏置。如图 8-15 所示，P_t 是一个理论刀位点，P_p 是该理论刀位点在理论面的法向投影点，同时也得到了矢量 $\overrightarrow{P_pP_t}$。计算 P_t、P_p 之间的距离 s_0。

$$\overrightarrow{P_pP_t} = \left(x_{P_t} - x_{P_p}, y_{P_t} - y_{P_p}, z_{P_t} - z_{P_p}\right) \qquad (8\text{-}15)$$

$$s_0 = \sqrt{\left(x_{P_p} - x_{P_t}\right)^2 + \left(y_{P_p} - y_{P_t}\right)^2 + \left(z_{P_p} - z_{P_t}\right)^2} \qquad (8\text{-}16)$$

接下来通过映射方法将理论面上的点 P_p 映射为实际面上的点 P_q，然后求得实际面在 P_q 处的法矢 $\boldsymbol{n}_{P_q}$，最终将 P_q 沿 $\boldsymbol{n}_{P_q}$ 方向偏置长度 s_0 得到实际刀位点 P_r。此处为了避免偏置方向相反，$\boldsymbol{n}_{P_q}$ 和矢量 $\overrightarrow{P_pP_t}$ 应该呈锐角。在飞机蒙皮零件中，理论刀位点的刀轴矢量是理论面的法矢，因此也用实际面上一点的法矢作为对应实际刀位点的刀轴矢量。通过对理论刀轨中所有刀位点进行刀轨移植，最终实现对理论刀轨的自适应移植。

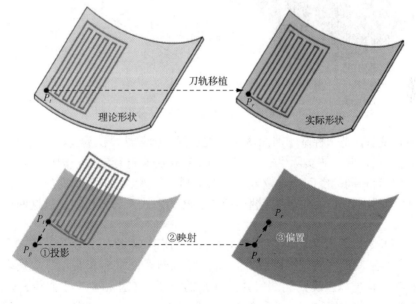

图 8-15　刀轨移植总体流程

2. 基于误差分区的刀轨移植算法

在刀轨移植的整体过程中，P_p 和 P_q 是两个重要的中间量，P_p 是理论刀位点在理论面上的法向投影点，P_q 是实际刀位点在实际面上的法向投影点。P_p 位于理论面 S_t 张成的 2 维空间中，

P_q位于实际面S_r张成的 2 维空间中，$P_p \rightarrow P_q$是从S_t到S_r的映射。本节利用三种映射方法将S_t中的P_p映射为S_r中的P_q，并对它们的误差以及适应的情况进行了分析。

(1)法向投影，将理论面上的点向实际面作法向投影，得到的投影点即为实际面上的映射点。如图 8-16(a)所示，P_p是理论面上一点，S_r为实际面，将P_p向S_r作法向投影，得到的投影点P_q为映射点。投影的误差分析在图 8-16(b)中展现，在图 8-16 (b)中，取实际面上很小的一个局部并用平面近似以简化计算，P_0、O_0是理论面S_t上要投影的两个点，$|O_0 P_0| = d$，S_r和S_t夹角为α。

$$|O_1 P_1| = d \times \cos\alpha \tag{8-17}$$
$$\Delta d = f(\alpha) = d \times (1 - \cos\alpha) \tag{8-18}$$

设Δd是$|O_1 P_1|$和$|O_0 P_0|$相比的减小量，d为投影前两点的距离。当$\alpha \in [0, \pi]$时，Δd随α增大而增大，而理论面和实际面的夹角包含于$[-\pi, \pi]$。因此，法向投影后特征的相对位置精度会随着实际曲面和理论曲面夹角的增大而降低，因此法向投影的映射方法适用于实际面和理论面所呈角度较小的区域，换言之，法向投影只适用于实际面和理论面误差值较小，且变化趋势较为平缓的区域。

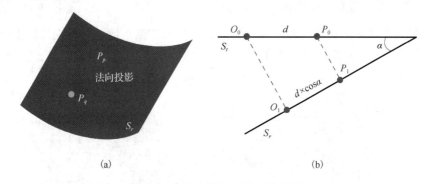

(a)　　　　　　　　　　　　　(b)

图 8-16　法向投影及其误差分析

(2)等弧长映射，是一种基于曲面两个基准点的几何算法。在蒙皮零件装夹时，需要两个基准点作为定位点，并且在实际生产中使用两个定位销来进行定位。因此，这两个点在理论面和实际面上具有相同的空间绝对位置，可以限制工件夹紧后的整体变形。因此，假设整体变形是围绕两个基准点连成的线进行翘曲或者旋转的形式，等弧长映射以这两个定位点的连线为基准展开。

如图 8-17(a)所示，设P_0是理论面S_t上要映射的点，J_1和J_2为装夹蒙皮的两个定位点，连接J_1和J_2获得空间的一条基准直线L_1。将L_1分别向理论面S_t和实际面S_r投影得到两条投影曲线D_1和D_2。构建以直线L_1为法矢并且过P_0的平面T_1，T_1和S_t交于曲线F_1，T_1和S_r交于曲线F_2。T_1交D_1于点C_1，T_1交D_2于点C_2。如图 8-17(b)所示，在曲线F_1上测得弧$C_1 P_0$的弧长，记为S_1。在曲线F_2上，以C_2为起点确定P_1使得弧$C_2 P_1$的弧长也等于S_1。

等弧长映射的性质如图 8-18 所示，O_0、P_0是理论面S_t上要映射的两个点，O_1、P_1是实际面S_r上映射出的两个点，由等弧长映射的算法可知$C_0, O_0, P_0 \in F_1 \in S_t$且$C_1, O_1, P_1 \in F_2 \in S_r$。曲线$F_1$上$O_0$到$P_0$的弧长为$d_0$。在图 8-18(b)中将曲线$F_1$和$F_2$简化为两条直线段，它们的夹

角为 α，由等弧长映射算法原理可知：

$$\begin{cases} |C_0O_0| = |C_1O_1| \\ |C_0P_0| = |C_1P_1| \end{cases} \tag{8-19}$$

$$|O_1P_1| = |C_1P_1| - |C_1O_1| = |C_0P_0| - |C_0O_0| = d_0 = |O_0P_0| \tag{8-20}$$

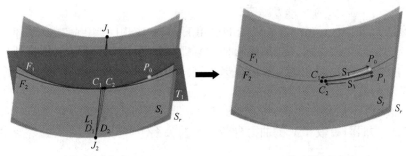

(a) 等弧长映射步骤1　　　　　　　(b) 等弧长映射步骤2

图 8-17　等弧长映射步骤

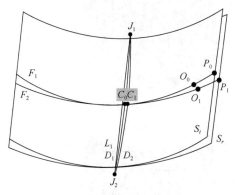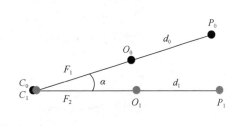

(a) 等弧长映射-主视角　　　　　　(b) 等弧长映射-厚度视角

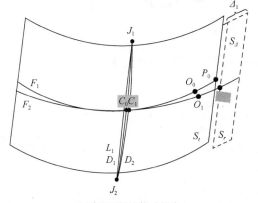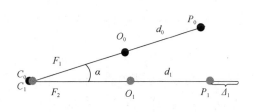

(c) 实际面被拉伸-主视角　　　　　　(d) 实际面被拉伸-厚度视角

图 8-18　等弧长映射的性质

　　从结果可以看出，等弧长映射前后两个点在曲面上的测地距离不会受到理论面和实际面夹角的影响，进而其相对位置保持恒定。在图 8-18(c)中，实际面 S_r 相比于理论面被拉长了 Δ_1 的长度，在图 8-18 (d)中可以发现，这两点之间的相对位置保持不变，$|O_1P_1|=|O_0P_0|$。然而，对于因拉长而新增的区域 S_Δ 而言，没有点在上面被映射出来，是一片空的区域。这样一来，从 S_t 到 S_r 的等弧长映射则不是一对一的映射。如果 S_r 比 S_t 大，在 S_r 上将会有一部分区域空出来，如果 S_r 比 S_t 小，将会有一部分点丢失。

　　因此，等弧长映射不受实际面和理论面夹角的影响，适用于实际面弧长近似不变的区域。当实际面弧长明显发生改变时，如果继续使用等弧长映射，将会使这个区域内的特征向靠近映射基准线的一侧偏移，而在远离基准线另一侧将会空出一片区域，因此等弧长映射不能在实际面弧长发生明显改变的区域内进行。

　　(3)等参数映射，在 S_t 和 S_r 为均匀参数曲面，且在 S_t 和 S_r 的边界有明确对应关系的情况下，通过建立 S_t 的曲面参数和 S_r 的曲面参数之间的关系，实现从 S_t 到 S_r 的等参数映射。等参数映射如图 8-19 所示。

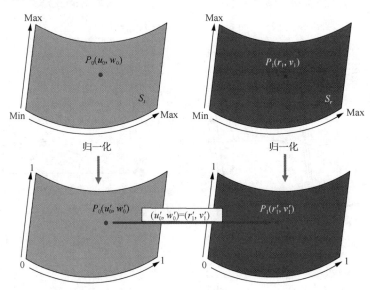

图 8-19　等参数映射原理

　　设 S_t 的数学表达为 $S_t(u,w)$，其中，$u\in[u_{\text{Min}},u_{\text{Max}}]$；$w\in[w_{\text{Min}},w_{\text{Max}}]$。对于 S_t 上的一点 P_0，设 $P_0=S_t(u_0,w_0)$。将 P_0 在 S_t 上的参数归一化：

$$u'=\frac{u_0-u_{\text{Min}}}{u_{\text{Max}}-u_{\text{Min}}},\quad w'=\frac{w_0-w_{\text{Min}}}{w_{\text{Max}}-w_{\text{Min}}} \tag{8-21}$$

　　设 S_r 的数学表达为 $S_r(r,v)$，其中，$r\in[r_{\text{Min}},r_{\text{Max}}]$；$v\in[v_{\text{Min}},v_{\text{Max}}]$。设 P_0 在 S_r 上的映射点 $P_1=S_r(r_1,v_1)$，将 P_1 在 S_r 上的参数归一化：

$$r'=\frac{r_1-r_{\text{Min}}}{r_{\text{Max}}-r_{\text{Min}}},\quad v'=\frac{v_1-v_{\text{Min}}}{v_{\text{Max}}-v_{\text{Min}}} \tag{8-22}$$

　　使得 $\begin{cases} u'=r' \\ w'=v' \end{cases}$ 可以得到 (r_1,v_1) 的计算方法：

$$\begin{cases} r_1 = u' \times (r_{Max} - r_{Min}) + r_{Min} \\ v_1 = w' \times (v_{Max} - v_{Min}) + v_{Min} \end{cases} \tag{8-23}$$

得到从 S_t 到 S_r 的等参数映射点 $P_1 = S_r(r_1, v_1)$。

为了便于介绍等参数映射的性质，需要定义一些几何元素。在图 8-20 (a) 和 (b) 中，O_0、P_0 是理论面 S_t 上要映射的两个点，O_1、P_1 是实际面 S_r 上映射出的两个点。为简化计算，使得 O_0、P_0 在同一根参数线上且实际面 S_r 和理论面 S_t 相比只在第一个参数方向上弧长有变化，变化量为 Δ_1。O_0 和 O_1 归一化之后的曲面参数为 (α_0, β_0)，P_0 和 P_1 归一化之后的曲面参数为 (α_1, β_0)，在图 8-20 (c) 中，C_t 是理论面上 O_0、P_0 所在的参数曲线，C_r 是实际面上 O_1、P_1 所在的参数曲线。设 d_0 是 $\overset{\frown}{O_0 P_0}$ 之间的弧长，d_1 是 $\overset{\frown}{O_1 P_1}$ 之间的弧长。

$$d_1 - d_0 = \Delta_1 (\alpha_1 - \alpha_0) \tag{8-24}$$

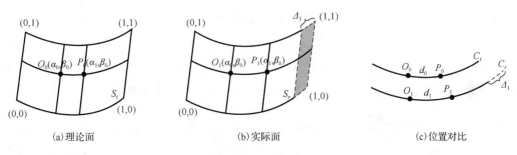

(a) 理论面　　　　　　　　(b) 实际面　　　　　　　　(c) 位置对比

图 8-20　等参数映射误差分析

式 (8-24) 表明，等参数映射之后两个点之间的相对位置会受到实际面相比于理论面弧长变化的影响。而弧长的差异则被归一化的曲面参数均匀地分摊掉了。对于实际面而言，若一个区域已经发生了弧长变化，一方面，在这个区域内使用等参数映射可以将区域的弧长变化均匀地分散至各个角落，使其对特征之间相对位置的影响降到最低，从而在一定程度上提高了特征的位置精度；另一方面，如果在整个实际面使用等参数映射，会使总体的弧长变化均匀地分散至各个角落，从而影响其他弧长没有改变的区域。所以等参数映射不适合在整个实际面上使用。此外，由于实际面是点云拟合获得的，难以得到精确的边界，因此难以在整个曲面上使用等参数映射。综上所述，等参数映射只适用于边界清晰的局部区域。

对于每一种误差区域，都有一个相对最佳的对应移植策略，可以最大限度地利用映射方法的优点，从而减小映射误差。

对于柔和区域，法向误差数值较小且趋势较为平缓，适合用法向投影算法，该方法简单高效，且由于区域内误差数值较小，因此投影后特征之间的相对位置精度几乎不受影响。

对于局部隆起区域，由于其误差相对于柔和区域已经比较大，且表面弧长已经发生明显改变，因此不适合用法向投影以及等弧长映射。由于其在整个蒙皮的内部，精确的边界容易得到，所以适合使用等参数映射将其弧长的变化均匀地分散到每一个地方，以此保证特征之间的相对位置不发生剧烈变化。

对于翘曲区域，由于该区域通常在蒙皮的边缘，实际面是由点云拟合得到的，难以得到清晰的边界，因此不适合使用等参数映射。然而该区域的弧长近似不变，所以适合使用等弧长映射。

3. 混合误差区域的处理方法

在蒙皮零件实际面和理论面的对比中发现不同类型的误差区域存在包络现象,局部隆起区域通常完全包络在翘曲区域或柔和区域中,而翘曲区域和柔和区域通常呈现半包络状态。

当局部隆起区域包络在柔和区域中时,由于对应的等参数映射和法向投影方法均不受影响,因此局部隆起区域的点使用等参数映射,柔和区域中的点使用法向投影,两者互不干扰。对于分界线上的点,使用等参数映射或法向投影都可以满足要求,考虑到等参数映射中参数域的完整性,因此将分界线上的点归于局部误差区域并使用等参数映射。

当局部隆起区域包络在翘曲区域中时,由于局部隆起区域内任意两点的表面弧长发生了改变,这对等弧长映射产生了影响,因此,需要进行处理才能继续在翘曲区域中使用等弧长映射。如图 8-21 所示,设理论面上的翘曲区域为 A_d,对应于实际面上的翘曲区域为 B_d,A_d 包络的局部隆起区域为 $A_{l_1}, A_{l_2}, \cdots, A_{l_n}$,对应于 B_d 包络的局部隆起区域为 $B_{l_1}, B_{l_2}, \cdots, B_{l_n}$,将 B_d 中的 $B_{l_1}, B_{l_2}, \cdots, B_{l_n}$ 替换为 $A_{l_1}, A_{l_2}, \cdots, A_{l_n}$ 得到新的翘曲区域 B_d':

$$B_d' = B_d - (B_{l_1}, B_{l_2}, \cdots, B_{l_n}) \bigcup (A_{l_1}, A_{l_2}, \cdots, A_{l_n}) \tag{8-25}$$

经过处理之后,实际面上区域 B_d' 的弧长不变,因此可以进行等弧长映射。同样,为保证等参数映射中参数域的完整性,两种区域分界线上的点使用等参数映射。

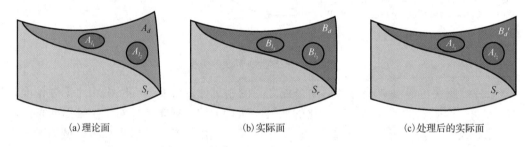

(a) 理论面　　　　　　　　(b) 实际面　　　　　　　(c) 处理后的实际面

图 8-21　梯度误差区域包络局部误差区域

8.3.3　实验验证

以一个典型的飞机蒙皮零件为例对所介绍的刀轨移植方法进行验证,先对该零件进行仿真切削,在仿真切削中对比其他几种刀轨移植策略。此外,在仿真切削之后,在镜像铣机床上对使用本章方法移植得到的刀轨进行实际切削实验分析。该飞机蒙皮零件的材料是铝合金,其尺寸(长×宽)为 3867mm×1905mm,壁厚范围为 1.2~6mm,壁厚公差为 [−0.1mm, +0.2mm],对于其外形公差而言,依照《钣金加工通用技术要求 CPS4001》进行检测,在施加允许压力的情况下,要求零件与检验模板能够贴合,且间隙偏差小于 0.8mm。

由于蒙皮零件尺寸大,在实际加工的时候通常分为上下两部分加工。因此这里只选择了上半部分的加工程序进行仿真,仿真切削设置如表 8-5 所示,其中选取策略 1 作为基准,策略 7 采用本章方法进行仿真实验,策略 2~6 作为对比策略。理论刀轨和使用本章方法得到的实际刀轨如图 8-22 所示。图 8-23 展示了仿真切削的结果,在切削仿真后的模型中,选取了几个关键点进行厚度值和距离的测量用于评估壁厚和位置精度。测量了 O_1、O_2、O_3 处的厚度以及 P_0 到 P_1 的距离、P_2 到 O_2 的距离,结果如表 8-6 所示,如果以第(1)组最佳的理想状况为参照,得到其他组相对于第(1)组的偏差,如表 8-7 所示。

表 8-5　加工仿真设置

序号	仿真情况描述
1	使用原先的理论刀轨切削理论零件数模
2	使用原先的理论刀轨切削实际零件
3	使用重新计算得到的刀轨切削实际零件
4	使用单纯法向投影算法得到的刀轨切削实际零件
5	使用单纯等弧长映射算法得到的刀轨切削实际零件
6	使用单纯等参数映射算法得到的刀轨切削实际零件
7	使用刀轨自适应移植方法得到的刀轨切削实际零件

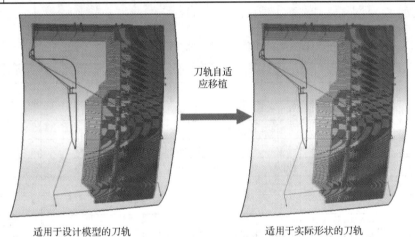

图 8-22　理论刀轨和进行刀轨自适应移植后的实际刀轨

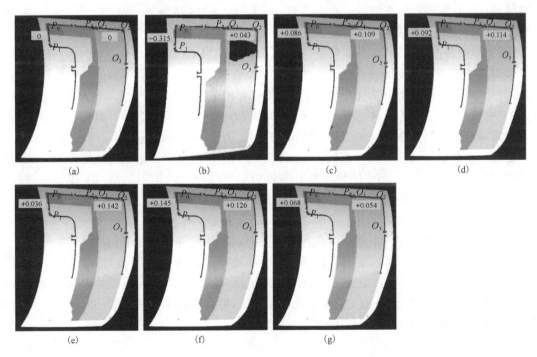

图 8-23　仿真切削的关键点距离偏差结果

表 8-6　仿真模型上的测量结果

序号	O_1 点厚度/mm	O_2 点厚度/mm	O_3 点厚度/mm	P_0 到 P_1 距离/mm	P_2 到 O_2 距离/mm
1	1.854	1.496	1.611	379.532	556.202
2	3.960	3.458	1.021	379.217	556.245
3	1.886	1.540	1.595	379.618	556.311
4	1.881	1.532	1.590	379.624	556.316
5	1.892	1.536	1.592	379.568	556.344
6	1.883	1.531	1.591	379.677	556.328
7	1.890	1.526	1.593	379.601	556.256

表 8-7　和第(1)组数据比较得到的偏差

序号	O_1 点厚度/mm	O_2 点厚度/mm	O_3 点厚度/mm	P_0 到 P_1 距离/mm	P_2 到 O_2 距离/mm
1	0	0	0	0	0
2	+2.106	+1.962	-0.590	-0.315	+0.043
3	+0.032	+0.044	-0.016	+0.086	+0.109
4	+0.027	+0.036	-0.021	+0.092	+0.114
5	+0.038	+0.040	-0.019	+0.036	+0.142
6	+0.029	+0.035	-0.020	+0.145	+0.126
7	+0.036	+0.030	-0.018	+0.069	+0.054

　　从表 8-7 中可以看出，对于厚度偏差，第(2)组的数值非常大，并且在图 8-23(b)中可以看出工件已经被铣穿，说明用原先的理论刀轨切削实际零件无法保证厚度，甚至出现铣伤、铣穿等情况，对蒙皮零件造成不可逆的损伤。而第(3)～(7)组的厚度偏差都小于 0.05mm，说明只要是依据实际面生成的刀轨都能极大地保证零件壁厚误差。对于两点之间的距离而言，发现第(3)组的数据和第(4)组非常接近。这是因为在 CATIA 中重新计算刀轨的本质就是将所有刀位点向新的驱动几何面进行法向投影。此外，在效率方面，重新计算刀轨花费了 10h，而采用分区映射方法投影刀轨仅花费 30min，刀轨移植效率提升了 19 倍，大大缩短了镜像铣设备的待机时间，提高了设备使用率。通过观察第(7)组的数据可以发现，其仿真结果中的关键点距离偏差都控制在 0.1mm 以内，说明第(7)组的刀轨的综合表现最佳。

　　通过对数据进行比较，可以得到以下结论：①对于厚度要求，用原先的理论刀轨加工实际工件可能会导致过切，而用刀轨重新计算或刀轨移植得到的新刀轨可以满足壁厚要求；②对于特征之间的相对位置精度而言，基于分区映射的刀轨自适应移植方法优于单一刀轨移植策略和刀轨重新计算策略。

　　在实际的切削实验中，采用基于分区映射的刀轨自适应移植方法得到移植后的刀轨，利用蒙皮镜像铣机床进行加工，如图 8-24 所示，完成的零件如图 8-25 所示。加工完成后，使用厚度检测仪检测零件厚度，误差范围为[-0.089mm,+0.162mm]，满足壁厚精度[-0.1mm～+0.2mm]的设计要求。此外，在施加许用压力的情况下，零件和检验模板之间的间隙均在 0.4mm 以下，符合 0.8mm 的外形精度设计要求。

图 8-24　实验用的蒙皮镜像铣机床

图 8-25　使用本章方法得到的刀轨
加工的实际蒙皮零件

8.4　本 章 小 结

航空航天大型曲面构件由于尺寸大、刚性极弱，在装夹后易发生较大且复杂的变形，无法直接采用理论加工程序进行加工。现有的自适应加工技术中涉及的在机测量和数控加工程序移植方法主要面向小型零件简单变形下的加工需求，难以直接应用于大型曲面构件复杂变形状态下的加工场景。本章主要针对大型曲面构件高精高效的加工需求，围绕原位检测和刀轨自适应移植两大关键难题展开相关介绍，通过智能制造新原理为大型曲面构件自适应加工技术提供新的解决思路和技术途径。

针对大型曲面构件的高精高效在机检测需求，单一传感器由于其采样精度与采样效率的相互制约从而在原理上难以满足。围绕上述问题，本章介绍了多源融合式蒙皮型面原位检测方法，通过建立高精度接触式测量数据与低精度激光测量数据之间的关联关系，可进一步分析多测量源下系统误差和随机误差对数据融合结果产生的影响，进而给出基于加权残差逼近和基于 Stacking 的测量误差消减方法，为大型曲面构件的高精高效在机测量提供新原理与技术支撑。与已有接触式检测方法相比，本方法在检测精度达标的前提下能够显著提高检测效率。

针对大型曲面构件实际变形后的刀轨移植需求，现有方法通过构建理论模型与实际测量结果间的误差向量对理论刀轨进行微调，此类方法的补偿范围有限，难以应用于大变形状态下的刀轨精确补偿。也有方法利用测量点云重构的三维模型在 CAM 软件中重新计算刀轨，该方法难度大且耗时长，严重影响高档机床的使用效率。围绕上述问题，本章介绍了一种基于曲面误差分区的镜像铣刀轨自适应移植技术，给出了实际型面和理论型面的三种误差区域类型定义及分区方法，同时介绍了基于曲面误差分布的三种刀轨移植策略以及混合误差区域的处理方法。与单一移植策略相比，采用该方法得到的零件壁厚误差和外形误差均符合检验模板的要求，满足设计精度要求；与刀轨重新计算方法相比，该方法显著提高了工艺装备效率。

8.5　课后习题

8-1　大型曲面构件原位检测存在哪些问题？

8-2　刀具轨迹误差补偿包括哪些方法？

8-3　大型零件原位检测带来哪些益处？

8-4　什么是刀轨自适应移植技术，这项技术能够解决什么问题？

8-5　大型曲面构件自适应加工技术的发展方向是什么？

参 考 文 献

[1] 王立成. 复杂曲面原位检测方法与实验研究[D]. 武汉: 华中科技大学, 2012.

[2] ZHANG Y F, NEE A Y C, FUH J Y H, et al. A neural network approach to determining optimal inspection sampling size for CMM[J]. Computer integrated manufacturing systems, 1996, 9(3): 161-169.

[3] LI Y G, LIU C Q, GAO J X, et al. An integrated feature-based dynamic control system for on-line machining, inspection and monitoring[J]. Integrated computer-aided engineering, 2015, 22(2): 187-200.

[4] 崔宁宁. 整体叶轮在线检测与误差补偿方法研究[D]. 北京: 北京交通大学, 2015.

[5] MU L X, YIN Z P, XIONG Y L. A multisensor based on machine inspection approach for freeform surfaces[C]. Proceedings 2011 International Conference on Transportation, Mechanical, and Electrical Engineering (TMEE), Changchun, 2011: 2166-2169.

[6] REN M J, SUN L J, LIU M Y, et al. A reconstruction-registration integrated data fusion method for measurement of multiscaled complex surfaces[J]. IEEE transactions on instrumentation and measurement, 2017, 66(3): 414-423.

[7] LEE S, WOLBERG G, SHIN S Y. Scattered data interpolation with multilevel B-splines[J]. IEEE transactions on visualization and computer graphics, 1997, 3(3): 228-244.

[8] WANG J, PAGANI L, LEACH R K, et al. Study of weighted fusion methods for the measurement of surface geometry[J]. Precision engineering, 2017, 47: 111-121.

[9] STRUTZ T. Data fitting and uncertainty: A practical introduction to weighted least squares and beyond[M]. Wiesbaden, Germany: Vieweg+ Teubner, 2011.

[10] RAMASAMY S K. Multi-scale data fusion for surface metrology[M]. Charlotte: The University of North Carolina, 2011.

[11] RAOL J R. Multi-sensor data fusion with MATLAB[M]. Boca Raton: CRC Press, 2009.

[12] WAN M, ZHANG W H. Systematic study on cutting force modelling methods for peripheral milling[J]. International journal of machine tools and manufacture, 2009, 49(5): 424-432.

[13] CHEN W F, XUE J B, TANG D B, et al. Deformation prediction and error compensation in multilayer milling processes for thin-walled parts[J]. International journal of machine tools and manufacture, 2009, 49(11): 859-864.

[14] HABIBI M, AREZOO B, NOJEDEH M V. Tool deflection and geometrical error compensation by tool path modification[J]. International journal of machine tools and manufacture, 2011, 51(6): 439-449.

[15] DONG Z H, JIAO L, WANG X B, et al. FEA-based prediction of machined surface errors for dynamic fixture-workpiece system during milling process[J]. The international journal of advanced manufacturing technology, 2016, 85(1): 299-315.